自然文库
Nature Series

The Songs of Trees

Stories from Nature's Great Connectors

树木之歌

〔美〕戴维·乔治·哈斯凯尔 著

朱诗逸 译

林强 孙才真 审校

David George Haskell
The Songs of Trees

献给

我的父母

琼·哈斯凯尔和乔治·哈斯凯尔

目录

第三乐章

前言

对于荷马时代的希腊人而言，荣耀 * 由歌声织就。那歌声在空中萦绕，包含着一个人一生的评述和记忆。

因此，倾听，便能知晓传世的伟绩。

我倾听树木，想找寻生态中的荣耀 **，却没能发现驾驭历史的英雄和传奇。恰恰相反，树木歌声中所诉说的生命记忆，展现的是生命共同体这张巨大的关系网。我们人类也归属其中，是万物的血亲，是人格化的物。

因此，倾听，就是去聆听我们和万物的声音。

* kleos（希腊语：κλέος），通常被翻译为“声威”或“荣耀”。指古希腊的英雄们尚武而不居下，渴望建立功勋，为了道义和胜利，英勇赴死的精神。他们追求的是“荣耀声名会传扬遐迩，如黎明远照”，在他们的概念中，功名被永世吟唱，代表着无上的自我，是比生命更加不朽的存在，是对不朽的孜孜追求。

** 物种间也会有战争。死去的物种个体，跟古希腊英雄们一样，以无畏的死亡换取了传诸后世、永远吟唱的荣耀。

本书的每一个章节都会关注一种树木的歌声，描述声音的特性、声音形成的故事以及我们生理、情感以及智力对此的反馈。歌声的大部分旋律，潜藏在表象之下。

因此，倾听，就是用听诊器触摸大地的皮肤，聆听地底下的脉动。

书中列举的这些树木各不相同。本书前几章故事中的树木，看似远离人烟，可它们的生命和我们的生命，不论过去、未来，都紧紧缠绕着。生命间的牵系，有些如同生命本身一般古老，还有一些是更古老的主题在工业背景下的重述。接下去的章节，会提及那些被发掘出的远古树木的遗骸，比如化石和煤炭。这些古老的遗迹展现了生命的故事和地质的变迁，或许为我们指明了未来。第三部分的章节，将目光投向那些生长在城市和田间的树木。在这些地方，人类似乎主宰了一切，这里看似缺乏甚至不存在自然的痕迹。然而，固有的生物关系可以渗透到每一个角落，将我们紧紧牵连。

不论在何处，树木之歌都源于生命间的关联。诚然，树木看似是独立的个体，它们的生命却并非是离散的。树木、人类、昆虫、鸟类、细菌……我们都是个体的集合。生命就是一个聚合的网络。这些生命网络并不全然是同一而和谐的。恰恰相反，其中充斥着生态和演化上的合作与冲突，不断的妥协和适应。这些挣扎最终成就的并非是强大而孤立的个体，而是让个体更好地适应并融入群落。

正因为生命是网络，剥离了人类的“自然”和“环境”也就无从谈起。我们正是生命共同体中的一部分，由众多与“他者”的关系组成。所以，从生物学的角度来说，许多哲学思想的核心所持有的人与自然二元论，是站不住脚的。我们并非民谣中所谓的“徒步从这个世界穿行的陌生人”，也并非威廉·华兹华斯（William Wordsworth）抒情歌谣里的踽踽之人，从大自然中剥离开来，掉进让人空生诗情的“平静湖区”，堆砌华丽的辞藻，偏离了“事物原本的美”。我们的身体和思想，我们的“科学和艺术”，就如它们的本性一样，自然而野性。

对于生命之歌，我们无法置身其外。这乐音造就了我们，是我们的内在。

因此，恪守环境伦理，迫在眉睫，刻不容缓，而人类的许多行为正在磨损、扰乱甚至切断全球的生物网络。因此，倾听树木，倾听大自然最伟大的关联者，就是学习如何在这个给予生命以最初质料、繁衍壮大的物质支撑，以及美的大自然中生存栖息。

第一乐章

吉贝

蒂普蒂尼河（Tiputini River）* 流域，厄瓜多尔

0°38′10.2″S，76°08′39.5″W

苔藓孢子启航了，纤细的“翅膀”在空中飞舞得如此轻盈，连光都难以捕捉到它飞过的痕迹。阳光没有让它披沐色彩，只在它飞过时留下了些微迹象。叶 ** 伸展开来，苔藓植物就这样挺立在一缕缕细丝之上。这些细细的“锚”*** 让每个“小小飞行员”**** 都驻留在遍覆于每根树枝的真菌和藻类上。

匍匐低蜷的苔藓生长在世界各地，但这里的苔藓与别处不同，它们生活在一个没有边界的水世界里。在这里，空气便是水。苔藓们如同大海里的丝状海藻，无拘无束地生长着。

* 亚马孙河左岸较大支流纳波河的支流。

** 苔藓的“叶”结构，实为假叶。苔藓孢蒴高出配子体，其间由蒴柄相连。

*** 原丝体。孢子萌发后形成的原丝体结构，再通过原丝体上产生的芽体进行发育。

**** 孢子。孢蒴的蒴齿能随环境变化而弹出孢子。

森林好像把它的嘴巴对准了生活于其间的所有生命，并向它们呼气。我们闻到的气息是那样湿热、腥臭，这气味近乎哺乳动物的体味，从森林的血液中径直奔涌到我们的肺中。它饱含生机，令人亲近，却也叫人窒息。午间，苔藓的孢子依旧在空中飞行，我们这群人则蜷曲懒卧在这片拥有最丰富生物的肥沃腹地之中。现在，我们身处厄瓜多尔西部的亚苏尼自然保护区（Yasuní Biosphere Reserve）* 的中心附近。围绕着我们的是国家公园、民族文化保护区和缓冲区中生长的一万六千平方公里的亚马孙森林，这里的森林与哥伦比亚及秘鲁边界的更多森林交错连接。从卫星上俯瞰，这片土地形成了地球表面最大的绿色斑块之一。

雨。每隔几个小时，雨就会讲起这片森林里最独特的语言。这语言不仅在音量 ** 上极富变化，更有着丰富的词汇和多变的句法。亚马孙丛林年降雨量可达 3.5 米，是伦敦的 6 倍。细微的孢子和植物散发出的化学物质，使得树冠层蒙上了一层雾气。这些气溶胶是让水汽聚集、膨胀的“种子”***。在这里，每一茶匙的空气中，含有一千多个这样的颗粒，但不及其他地区空气中颗粒物密度的十分之一。在人口高度密集的区域，我们人类通过引擎和烟囱向大气释放了数以亿计的颗粒。我们的工业生产，就好像沙浴的鸟儿奋力振翅，扬起阵阵烟尘。每个污染的微粒、土壤的尘埃或者林地中的孢子都是潜在的雨滴。亚马孙森林广阔无垠，空气中所充斥的大抵是森林的产物，而并非我们这些“工

* 亚苏尼自然保护区是厄瓜多尔面积最大的自然保护区，也是受联合国教科文组织保护的生物圈。园区内拥有丰富的红木和雪松等木材资源，且严禁砍伐。这里居住着多个与世隔绝的原住民族群。

** 指变化丰富的降水量。

*** 指凝结核。凝结过程中起凝结核心作用的固态、液态或气态的气溶胶质粒。

业鸟类”活动的产物。风，有时会带来非洲尘土的律动，有时会吹来城市中的烟雾，但绝大多数时候，亚马孙都讲述着自己的语言。由于凝结核的缺乏和水汽的富足，雨滴汇聚成超乎寻常的大小。丛林中雨的语言，便因此形成了更长的音节、音位，相较大多数其他大陆的雨声来说，也就更加粗犷。

我们听到的雨声，并非只是由沉默下降的水来体现，同时也依托雨幕中的物体来宣之于口。跟所有的语言一样，天空的语言有着丰富内容可以诉说，众多翻译家静候传递，将其表现为丰富的形式：倾泻而下的雨水，让一层层锡皮屋顶尖叫着震动；淋在数百只蝙蝠翅膀上的雨水，碎溅开来，落入蝙蝠飞掠过的河流；沉雾浓云低垂到了树梢，沾湿了叶片，虽然没有一滴水滑落，它们的触摸也在叶片上产生了墨笔在纸上书写的声音。

植物的叶子拥有最丰富的口才，它们演绎着雨的语言。亚马孙的植被多样性，是地球上任何地方都不可企及的。这里的每公顷土地上，生长着六百多种树，比整个北美的种类还多。如果再接着调查相邻的一公顷林地，我们还将在名录中增加更多的树种。每次我来到这里，令我产生植物学上的目眩和兴奋的，莫过于一棵吉贝（*Ceiba pentandra*，当地发音为“赛博”）。环绕树干底部走上一圈，大约二十九步，有几条板根从中心向外呈辐射状伸展开来，这些侧生根系支撑着树木，从我头顶之上的地方长出，然后向下斜逸，隐入森林地面深处。树干胸径三米，是支撑万神庙*的支柱的1.5倍。尽管尺寸蔚

* 万神庙位于意大利首都罗马圆形广场的北部，是罗马最古老的建筑之一，也是古罗马建筑中的代表。

为可观，但它并不像松树、橄榄和红木那样古老。那些树生活在寒冷或干燥的气候中，在千年的尺度中静数岁月，而在充满真菌和昆虫的亚马孙，没有几棵吉贝能生存数百年。生态学家们估测这棵树的年龄在150岁至250岁之间。吉贝的高大并不是因为久经岁月，它的树苗每年能蹿高两米，以牺牲木材强度和减少植物化学防御力为代价而快速拔高。这棵吉贝的树冠（最顶端的树枝）在离地大约四十米（相当于人类建筑中的十层楼）处形成了一个宽阔的穹顶，比周围的树木还要高出十米。俯瞰树冠层，这里远不像温带森林那样平。目之所及，另有十二棵吉贝，都在树冠层上冒出了不均匀的圆球，撕开了周围的树冠所构成的平整表面。

这棵树是一个巨人。它是传说中的世界之轴*吗？可能吧！但是，任何将吉贝隔离开来单独看待的尝试，都被雨声驳斥了。每一滴落下的雨水，都像是一把小小的鼓槌，敲打着叶片的鼓皮。植物的多样性被"可听化"了，在鼓手的节奏下歌唱着。每一物种，包括吉贝本身，以及生活在其巨大身影下的许多其他物种，它们的叶片都会在雨中发出独特的声音，反映着丰富多样的物理性质。

在雨滴的撞击下，飞行的苔藓孢子伸展出它们的叶片，发出滴答声。一片约手臂长度的海芋叶子，呈现出细长的心脏形，在表面雨滴滚落之后，依旧突突作响，余音不绝。邻近的植物有着盘子一样坚硬的叶子，它接住了雨滴，发出密集的啪嗒声，犹如金属火花四下飞溅。香罗桐（*Clavija*）灌丛顶端萌发了一簇簇披针形叶子，每一片都在雨水冲击之下抽搐着。声音苍白、沉闷，不像硬质的叶片那样强硬。亚马孙鳄

* 原文为 *Axis mundi*。在某些信仰和哲学中，"世界之轴"是世界的中心，能连接天堂与人间。

梨树叶上的声音听起来低沉却澄净，有着撞击树木般的质感。

这些声音来自吉贝的林下植物，它们植根于吉贝葱茏延伸的树枝之下，富含腐殖质的土壤之中。滴落在林下的水滴先前已经穿过了树梢的层层树叶。树梢的叶子，大多具有热带植物的叶片特征：表面光滑，具有锋利的尖端或如同细丝般的叶尖。这些滴水叶尖（drip dip），加之光滑的叶片表面，能汇集雨水，在叶尖形成大颗的“泪珠”。当水滴积聚在叶端时，雨水就变成一个透镜，折射光线，映射出森林的倒影。由于只有一个细细的叶尖来拖住水滴，因此，每隔几秒，叶子就会释放“泪珠”。紧随其后，另一个“透镜”凸起，在它下落之前，同样闪动着森林的影像。周而复始，叶片就这样洒落雨水，保持自身干燥，以减缓那些喜爱潮湿的真菌和藻类的生长。这些森林上层的滴水叶尖，把原本就不小的雨滴放大，并将雨滴传递到下层植物的皮肤上。较大的叶片能汇集更多的雨水，并使水滴更快地下落。所以，下层林间的雨声韵律，取决于上层吉贝叶片形状的多样性。林下叶片那五花八门的形状、大小、厚度、质地和软硬，增添了声音的纹理。在亚马孙，即使是衰草枯木的歌唱，也会焕发出别处从未有过的激情活力。吧嗒吧嗒，滴答滴答，听起来仿佛是数以千计的上了发条的钟一般释放着张力。每一阵“嚓嚓”声，都是堆满了正在腐烂分解的枯枝的地面所独有的响动。

在吉贝的树冠上，植物所产生的声音差异性依旧存在，只是更微妙。这里雨滴较小，雨水在周遭众多树木的叶片中形成了湍流一样的声音，由此掩盖了单片树叶的声音差异。我站在吉贝最高的枝杈上“一览众树”，汹涌的“江水湍流”之声从我的脚下传来。迷失的我，用脚底聆听着雨林的声音，一时间空间仿佛被倒置了，就好似那“泪滴”中颠倒的森林。绵延四十米的金属梯子带着我不断攀高，穿过层层雨声。腐殖质层与林下植物的声音，在地面上一两米处便开始退去，被落在稀疏的树叶、向阳的茎干以及向下延展的根系上的淅沥雨滴所替代。向上二十米，枝叶开始变得稠密，湍流声出现了。当我不断往高处爬升，各种树木的声音便朝我汹涌而来，又朝后退去。刚开始，是绞杀榕（strangler fig）上传来的噼里啪啦的打字声，然后变成了覆着粗毛的藤蔓（hirsute vine）上发出的刺耳的摩擦声。之后，我站在急流之上，溪流怒吼着穿过脚下。于是，更多声音拉开了帷幔，那是兰花肉质叶片上的噼啪声，凤梨科植物上光滑的撞击声，以及喜林芋（*Philodendron*）那大象耳朵一般的叶子上低沉的嗒嗒声。树的表面挤满了绿色植物，数百种植物栖息在吉贝的树冠之下。

在这里，人类那些防水的发明不但无效，还会使耳朵变得迟钝。雨衣可以防雨，但塑料质地放大了热带的高温，汗水从雨衣内浸透衣服。跟许多其他的森林不同，这里的雨声透露了那么多的声学信息，而雨衣发出的窸窣声、噗噗声，或雨滴落在机织涤纶、锦纶、棉布上的啪啪声，都将阻碍我们获取声音信息，分散我们的心神。人类柔软细腻的发肤，都近乎沉默。对于雨滴，我的手掌、肩膀以及脸颊用触觉来回应，而不用声音表达。

当年西方传教士来到这里的时候，他们坚持认为，在殖民地，他们传教所至之处，人们都理应穿着衣服。这个认知上的局限，不经意中使耳朵自我封闭，并远离了森林，某种程度上就此关闭了我们与植物、动物间的关系之门。当我与当地原住民瓦拉尼人（Waorani）的谈话中，他们几乎无一例外地主动提及，当他们不得不穿着衣服进入城市时所感到的尴尬和束缚。千百年来，瓦拉尼人一直住在亚马孙的森林里。而现在，外来者已经开始威胁到他们的生活和文化。对他们来说，衣服的影响颇大。我猜想其中的原因之一便是，衣服将人们从声音的群落中剥离了，而这对于一个生活在由许多物种组成的群落关系之中的民族而言，无疑是重大的损失。正如工厂里的工人被机械噪声震聋，布料的穿着者有时也因此失去了倾听的能力。

在吉贝的树冠上，动物的叫声覆盖了植物的韵律。或是哀哀悲鸣，或是喃喃低语，或是高声嚎叫，或是冲冠怒吼，每一种声音都有其代言人。许多物种沟通所用的声音，无法用人类语言来表达。一只叉尾妍蜂鸟（fork-tailed woodnymph）的翅膀快速扇动着，留下残影，发出鞭子破空一般的锋利咻咻声。这只拇指大小的鸟儿，犹如忽闪着的蓝绿虹彩，它把喙探进了斑马凤梨（zebra bromeliad）伸出的红色花筒中。凤梨长着厚实多肉的莲座状叶片，在叶片之间，一只蛙咕咕地叫着。轻快的歌声唤醒了几十只藏匿在其他空中凤梨*灌丛之中的蛙。与滴水叶尖相反，凤梨科植物直立的叶片和花筒能储存雨水。每株凤梨的叶基间隙可以容纳约四升水，由此成了雨蛙和其他数以百计物种的繁育地。每一公顷的森林半空中所生长的凤梨科植物，可以储水五万升，而其中大多数存储量都集中在吉贝巨大的树干和树枝中。因此，吉贝就是空中的湖泊。

树冠上这些小小的水池，并不是唯一的栖息地。枝干上分布的小气候（microclimate）数量繁多，可与这数百公顷最典型的温带雨林媲

* 在热带雨林中，凤梨寄生于吉贝树枝之上。

美。沼泽在阳光触及不到的隐蔽处堆积。季节性的湿地在树干的孔隙中湿了又干。经年累月的落叶在吉贝的树冠上积累，形成了厚厚的泥土，跟地上的腐殖质一样富有营养。土壤覆盖在那些粗壮的树枝上，在藤蔓缠绕间堆积。一人粗的一棵无花果树根植于此，与另几棵树一起生长在树干分蘖交会之处，形成了一座离地五十米的空中森林。这些树木集中在吉贝北侧和东侧。这两侧树冠上的土壤终年湿润，吉贝的叶子也最为茂密，像一个阴暗的森林峡谷。裸露在阳光下的西南分支处，仙人掌、地衣和柳叶状的凤梨形成的群落，承受着旱涝交替的天气。它们在雨水中伸展成长，然后在直射的赤道阳光下卷曲。在笔直的树干上，藤蔓与兰花花园交织在一起，形成了利于蕨类植物生根的保水草甸。最上方则生长着吉贝自己的叶子，每一片都有孩童的手掌大小，扇动着八片左右的细长小叶。树木用叶柄连接了每一片叶子，远远看去，像笼罩着朦胧的薄雾。相较于巨大的吉贝树，叶片显得有些纤弱，但不像那些林下植物，这些叶子必须经受住雷雨和下击暴流*。细巧的叶形和扇形的排列，让每一片叶子都能够在风中并拢，经受住风的考验。

长久以来，大多数热带生物学家都在地面工作。但最近，一些科学家开始使用木塔、绳梯和起重机登上树梢。他们发现森林中多达一半，甚至更多的物种都栖居在树冠层中。森林中许多树木的树冠层，生物学术语称之为“林冠”（canopy）。但对于这样一个复杂的、立体的世界来说，“林冠”一词未免显得太过单薄。

生物多样性地图，让我们得以用全新的方式看待吉贝树上的生命。

* 下击暴流，是一种雷暴云中局部性的强烈下沉气流，越接近地面风速会越大，最大地面风力可达十五级。是一种突发的局部的强对流天气。

当我们将世界各地丰富多样的植物、两栖类动物、爬行类动物和哺乳类动物——很显然只是生物多样性中的一小部分，但却是我们最为熟悉的那个部分——记录下来时，彩色的多样性地图揭示了每个类群在地球各个区域的数量分布。地图上的热点，位于厄瓜多尔东部、秘鲁北部，也就是亚马孙西部。将物种细分进行名录排序，也会得出类似的结论。就绝大多数的指标而言，这里就是陆生生物多样性的高地，热带的高温和充沛的雨水孕育了这里丰富的生命创造力。亚马孙西部的热带雨林已存续数百万年，甚至几千万年之久。演化，在这个热炉子之中有足够的时间精耕细作。虽然我们对该地区地质演变的历史知之甚少，但我们知道，亚马孙西部地区位于抬升的安第斯山脉和漂移的大西洋海岸线之间，这或许让她有机会见证来自大洋和山脉的新物种的进入，使得这里的生物多样性进一步上升。

跟着专家（教授或是有经验的森林向导）在这片森林中行走，你可以轻松领略到这里丰富的生物多样性。这些植物专家非凡的生物知识和文化知识，让他们对大多数较为常见的植物特点知之甚详，他们也了解不同的植物在人类生活中所扮演的角色。几十年的研究，让他们对特定种群的地位和故事如数家珍。但是，在亚马孙，他们却会对大多数物种的鉴定感到力不从心，更遑论讲述这些植物的故事了。在这里，现代科学未知和未记录的植物遍布各处。最近，植物学家在去往生物研究站食堂的路上，发现了一个新物种。这个森林粉碎了人们关于生物认知的一切狂妄自大。原来，我们对宛若兄弟姐妹们的植物如此无知。

吉贝树上部的树枝间，雨势渐小。“啊！啊！”一对五彩金刚鹦鹉（scarlet macaw）径直从头顶掠过，色彩和声音跃动着，洋溢着满满的欢欣。在树上，昆虫唱和着，滴滴声、啸鸣音和嗡嗡颤动声此起彼伏。一只铅灰色的鸽子重复着简单而低沉的旋律，间杂着其他鸟类狂欢的叫声——火冠黑唐纳雀（flame-crested tanager）、白额黑鸳（white-fronted nunbird）、蓝冠咬鹃（blue-crowned trogon）……几根树枝上至少有四十种鸟。吼猴（howler monkey）的叫声能传一公里远，听起来像是远处的一台喷气发动机。有九至十种其他灵长类动物生活在这里，不时弄出一声巨响，或者尖叫，欢呼，给不间断的鸣虫歌声加上句读。

云雾形成丝丝垂缕，而后消失，了无踪迹。阳光倾泻下来，温度骤然攀升了 10℃。我的皮肤在两分钟内被晒干，可湿透的衣服却几天也晾不干。近千只蜜蜂落在我身上，吮吸我的汗液。这些蜜蜂小到可以钻过我头上遮挡太阳的网罩。它们挥舞着锯齿状的腿，伸进我的眼睛。我忍受着这种眼睛的烧伤感，坚持了大约一个小时。此后，我退出了树梢上蜜蜂的领地，爬回了属于两脚兽的昏暗地面。

我又回到了熟悉的世界，仿佛回到了柏拉图的洞穴，可一切却已如此不同。树梢的世界，是无与伦比的美丽繁杂。如今我站在平原之上，而树梢上层的影子仍在记忆里回放，投射在我行走的森林地面上。

亚马孙西部从未沉寂。生命的铰链紧紧地缠绕、密密地包裹。空气传递着不断波动的能量，不舍昼夜。在这种张力中，生命网络的本质以极端的方式呈现于眼前。

一开始，这种本质似乎是激烈甚至可怕的冲突，好比战场上的哭声和悲叹。在吉贝树丛中或泥泞小道上穿行时，人类的规则告诉你：如果滑倒了，或是想稳住自己，千万不要伸手去抓身边的树枝。这里的树皮是布满刀剑、针刺和锉刀的军械库*。即使你足够幸运地抓住了一根光滑的枝条，等待于此的蚂蚁和蛇也会给你一个教训。你的伤口很快就会在充满细菌和真菌孢子的空气中溃烂。

可即便什么都不做，危险依然会降临。我曾弯腰去拿我的笔记本，这时候有一只子弹蚁“啪嗒”一下从植被上弹落在我的衬衫领口和颈背之间。那些好事的昆虫学家，曾经故意让各种昆虫叮咬，并将它们引起的疼痛进行排名——子弹蚁在全球范围内名列前茅。那只蚂蚁用它恶毒的腹部，对着我的脖子猛力刺戳。痛感就像最纯的青铜打造的编钟上的猛力一击：清晰，金属般尖锐，直击心扉。直到我被一棵树上的小型武器瞄准击中的那一刻，我才知道我的神经竟然会“铃铃”作响。我的左手下意识地猛力一挥，把攻击者扫走了。在攻击者掉到地上之前，它还用下颚切割了我的食指，咬出两个凹槽。与被毒针扎到的单纯刺痛不同，这疼痛像一声尖叫，像一团火焰，像一片混乱。在几分钟内，这感觉穿透了我手上的皮肤，发出刺耳的尖啸，恐慌中汗水浸湿了我的手。在接下来的一个小时，我的胳膊丧失了工作能力，我的左胸大肌则有绞扭和挫伤之感。数小时后，疼痛被药物所缓解，撕咬和刺痛的痛苦，不再震耳欲聋，而是被缓解为灼热的哀鸣，犹如大黄蜂的叮咬。然而，这只是我窥见真实森林的开始。在这个森林生命网络中，我丝毫没有感觉到梭罗所谓的“无法形容的纯洁和仁慈”。恰恰相反，雨林中生物战争的艺术和技巧已经发展到了极致。

* 热带植物的枝干上常常长着尖刺。

蚂蚁的攻击，只在我的手指上留下一个小小的伤疤。而其他的昆虫则留下了更多、更持久也更危险的纪念。在吉贝树冠上聚集到我身边的“友好”的昆虫中，有一只嗡嗡的蚊子，它那胸针一般大小的身体，闪耀着尊贵的蓝色光辉。趁我注意力分散时，它就把针扎进我的手臂，小酌了一杯。失去的血液无足轻重，但它向我的毛细血管注入了趋血蚊（*Haemagogus*）的唾液，给病毒入侵提供了液体通道。趋血蚊专心驻扎于树梢，它们将卵产在潮湿的裂缝中，那里的雨水能唤醒并滋养幼虫。成年雌虫的长寿和它们对猴血的情有独钟，使这种昆虫成为传染疾病的极佳媒介。我居然与毛茸茸的猴子们共用了一根未消毒的针头——可能是吼猴、粗尾猿（saki monkey）、蜘蛛猴（spider monkey）、卷尾猴（capuchin monkey）、绢毛猴（tamarin）、夜猴（owl monkey）、伶猴（titi monkey）、狨猴（marmoset），或松鼠猴（squirrel monkey）。对病毒来说，树顶是充满着灵长类血液的温池，蚊子是让它们汇入其中的小溪，几十种蝙蝠和啮齿动物则是支流。这些蚊子是病毒、原生生物和其他依存于血液的病原体的温床。

万幸的是，我被叮咬之后并没有染上丛林黄热病或其他疾病，不过，蚊子还是提醒了我。尽管森林拥有丁尼生（Tennyson）笔下的“腥牙血爪”*，美洲狮、蛇和食人鱼吸引了我们的注意力，但大多数丛林之中的生物争斗都发生在我们感官无法感受到的尺度上。DNA** 样本揭示了寄生现象存在于每种生物的肌血之中。我们只是偶尔看到了这

* 英国诗人阿尔弗雷德·丁尼生在其 1850 年的诗篇《缅怀》中写道，“自然是红色的，充斥着腥牙血爪”。

** 脱氧核糖核酸。一种生物大分子，可组成遗传指令，引导生物发育与生命机能运作。

种寄生的外在表现。曾经，聆听着凤梨上滴落的水声，我看到一只有着巨大下颚的蚂蚁咬住叶片边缘。蚂蚁已经死了。它生命的最后一幕就定格在它咬在叶片上的时刻。一种蛇形虫草属（*Ophiocordyceps*）的寄生真菌，从内部开始侵蚀蚂蚁，然后以某种方式控制蚂蚁爬到迎风的叶片，指挥它紧紧抓牢。现在，一根末端膨大的细茎从蚂蚁的脖子上冒出来，它会把有传染性的真菌孢子散播到经过其下方的所有蚂蚁身上。

把雨声转变为各种声音的叶子，也承受着各种各样的攻击。细菌和真菌穿透了角质层和气孔，昆虫则啮食幼嫩的新芽。印加树属（*Inga*）是一种被广泛研究的植物，幼叶的一半重量由毒素构成。这代价高昂的防御投资，并非某种植物所特有的行为。印加树是森林中比较常见且种类丰富的一个属。即使它们饱含毒素，嫩叶依旧承受着众多损伤。各种出现在脆弱的成长阶段的啮咬，让新叶看起来就像布满弹孔的枪靶子一样。老叶更硬，毒素相对变少，可用于化学防御的毒素依旧占据了三分之一的重量。即便如此，老叶也难逃损伤，病原体无处不在，而食草动物的啮咬也未曾间断。

雨林中生命间的残酷斗争，既是物种多样性的结果，也是物种多样性的原因。有这么多的物种挤在一起，竞争必然愈发激烈，剥削的机会同样比比皆是。这些对立的关系促进了演化的进程，使森林更加多样化。如果任何一个物种的种群激增，天敌也会扩大自身的队伍，使激增种群回到合理的规模。如果能够与众不同，那你就在此时具备了优势，攻击者将因为辨认不清而忽略你。这种特别的属性，可以表现在生化物质上。如果一棵被近亲包围的植物拥有独特的化学防御，那么，即便它与周围植物在其他方面都相似，它也能继续茁壮成长。森林里充满了各种各样的真菌和毛虫，某种程度上，热带植物群落因此而表现得极为多样化。一公顷森林可能包含六万种昆虫，十亿只个体。而其中一半，除了啮咬植物和繁殖，什么都不做。真菌和细菌的多样性以及丰富度不可计数，但同样巨大。

所有这些冲突都似乎迫使生存进入一种原子态*。个体必须通过不断的斗争脱颖而出。天敌和猎物都处在无尽冲突的循环链中，亘古不休。这场斗争确实异常激烈，但达尔文主义的战争并没有把生命割裂成原子，物竞天择的过程反而创造了一个熔炉，熔化了个体之间的壁垒，焊接了一个坚固而多元的网络。

瓦拉尼人的社会文化揭示了这个网络的一隅。作为猎人、采集者和耕种者，瓦拉尼人曾在亚马孙西部生活了几千年。然而，传教士和殖民者带来的疾病和“同化”，使人口锐减，也消泯了文化。如今，约两千名瓦拉尼人住在亚苏尼国家公园保护区一带，一些人住在配备了公办学校和诊所的永久驻地内，而其他人则住在森林中，宁愿与世隔绝。对于森林里生长的植物，瓦拉尼人并没有发展出林奈式的分类法。相反，在林奈分类法中有特定种名的许多植物都有多个名字。人们通常用植物在人类文化中的生态关系或用途来描述它们。人类学家劳拉·里瓦尔（Laura Rival）写到，瓦拉尼人在采访中表示，撇开生物环境，比如周边植被的组成情况，他们就无法叫出“树种”的名字。

瓦拉尼社群并不像在喜马拉雅隐修洞或梭罗小屋中那样只“凭借自己双手劳动”独自生活。用他们自己的话说，瓦拉尼人是一个“生

* 生物体各自为战。

命共同体”。他们高度重视个性、自主性和技能，但这些都是在社会关系和共同体背景下表达出来的。任何一个企图走向森林自力更生的个体都被认为是极度病态而疯狂的，将注定走向死亡。瓦拉尼人“个体”的名字也是群体的产物。一旦离开一个群体，融合进另一个群体，则不再沿用原来的名字，而是从此获得新的身份，且永不回返。

即便是对于熟悉密林深处生活的瓦拉尼人，在森林里迷路（特别是晚上独自一人时）也是他们最害怕的事情。如果瓦拉尼人真的迷路了，他们会找到一棵吉贝，并把它当作传声筒。他们敲击树的板根来震动整个树干，植物吟唱的低音会召唤来朋友和家人。这些盘根错节中发出的呼唤，将会救你一命。吉贝极为高大，这使得它能够用一种人类的尖叫所无法企及的方式来喊叫。听到空气中传来的振动，你的伙伴便会前来。这个方法对寻找走失的孩子特别有用。他们的家人知道哪里生长着巨大的吉贝。声音既是警报也是向导。猎人和战士也利用吉贝发出猎杀的讯号。在瓦拉尼人的创世故事里，吉贝是生命之树，这也许并不是一个巧合。对很多森林中的生命来说，吉贝是一个枢纽，是连接、维系生命的铰链。

把自身融入生命网络，吉贝和整个群落凭借这点，在严酷的森林里生存下来。在生命战争如此紧张而猛烈的情况下，生存就是如此矛盾，包含着在有联盟关系的群体中放弃自我的妥协。有些同盟关系在种内锻造，那只袭击我的子弹蚁，那些撼动了吉贝脚下土地的行军蚁，那些把绿叶成捆搬运到地下巢穴的切叶蚁，都是以种群而不是个体身份存在。我爬上吉贝的过程中，目击了许许多多这样的联盟关系。树根下的一团蛛网，就是群落中几十只群居蜘蛛的家，每一只蜘蛛都对网的扩张和防御做出了贡献。群居的蜘蛛形成一个群体，彼此休戚相关。蜘蛛个体的特性，只在对群体有所贡献时才得以体现。自然选择作用于这些群落，某些群体会显示出生存的优势，由此，蜘蛛群落也在自然选择中不断演进。同样，许多鸟类和猴子也生活在相互依赖的族群中。

融合了远缘物种的联盟，与近缘物种联盟一样随处可见。吉贝的根和叶上是共生的真菌和细菌群落。在那里，成员间的利益和身份的界限变得模糊不清。在古老贫瘠的亚马孙土壤中，这种关系是必不可少的。在这里，磷特别短缺，纵横交错的真菌交联网络大大增加了可吸收磷的表面积。树木用树叶中的有机物作为酬劳，使植物与真菌联盟得以在贫瘠的土壤中茁壮成长。

真菌也供养了许多蚂蚁。此前提到的一种真菌，杀死了凤梨上的蚂蚁，其他的真菌却已把命运和蚂蚁社群紧紧相连，互相支撑。切叶蚁为了真菌而工作，但从另一个角度说，真菌也为蚂蚁们工作。联盟的关系让这些细节不再重要。绵延数十米或几百米的蚂蚁行列，源源不断地向地下室的菌圃运输着新鲜的叶子。蚂蚁喂养真菌，又以之为食。假诺卡氏菌属（*Pseudonocardia*）生活在蚂蚁的体毛中，它们通过分泌化学物质，抑制其他真菌侵入，保持自身健康。这个“蚂蚁—真菌—细菌”的集合产生了一个以关系为基础的实体。这个实体的任何一部分，都无法脱离“他者”的影响而独立存在。超过两百种“真菌蚁”（attine ant）的生计都依赖培植真菌，而切叶蚁就是其中一员。

凤梨科植物上，生活着上百种细菌、原生动物、海绵、甲壳动物和蠕虫，它们依靠青蛙在池塘里穿梭旅行。介形虫（*Ostracods*）是一种看起来像小虾的生物，它们附着在青蛙表皮上。紧紧黏住这些介形虫的，则是以凤梨科植物的细菌培养液为食的单细胞原生动物纤毛虫。在一个更小的尺度上，真菌和细菌骑坐在纤毛虫上游荡。所有这些生物和飞行昆虫的幼虫，在凤梨科植物的积水中排泄，制造了氮等植物营养物质。凤梨因此创造和拥有了自己的肥料场。像切叶蚁依赖互生一样，“凤梨—动物—细菌”的关系网络互相缠绕，不可分离。森林并不是一个个组合链的简单集合，它本身就是一系列关系缠绕出的网络。

人类文化在其哲学中表达了这种本质。对于那些数百年乃至数千年以来都居住在亚马孙森林网络内的瓦拉尼人、舒阿尔人（Shuar）、丘盖尔人（Quichua）以及其他诸民族来说，森林不仅仅是“其他”生物和物质的集合。虽然这些文化在语言和历史上差异很大，信仰体系也跟其他大洲不尽相同，亚马孙人却似乎在一件事上众口一词——那些西方科学所认为的由一个个客体组成的森林生态系统，却是他们的精神、梦想和“清醒时的现实”交融之处。因此，森林，包括其中的人类居民，是一体的。我们存在于精神上的关系诞生之始，而不仅仅是那些分开的集合分支。“精神”并非来自遥远的天堂或地狱，并非不食人间烟火的幽灵，而是森林的本质，踏实而接地气，它连接了土壤和想象。这样的亚马孙“精神”来源于一代代居民的亲身体验。

因为我们完全来自另一个世界，我们的语言词汇和思维模式限制了我们，让我们无法表达出这些“精神”。迈尔·罗德里格斯（Mayer Rodríguez）曾极为清晰地向我阐述了西方人所遇到的理解障碍。他是一名森林向导，曾与美国的数百名大学研究人员和学生一同工作。他说，我们不相信他关于“精神”的故事，遑论理解。声音可以入耳，却不曾穿透心灵。如果没有在森林社区的关系中生活过，这样的理解和共鸣必然是无源之水。

这些生物的网络关系，可以追溯到很久以前，也可以延伸到更远。罗德里格斯先生的话让我们从内部对此有了更进一步的理解，但也表明，从内部理解依旧会难倒我们。知识是一种关系，归属感则是精神层面的知识。

西方人的头脑可以感知和理解抽象的概念，比如理念、规则、过程、关系和模式。这些都是看不见的。但是，我们相信它们跟其他物体一样真实存在。森林“精神”之于亚马孙，就是西方文化概念中的金钱、时间和国家，如此真实而又虚幻。

有一次，我进入森林，跟一个瓦拉尼男人聊天。他和其他族人最早爬上吉贝树，并在上面搭建了云梯。我正是通过云梯才得以爬上树冠。作为政治积极分子，他一直受到威胁，因而我在此隐去他的姓名。在搭建云梯的过程中，他在一个夜晚返回吉贝树旁，用奎东茄的果实环绕树干，来镇住树木中美洲豹的“精神”。然后，他跟树说话，请求它的原谅。他点燃了小火堆来保护自己和吉贝。当他讲述这段故事时，他显然把这棵树当作了一个人，而不是物体。他认为用螺栓钻入吉贝高处的树枝，是一种侮辱和亵渎。他说，更好的方式应该是采用悬在树枝之间的浮动绳梯，而不是使用金属制品。绳梯会带领瓦拉尼的孩子们来到林冠层，感受这个音乐和视觉艺术的圣地。时隔多年，我从这个攀登者眼中只看到了认命般的悲伤，而在云梯的建造过程中，他的内心曾日夜饱受煎熬。其他一起建造云梯的人，一群非瓦拉尼血统的厄瓜多尔人和北美人，都兴奋于能在这个美丽的地方建造一座优雅的塔梯。他们此前就做过同样的事情，因此，他们完全不能理解这个瓦拉尼人的担心。

瓦拉尼人并不排斥伤害生物和狩猎。他们采集植物、捕食猴子和其他动物，并同外国殖民者和其他民族以死相搏，捍卫自己的文化。在定居点，进口的食物和规模化的农耕，弱化了瓦拉尼人对森林的依赖，但砍刀和枪支依旧被频繁使用。因此，对于那个瓦拉尼男人而言，抵触其他人对吉贝的伤害，并非因为反对砍伐和猎杀，而是因为，吉贝是他们的生命之树。他说："没有它，我们会死。"他认为，在树上打钻戕害了树木，也玷污了这生命的源泉。我还感觉到一层更微妙的原因：他认为西方思想将沿着这梯子和台阶，十分容易地渗透到树冠之上，而这是十分危险的。对于游客来说，塔梯是到达目的地的一种手段，表达的是一种人与森林关联的世界观，是对森林本质的一种表述。建造、攀爬，都因此被赋予了道德意义；游客踩在梯子上的每一声，都好似他们思维方式的回响，但这往往和那些最了解森林的人的观念背道而驰。

不过另一方面，这座云梯也促使外来者更全面地理解这些不同观念所带来的结果。站在云梯顶部的阶梯上，我们可以听闻、俯瞰瓦拉尼人和克丘亚人的土地，也能观察到外来哲学的表达，而这预示着森林的"精神"正在遭受比我们脚下阶梯更大规模的破坏。

一只鹪鸟唱着森林的晚祷曲。虽然这种火鸡大小的鹧鹄近亲难以目击，但它的旋律却在每一个黄昏响起。声音犹如雕镂金石一般，清澈纯粹的音调，好像艺术家正熔化金属并錾刻成工艺饰品。安第斯直笛（Quena）的转调和音色，想必是模仿了它们的鸣叫。林下早已昏暗，但在吉贝的树顶，黄昏依旧徘徊流连了三十分钟。日落时分，西斜的橙灰光线酣畅地照拂在身上，我们听到了鹪鸟的歌唱。

日光西沉，风梨雨蛙从空中池塘发出间歇性的笑声和咯咯声。这叫声将持续五六分钟，然后归于沉寂。不过，任何一点响动又会再次引起一片欢鸣。偶尔传来的青蛙叫声、人声，以及一只栖息的鸟被同伴踩到的叫声……三种猫头鹰加入了青蛙的歌唱。冠鸮（crested owl）正从树底下发出规律的“哧哧”声，保持着与朋友、邻居的联系，两只幼鸟则藏匿在更低的印加树枝条上。眼镜鸮（spectacled owl）低声应和，橡胶般的声音好像一副没装好的轮胎，绕着弯曲的轴来回摆动。远处一只黄褐色的角鸮（screech owl）高唱着无休止的“嘟嘟”乐章。遍布四周的昆虫吹奏着高亢而清晰的“啾啾”和“铃铃”乐曲。主宰了白天乐曲的猴子和鹦鹉，正在酣睡。吉贝的上层树叶，在伴随着日落的激烈狂风中舞动。而后，风止树静。

现在已是日落后两小时了。森林的深处，上空应该是黑暗的穹顶和明亮的尘埃。最近的古柯（Coca）小镇距离此地有一天的路程，人们从水路或陆路赶来，聚集在此。除了手电筒和餐厅里夜间短暂运行的发电机外，这里没有电。然而，天空中却有两道光线。五英里开外的石油开采营地里，煤气灯和柴油灯就像城镇的辉光，溢出了黑暗，使星光暗淡。当被风搅动的吉贝叶子安静下来时，发电机和压缩机的隆隆声又一次笼罩了树冠。在亚马孙西部，这些曾经的白垩纪海岸线“墓地”之上隐藏着财富。一亿年前的阳光的照射，曾使得河流三角洲和浅海地区的藻类异常繁茂，留下了一层深埋地下的含油残渣。厄瓜多尔东部和秘鲁北部地区，这些全球生物和文化多样性最高的区域，与石油储量地图相吻合。价值数十亿甚或数百亿美元的石油就埋藏在这些森林之下。

厄瓜多尔出口收入的一半和政府预算的三分之一来自石油。厄瓜多尔政府先是对欧美持有的债券违约，现在又欠着中国的债务，已经决定用石油来支付。大多数国民渴求物质需求，经济机会渺茫，对于这样一个国家来说，销售亚马孙地区的石油似乎是一座通向美好生活的桥梁，在贷款和石油销售收入都将投入社会服务的情况下，更是如此。对于政府而言，开发石油是一个唾手可得的现金来源，他们对此熟门熟路。

在大多数国家，石油钻井很少引发争论。在北美洲，只有少数的几座油田会挑起全国性的讨论，绝大多数油矿的开采和利用是一件理所当然的事。北欧国家钻探北海油田，已经相当成熟。只有战争爆发和市场失衡，才会拖缓中东石油的贸易流动。但在厄瓜多尔，在这个经济依赖石油储量的国家，是否开采油田竟在社会各界激起了强烈抗议和激烈讨论，从总统办公室到民间团体再到小型社区，甚至一路传到森林深处。

厄瓜多尔的石油属于政府。虽然私人和国有企业都有权开采石油，但他们并无所有权，政府决定了谁可以在哪里开采。其中最有争议的决策，就涉及亚苏尼国家公园森林的开采，那里距离我们的吉贝树仅有几百米。亚苏尼国家公园是亚苏尼国家保护区的一部分，保护区则位于生物多样性地图所定义的生物“热点”地区，占地近一万平方公里。与公园毗邻的是六千平方公里的瓦拉尼民族文化保护区。一些瓦拉尼人生活在保护区里，远离其他文化，自愿离群索居。如今，亚苏尼公园的北半部被规划为石油开采区。其中，光是公园的东北侧的茵氏坪哥河—踏薄开卡河—蒂普蒂尼河（Ishpingo-Tambococha-Tiputini，ITT）流域，就蕴藏着近八亿桶石油，占厄瓜多尔石油总储量的20%。亚苏尼国家保护区还与许多已开发的油田接壤。20世纪70年代，美国公司把大片的森林变成一座座含油渣的土堆。至今法院仍在审议到底由谁来负责拖延已久的清理工作。

从森林中穿过的道路*，对人们的生活有着深远的影响。猎人们找到了新的销售渠道，扫荡了森林，猎杀了可食用的动物。殖民者从原住民手中掠夺土地，把森林变成农田和种植园。石油公司阻拦殖民者之处，从前居无定所的原住民修建了永居村落。是否与石油公司合作的争论，使得许多村落分崩离析。关于谁可以拿到公司的好处，同样引起了纠纷。补贴和就业机会确实带来了物质上的实惠，但融入工业经济的快乐往往被证明是昙花一现，原住民社群由于殖民者而流离失所。奥卡大道（Vía Auca），这条通向昔日油田的交通“主动脉”两旁的树木上凤梨几乎绝迹，生活在其中的动物也随之销声匿迹。从前众多的鸟类离开了这些石油之路。即使吉贝能在链锯下生存下来，它也会因为失去社群而逐渐走向沉寂。一个瓦拉尼人告诉我，石油钻井就好像切割了吉贝的枝条，截去了生命之树的臂膀。其他瓦拉尼人则尝试着与企业家协商交易，设法与这些初来乍到的外乡人合作。

几年前，尽管这里有那么多紧俏稀缺的矿产资源，厄瓜多尔似乎还是可以找到保护森林的途径。2007年，拉斐尔·科雷亚（Rafael

* 为了开采油田而修建的道路。

Correa）总统提出，如果国际社会能为ITT地区筹集相当于当地石油价值一半的资金，那么厄瓜多尔将把它作为经济可持续发展基金，让这里的燃料永久埋藏。他后来还向联合国和石油输出国组织（OPEC）提出了更普适的框架，以帮助发展中国家管理化石燃料储量和气候变化。同时，厄瓜多尔政府对自己的行为设定了新标准。2008年，厄瓜多尔宪法宣称“我们都是大地母亲的一部分”，以此保障帕查玛玛*的权利。宪法中提到了非人类物种生存和发展的权利，以及人们获得水和健康食物的权利。关于亚苏尼国家保护区的提案，似乎也成了佐证总统承诺的前景乐观的表达。

科雷亚原本计划不再开采亚苏尼地区的石油，并把这些未燃烧的碳封存在它的“坟墓”里。从全球范围来看，这一点至关重要。如果我们想把全球平均气温上升幅度控制在2ºC以内，也就是达到当前气候谈判的预期目标，我们就必须把地下的燃料埋起来。因此，即使我们有了藏宝图，我们也必须克制自己。这类诱惑颇多，目前全球范围内已知的化石燃料的储量，如果开采、燃烧，可以让全球气温上升6ºC以上。

科雷亚的计划失败了。如果厄瓜多尔不开采石油，那么他们就必须承担失去发展机会代价。迄今为止，那些已经把大量化石碳排放到大气中的人，虽然已经是工业化国家中财力雄厚的国民，可他们甚至不愿意承担一点点厄瓜多尔因为克制而导致的经济负担。非但如此，他们还很容易购买到石油。于是，吉贝每天听着机械轰鸣，夜间则被蹿得比雨林的树木都高的废气火柱所照亮。一次次的探地雷达勘测接

* 厄瓜多尔人将大地母亲叫作帕查玛玛(Pacha Mama)。

踵而至，大地回传的声波被用来寻找石油。

像任何一个精明的战略家一样，科雷亚提出亚苏尼计划的同时，也有备选方案。这个方案如今已经进入了实施阶段：开发亚马孙的油田。在2016年3月，一家国企，亚马孙石油公司（Petroamazonas），在亚苏尼公园北侧的ITT地区钻取了第一桶石油。在亚马孙地区，与科雷亚想法一致的政客不在少数。亚马孙西部超过七十万平方公里的森林，已被各个政府划成石油和天然气“板块”，这些板块涵盖了厄瓜多尔和秘鲁亚马孙的大部分区域，以及哥伦比亚和巴西的大片雨林。如今，在这些地方，公路刺破了从前人迹罕至的森林，沿着那些公路，已有60%的石油和天然气被开采或勘探。一小部分开采点没有道路，只能通过飞机或轮船出入，通过管道运输石油。其余40%仍在招标阶段，还没有任何石油公司拿到许可。

从地图上看，未来大规模的石油开采，将不可避免。即便厄瓜多尔人不乐意，它们也会穿过亚马孙西部的大部分地区。大多数人反对在亚苏尼境内建造油井。请愿书获得了超过75万个签名，远远多于发动公投决议所需的人数。但在科雷亚的政治运作下，选举委员会宣称大部分签名无效。抗议油井的人被骚扰，为“大地母亲”呐喊会让人失去工作，甚至失去更多。在法院里，立场“错误”的法官也被调走。许多人在与我谈话时，都对此十分忧虑。他们说，在发展经济的旗号下，对开采油田提出异议将被认定为违法。

各种各样反对钻取石油的声音依旧存在。厄瓜多尔人在基多*举行示威游行，非营利组织和学者发布研究成果和媒体报道，活动家通过

* Quito，厄瓜多尔的首都。

互联网奔走呼号，连外国人都对厄瓜多尔应该如何管理自己的事务发表言论，一时间舆论汹汹。与其他抗议不同的是，这场斗争的核心推动者，是一群处于世界上最多样化的森林中的人，他们是森林生态的参与者和聆听者。这些社群的生存哲学，已在政治话语和国家宪法中生根。森林以及来自森林的那些思想，早已渗透到这个国家的血脉之中。

跟倾听和理解森林“精神”一样，聆听这些想法，给西方人带来了类似的挑战。我们的成见树立了障碍，傲慢则压抑、扭曲了这些想法。在古柯这座位于森林边缘的石油小镇里，充斥着种族歧视。人们用“奥卡”——Auca，意为“原始的野蛮人”——命名了出租车公司（Cooperativa de Taxis Auca Libre）、酒店（Hotel El Auca）和通往油气田的主路（Vía Auca）。我们的瓦拉尼同伴在餐馆明显被蔑视。南部的舒阿尔人和阿舒阿尔人（Ashuar）也对这些种族歧视心生不满。萨拉亚库（Sarayaku）的克丘亚人受到军队的武力威胁和暴徒的袭击。还有些歧视则包裹在看似善意的糖衣炮弹里。追求森林民族“永恒智慧”的西方人，把他们的理想主义强加在原住民群体上，他们不愿意承认，发源于雅典城邦的和植根于亚马孙的所有的文化，都在现代化的进程中变化着。前西班牙时代各文化之间的战争带来的革命，被印加人赶出家园的大批原住民，旧大陆传入的疾病引起的人口锐减，西班牙人的到来，数百年的殖民国家的阴谋——这一切都发生在工业革命进入美洲之前。自那时起，世界外部变化的步伐不断加快。外部因素与内在固有演化互相结合，造就了今日的亚马孙文明。认为原住民未受现代化影响，就是没有聆听感知到每一种文化都在表达自己当下时代的特性，与用歧视性的“奥卡”来称呼原住民并无二致。

亚马孙的原住民，像其他所有人一样，借鉴他们的历史经验来感知世界，但这种理解会随着时间变化而不断增添新的情境与特质，有选择性地用务实的方式展现给外界。雨声是由滴水叶尖塑造并翻译的，所以，掉落的并不是雨原本的声音，而是翻译的雨声。所有这些成见和误解都挑战着我们的耳朵，但它们并不能阻拦所有的声音。当我与当地人交谈时，我通过我并不完美的耳朵听到了树木的声音，或许，只是自以为听到了。

舒阿尔族女人特蕾莎·斯齐（Teresa Shiki），是一个治疗师、活动家和教师，她从那些喂她以糟糕的食物，教她以圣徒与雕像，并禁止她使用自己语言的传教士那里逃出来。她消失在森林中，去寻找她的祖母。在那里，她学会了倾听植物，倾听它们传递给人类的声音。“每棵树都像是一个人，它们会说话。吉贝树代表的是所有植物的生命；你不可能去听‘一棵’树，没有一棵树能够独自存活。”她边走边听，倾听植物在她梦中的诉说。“我们的梦想无论大小，都依附在植物的根系上，也同样连接着我们的祖先。石油开采？这是一个疯狂的、活在懒惰幻觉中的想法。”她认为，她所看到的那些正在改造她社群的工业经济，就像一个在炎热的土地上奔跑的人。这是一场注定失败的逃亡。“无处可逃。当梦魇降临时，去吉贝树那儿，躲在其中，倾听它的话语，并在树上生活。只有依靠吉贝树的能量，我们才能充实自己的精神，才有生存的希望。只有在与树木无言的关系中，我们才能够接收到这种能量。”她和她带领的奥米尔（Omaere）基金会一起，在退化的土地上重植森林，与当地人和游客分享森林的知识和草药，重建着人与森林的关系。

一个克丘亚族男人向我介绍了他的祖父。这个颇有名望的萨满之子同我说话的时候，他的孙子正忙着把一串串的灯泡缠绕在塑料圣诞树的针叶上，弄得沙沙作响。“传教士教我们读《圣经》，教我们如何写字。我们不再对树木感兴趣。以前，我们聆听森林来狩猎，来寻找动物。现在我们几乎都遗忘了这些过去的事情。”

不过，他的孙子正在重温这两代人所遗失的森林语言，并与来自世界各地的游客分享。“独自矗立在森林中的吉贝树可以抵御风暴，它用粗壮的枝干揽住风，把风力减弱。如果吉贝树被砍伐，我们就会失去这份力量。如今萨满式微，其中许多还是骗子。在远离石油业的密林里，动物们群集在树下，吉贝树则守护着它们。美洲豹将食物储存在树枝上，蛇和乌龟在树下松软的土壤上产卵，貘拱着土壤，找寻水果腐烂的味道，蜗牛、马陆和蝙蝠聚集在树干和根系的凹槽里。”他把我们带到村镇周边仅存的最大的吉贝树边上，树的四周是耕地和屋舍，蜗牛和马陆随处可见。住在附近的女孩说，她能听到树木“精神”的颤抖，听起来好像栖息在树冠上的鸟儿在夜间振翅一样，她很害怕。“有时上帝会杀死吉贝树的精神。”传教士、石油和上帝，沆瀣一气。

在镇中心的当地政府部门，克丘亚人穿着西装工作。“国家和政府的砍伐杀死了吉贝树，并把它切成了一块一块的。就连国家保育计划都鼓励人们砍树。我们已经因此失去了草药和狩猎的来源。而国家所驱动的保护，又侵蚀了原住民的土地。当地社区被分成条块管理。

没有了完整的领土，森林便失去了连贯性，社区也会就此消亡。我们来到吉贝树面前，拥抱它，以寻求力量，特别是当我们需要和石化行业的人共事之前。森林的声音帮助了我们，指引了我们。它可以让人快乐，也会让人悲伤。跟任何一棵树一样，吉贝树也有着自己的声音。当我们触摸一棵巨大的吉贝树的时候，它的歌声会给予我们向上的能量。”

另一位克丘亚人，他生命中的一半时光在森林里度过；另一半时间，则致力于政治斗争，以对抗工业活动在他们的土地上的破坏。“树中有歌声。河流是活的，他们会唱歌。我们从他们那里学到了我们自己的歌。我们说树木会唱歌，可人们都认为我们疯了，但疯的不是我们，而是那些贬低我们的人。我们的政治信仰是：让人们看到树木与河流的音乐、歌曲和生命；把所谓的国家公园变成活的森林；用充满鲜花和音符的森林公园勾画我们的土地。这不是一片空旷的土地，长久以来，我们与森林中千百万生灵一起生活，聆听着树木的歌声。”但是，国家的《空地和殖民地法》却说这里没有人。

森林的思想像苔藓的孢子一样展翅飞翔。在萨拉亚库这个饱受殖民者和石油勘探者入侵的部落，卡洛斯·维泰利·果林加（Carlos Viteri Gualinga）和他的同事们，用心把他们要说的话写出来，让自己的声音走出森林，被更多人听到。为了抵抗外界对他们部落的诸多攻击，他们将自己所了解的东西写出来，翻译成通行的语言，发表在学术期刊和政治短文中，以参与政治意义上的发声。他们拒绝用物质财富的积累来衡量一个社会的发展程度，他们也反对从欠发达社会到发达社会的线性发展观念。相反，他们认为“良好和谐的生活”*应该是“每个人为之努力的目标和使命”。这样的生活，不但发源于人类社区之内，更来自人类和其他物种还有森林“精神”之间不断的“互惠和团结”。然而，西方的发展用“血与火”强加其上，破坏了这些关系。

萨拉亚库对亚马孙雨林被砍伐的关切，最终影响了首都基多的政府决策。他们的诉求终于在国家宪法中得到了彰显：“我们……将建立一个与生物多样性和自然和谐共处的新模式，那就是美好生活（sumak kawsay）。”

然而，在安第斯山脉的空气里，在政府大厅里，“良好和谐的生活”却偏离了本意。它从其诞生的语境中被连根拔起，为从别的地方来的别的想法，诸如可持续发展、产业经济而运行。亚马孙的“良好和谐的生活”变成了全国性的“美好生活（*buen vivir*）”。发展是一种“美好生活”，石油钻井将带领全民过上“美好生活”。原住民来自森林深处的声音飞向安第斯山脉，飞向国家的政治心脏。它们像克丘亚人、吉贝、河流、泥土的歌声一样离开，返回时却如同一阵阵抽搐的疼痛——钻头开动，轮胎在砂石路面上滚滚轧过。

森林中互惠团结的生存规则不断被挑战着。如今，森林的境况岌岌可危。冲突愈演愈烈，我们也愈发需要合作，以求可持续生存。互相仇视甚至置对方于死地的人类文化，也应形成合作的网络。文化的独立性使得文明之间的摩擦持续存在，但厄瓜多尔原住民所组成的联盟，则会强大到足以改变国家政治话语的基调和内容。合作和联系，

* 原文为 *súmac káusai, alii káusai*，意为“与大自然和谐共存”。

如今超越了国界，正在扩张和蔓延。原住民公园的守护者们，开始跨越国界进行交谈。来自中美洲和南美洲的法官，齐聚跨美洲人权法庭，审理萨拉亚库人民起诉政府和石油公司的案件。法官们大多支持萨拉亚库，厄瓜多尔政府接受了部分判决，也驳回了相当一部分。厄瓜多尔政府所采取的激烈的，甚至是狂暴的反应，都反映出了联盟的强大力量。

在亚马孙，战争的艺术和科学确实达到了顶峰。如果这是唯一的歌曲，森林将加速走向毁灭，奥卡大道就是前车之鉴。好在生命共同体的“良好和谐的生活”也同样开始浮现。冲突依然紧张，但张力中也充满了创造力。苔藓、青蛙，甚至森林的思想，都飘荡在这里的空气中。

香脂冷杉

卡卡倍卡（Kakabeka），安大略省西北部

48°23′45.7″ N，89°37′17.2″ W

我站在石崖之上，俯瞰这个充满北寒带森林纹理和色彩的山谷：蓝绿色调的冷杉针叶，风中颤抖的白杨和白桦叶片间抖动着的光点，云杉尖尖的树冠，矮小灌丛之上暗淡的林冠间隙以及风在这里抚平一切之后新长出的一丛丛常青灌木。我在灌丛边缘的小路上走着，这里的灌丛生长得很浓密，任何想要从中通过的人都会被狠狠刮伤。一棵香脂冷杉在那些小树中卓然挺立，它身高八米，生长了约三十年了。这棵冷杉位于微风轻拂的陡峭悬崖之上，从小路上就能看到它的整个树干。在夏季，我能够逃离上百只集中在我这个哺乳动物血液自助餐中狂欢的蚊子，在这里得到暂时的喘息。

丁零，丁丁零。像细金属环敲击的声音，从香脂冷杉的冠盖传来。唧咕，唧唧咕。这声音像击打着铆钉，像锉平金属粗糙的边缘。这是

鸟类在遍布树顶的杉果中翻飞寻找的声音。它们的“锤子”* 不曾停歇，鸟浪聚集的地方，告诉我们哪里的种子最为丰富。它们啄食的时候，像空气一般轻盈的杉果鳞片（cone scale）屑从冷杉的树枝间掉落下来，敲击着冷杉针叶。

夏天的时候，青灰的杉果鳞片紧紧闭合着。丰富的树脂滴落下来，鸟类和松鼠都会躲开。但现在是 10 月，球果开始变棕成熟，干燥的树脂剥落了。鳞片爆裂开来，露出一堆薄薄的半透明的纸果翅。一阵狂风袭来，杉果打开了，它在风中嘶嘶作响，一个个小小的“纸风筝”随之飘散，有的高于林梢，有的飘转于泥土。每个“风筝”的底部，都有一个旅行者紧紧地抓着它。它们是这棵香脂冷杉的种子，不比它的“翅膀”厚多少。虽然种子很小，但它们充满了能量 **。被这些丰富食物的养料所吸引，鸟类们加入了风的队伍，把喙探进了杉果里取食。于是，曾照射在杉果每一个鳞片上的阳光的能量，被分割成数百份。一块长满苔藓的河岸，接收了冷杉胚胎的潜在能量；松金翅雀（pine siskin）吃得圆滚滚的；鸸们在树皮裂缝里储备着过冬的库存。

在香脂冷杉上觅食的鸟类里，没有谁比黑冠山雀（black-capped chickadee）再喧闹了。这里的林子长满了茂密的冷杉、云杉和松树。我的视线被其遮挡，视野仅有一两米。山雀的声音，却可从几十米开外传来。山雀们的身体躁动着，一刻不停，它们的声音也随之摆动跳跃，闪烁着高音，摇曳着节奏。它们用尖细的滴滴声振动着杉树周围的空气，紧跟着升高八度，并发出一个颤抖的双音节高音，听起来好像橡胶在

* 指鸟喙。

** 种仁含有丰富的油脂。

玻璃上用力摩擦。高频率的声音点缀在连奏里，随后，声音低沉下来变成一个沙哑的“chik-a dew dew”声，我们人类用这些声音来给它们命名*。

不论哪个季节，只要我来到香脂冷杉跟前，山雀们就蜂拥而至。我不知道它们是在对我评头论足，在跟我打招呼，还是仅仅偶然地路过。它们从头到脚地打量着我。一只山雀来到跟前，唱着歌，升高调子呼唤，随后六七只山雀向我聚集。我顿住了。它们飞落在茁壮的冷杉树枝上，离我的脸只有几厘米。从我身边经过时，它们躲闪着，侧着头，用漆黑的眼睛看着我。当它们从我的脸的这一侧飞到另一侧的时候，发出了尖厉的声音。此时我看到的不仅仅是树梢上它们遥远的身影，还是外观繁复精细的生物，就好像它们眼中的彼此那样。我能看到它们肩上灰色的羽毛花纹和飞羽清晰的边缘，那梳理过的面颊羽毛也历历可见。也许是感知到山雀叫声中的些许变化，其他鸟类被吸引，做出了回应，也加入到它们的聚会中。北森莺（northern parula warbler）来了，紧跟着的是一只纹胸林莺（magnolia warbler）和红胸䴓（red-breasted nuthatch）。它们朝这儿看了看，然后就消失在我的视线之外了。山雀则更为好奇，它们逗留了几分钟，才转头接着去搜集冷杉针叶中的昆虫，或去拨弄杉果。我短暂的停留，对它们来说很平常，但这些山雀远比我所遇到的其他鸟类更为大胆好奇。最值得一提的是，当我近距离聆听时，我发现了山雀音色和音调所表现出的细微变化。靠得足够近时，一个看似单一的嘀嘀声就能被分解成许多不同的音调。

我们用二十六个简单的几何图形构建了文字；而就在观察山雀群

* 英文中山雀的拼写“chickadee”与其叫声“chik-a-dew”相似。

的几分钟里，就让我听到了同样多的语素（grapheme）。我们对这些声音如何构建了鸟类的世界几乎一无所知。有些叫声在繁殖过程中占据了主导地位，一般在巢穴附近才会听到。有些叫声则传递着安全与否的信息，鸟类用细微的声音变化来编写信息，表达威胁来自何种捕食者。䴓偷听着这些音调的变化，通过邻居山雀搜集情报，来预报哪一种捕食猫头鹰会在林中出现。像其他鸟类一样，山雀也使用各种声音互相交流，传达着亲昵和纠纷之中的微妙差别。毫无疑问，人类的语言和鸟类的交流在很多方面存在差异，可如果我们仔细聆听，这两种语言的声学元素丰度却相差无几。

我的“小观察员”们是社会性的物种。它们的智慧同时存在于个体行为和社会关系中。因此，每只山雀都生活在一个双重世界里，一边是自我，一边是群体网络。它们是更大尺度下的森林二元性的缩影。森林的本质渗透到生物世界中，能够追溯到生命起源之时。山雀的生命，应和着香脂冷杉树、森林和生物多样性网络所构成的陌生世界。

秋天，黑冠山雀的大脑里，神经能力的成熟度与日俱增。大脑用以储存空间信息的部分，变得更加强大而复杂，这使得这些鸟类能够记住它们在树皮和苔藓丛中贮藏的种子和昆虫的位置。我听到的那些冷杉尖冠上的鸟儿，它们出众的记忆力，就是为了应对晚秋深冬的饥饿日子所做出的神经层面的准备。生活于北寒林的黑冠山雀，其大脑的空间记忆部分特别强大而密集。自然选择同样把冬季的概念镌刻到鸟类的大脑中，塑造了山雀的大脑，让它们能够在食物稀缺的冬季得以存活。

山雀的记忆也保存于社群网络中。鸟儿敏锐地观察着同伴。当一只山雀以一种新奇的方式发现或加工食物，其他山雀就会效仿。一旦经验被习得，这种记忆不再独属于任何个体生命。经验和记忆代代传递，流传在社群网络中。比如黑冠山雀的欧洲亲戚*，传统经验会给它们的文化认知打上区域的烙印。森林某处的鸟儿，可能偏爱于某种特定的打开杉果或者获取昆虫的方法，而这个方法则是来源于它们先辈的偶然习得——数代以前，森林西部的一只山雀可能发现了一种更快速地获取冷杉种子的方法。与此同时，森林的东部居民也发明了一种略有不同的新技术。如今，创新者们早就死去，西部和东部的鸟儿所熟悉的习惯依旧保持着差异，尽管这两种方法同样有效。这些传统超越了个体而存在。即使它们成功尝试了另一种取食方式，鸟类还是会顺应群体偏好。

鸟类的行为对香脂冷杉具有重要意义。虽然大多数的种子通过风力传播，鸟喙却能帮忙打开杉果鳞片。鸟类的饥饿，对树木的未来有着两种截然不同的影响。如果鸟类的觅食太过彻底，香脂冷杉的繁殖则会被限制，这对树木来说就是损失。取食的过程中，鸟类把那些原本用以滋养幼苗的能量转化给了自己。树木储藏的能量更改了历程，进入嗉囊，成了翅膀上的灰色火焰。这场掠夺对于树木来说负担沉重，冷杉需要两年的时间重整旗鼓，储备能量，才能再次结出种子。然而，山雀们和其他鸟类也会在森林中埋藏“赃物”，它们把杉树种子存放在腐木里或者其他苗床之上。冬天，有些种子被重新发掘出来食用，有些却被遗忘。因此，树木对未来的梦想是否能实现，还得指望于山雀的健忘。梦想照进现实，亚马孙并非唯一的桃花源。尽管山雀的记

* 欧洲的山雀。

忆在人类的思想和文化中是神经学上的抽象概念，但对于香脂冷杉而言，它同土壤、雨水和阳光一样重要。

山雀用个体和社群的模式在头脑中保存知识，香脂冷杉树同样也有智慧和行为的规则。虽然它并不具有神经系统，但冷杉的细胞中充满了激素、蛋白质和信号分子，它们相互协调，使植物也能够感知和响应周围的环境。

植物的反应有时很慢，就比如枝条向阳生长，又比如根系深扎于肥沃的土壤。植物形态并不是偶然为之，而是随着环境的变化而不断评估和调整的结果。枝条能感觉到自身在树上特定位置的光度并相应地生长。长在阴凉处的扇状针叶表面，最大限度地暴露于微薄的阳光下，但在强烈的阳光下，针叶用上翘的形式来收集太阳光，以避免阴影遮住下方的叶片。树枝与周边的树枝垂直生长着，避免接受光照的时候遮盖彼此的阳光。

有些反应则只维持数分钟。绿色的冷杉针叶有着蜡质的光滑表面。隐藏其下的是两条银色的线，纵向连接了杉针首尾。透过放大镜，模糊的银线分解成十二纵行。数百个明亮的白点笔直地排成行，分布在绿色的背景上。这些白点就是气孔，每一个气孔都是两个弯曲细胞之间的间隙。这些细胞整合杉针内部环境的状态信息后，打开或关闭气孔，以吸收气体或释放水蒸气。杉树针叶中的每一个细胞都在做着类似的评估和决定，发送和接收信号，并在学习和响应环境的过程中，调节自身的行为。

当这些过程在动物的神经中发生时，我们便将其称为“行为”和“思想”。如果我们扩大定义，不再执着于必须“具有神经”的要求，那么，香脂冷杉就是一种有行为和思想的生物。事实上，我们脊椎动物用以刺激神经的电信号的蛋白质，与引起植物细胞内的类似电流变化的蛋白质联系密切。植物细胞中的信号相当慵懒，被刺激后，它需要花费一分钟甚至更长时间，从植物叶片的一头到达另一头，这一过程比人类肢体的神经冲动慢两万倍。即便如此，它们与动物神经信号起着类似的作用，利用电荷脉冲进行植物内部不同部分的通信。植物没有大脑来协调这些信号，所以，植物的思维散布在所有细胞与细胞的联系中。

香脂冷杉也有记忆。如果毛毛虫或驼鹿光顾了杉针，这些啃咬将激发树木本身的化学防御，就好像山雀险些遭到捕食者猎杀后，所产生的神经细胞变化。树木此后的生长过程，将伴随着其他生物不喜欢的树脂的保护，就像一只虎口脱险的鸟一般。杉树甚至能记得将近一年的气温变化，据此决定什么时候让细胞准备御寒。植物记忆可以穿越世代，即使子代生存条件适宜，它们也会像生存饱受压力的亲代一样，在繁殖时尽力把增强遗传多样性的能力传递下去。至于植物如何保存这些记忆，我们所了解的还不多。但水芹实验中，包裹 DNA 的蛋白质所发生的变化可能是部分原因。植物可以通过包裹 DNA 的松紧来储存信息，记住哪些基因片段将在未来最有用。植物的记忆由此被捕获并固定在生化结构中。

根系和枝条则拥有关于光照、重力、热量和矿物质的记忆。达尔文通过转动豆苗幼根的方向，发现了一些植物的记忆能力。实验揭示了根系能够记住自己几个小时前的位置。他把树根的行为比作一只无头动物的行为，全身都有着记忆。虽然香脂冷杉是否像豆子、水芹具有完全相同的能力犹未可知，但冷杉树和这些实验室物种的内部化学构成和细胞网络是相同的。

植物的智慧并不完全存在于身体内部，更存在于与其他物种联系中。根尖能与来自其他社群的生物友好相处，特别是细菌和真菌。化学物质交换存在于生态群落中，而不是在任何单一的物种中。细菌产生小分子作为信号，影响细胞们做出集体决定。同样，这些小分子也会渗入根系细胞。在那里，它们与植物的化学物质结合，促进根系的生长，调节根系的结构。根系也向细菌发出信号，为它们提供糖分，滋养细菌，并启动细菌的基因。食物的诱惑和化学信号的激励，使细菌在根部周围形成凝胶层。一旦形成细菌层，就可以使根部免受侵蚀，缓冲盐浓度的变化，促进植物生长。

植物的根系协同真菌一起，通过土壤向外发送化学信息。共生菌群在收到信息后，就会朝着植物根部生长，并用自己的化学信号加以应答。根系和真菌的细胞膜表面随后会发生改变，以便更紧密地接触。如果化学信号和细胞生长以正确的顺序逐步推进，根系和真菌就开始互相纠缠，进行糖类和矿物质的交换。除了食物，根系嵌合体（root chimera）通过真菌菌丝将化学信息传播给其他植物体。这些分子携带了对植物生命有威胁的信息，比如昆虫的攻击和土壤的干燥情况。土壤就像一个街市，树根聚集于此，交换食物，它们也从中听到左邻右舍的新闻。

有近90%的植物与真菌形成"地下工会"。因此，当我们凝视一座森林、一片草原或一个树叶茂密的城市公园时，我们的眼睛只看到了部分真相。我们所看到的满眼翠绿，仅仅是群落网络最直接呈现出来的样子。对于许多树木，特别是那些生活在寒带酸性土壤中的香脂冷杉来说，“真菌—根系”的关系特别发达，每根根须都覆盖着一层真菌组织。只有协同工作，真菌和植物才能在北寒林恶劣的环境中共同生长。

叶片也参与了这个通信网络。这些植物细胞不仅能通过空气嗅出、检测邻居的健康状况，还能释放气味来吸引有益的食虫昆虫。声音，也在这种交流中起着作用。当叶子感知到毛毛虫咀嚼的震动时，叶子就会开始对此进行化学防御。因此，叶片细胞在集成了化学和声学信号的同时，感知和响应了周围的环境。

然而，一片树叶不仅仅由植物细胞组成。叶片蜡质的表面布满了真菌细胞，叶片内部则是几十种真菌的家。与根系中的真菌一样，叶片真菌的细胞比植物细胞小，并缺少光合色素。真菌与动物的关系可比它们与植物的关系更密切，因为，它们不是通过阳光获得食物，而是直接从动物身上获取食物。这也彰显了植物与真菌协同关系的普遍和高效：两个伙伴差异极大却能够互补。联盟将这两个演化树上完全不同的分支进行联结，在叶片和土壤中产生了生理上更为灵活和多元的生物联盟。比起一片仅由植物细胞组成的叶片，富含真菌的叶片更能够防御食草动物，能够杀死病原菌并耐受极端气温。地球上可能有一百万种叶栖（内生）真菌，它们是世界上最多样的生物群之一。

弗吉尼亚·伍尔芙（Virginia Woolf）写道，“真正的生活”是共同的生活，而不是“作为个体的、互不相干生活”。伍尔芙的描述适用于树木和天空，也适用于人类的“兄弟姐妹”。我们现在已经对树木的本质有所了解，她的想法其实不是隐喻，而是真实的现状。像吉贝树下的切叶蚁、真菌以及细菌的群落一样，树木的“根系—真菌—

细菌”联盟不能被分割。在森林里，伍尔芙式的生存才是唯一的生存准则。

在实验室之外，许许多多的“决定”，增加了树木和其他物种之间关系的复杂性。基于生命网络做出的决定，涉及数千种物种所发出的信息。相较而言，山雀的行为看起来就简单许多。不仅仅是香脂冷杉在思考，森林也在思考。生命共同体都拥有思想，我们所宣称的森林会“思考”并不是一个拟人的修辞。森林的思维从生命之间的关系网络中诞生，而不是像人类一样，出现于一个具象的大脑。这些关系网络是由冷杉针叶细胞、聚集于根尖上的细菌、用触角感受到空气中植物化学物质的昆虫、记住库存食物的动物，以及感知化学环境的真菌一起构成的。这些关系的多样性，意味着森林思想的节奏、结构和模式与我们人类截然不同。而人类、山雀和其他的生物也身处其中。因此，森林的智慧来自许多相互关联的思想的集合。神经和大脑也是森林的一部分，但仅仅是一部分。

杉树顶端传来了鸟儿觅食的声音，地面也叮当作响。一只松鸡昂首阔步地从香脂冷杉和云杉幼苗丛中穿过。它踩在腐烂的杉针上的脚步像狐狸一样悄无声息，但经过小路时，脚步噼啪作响。我的脚步声就像是踩在人行道散落的碎玻璃上，发出碎裂碾压的声音。甚至树根也能发出声音。根在地下膨胀着，使岩石碎片发出咔咔的声音，但这声音如此细小，土壤更使它沉闷含混。因此，我只能通过插在岩石中的探头一探究竟。与根系轻推石头所产生的声音相比，我触摸探头尖端所发出的声音，几乎是一阵咆哮。一些植物学家认为，由根系产生的轻微声响，会刺激植物生长，但这些说法仍有争议。倾听到土壤微颤的人还太少，实验证据也含糊不清。所以，目前我们不知道这些声音到底是无关紧要的，还是和那些广为知晓的根系中传递的化学信号一样有意义。

冷杉周围发出碎裂声的泥土，是由坚硬易碎的、黑色燧石和铁锈层交互而成的岩石形成的。有些黑色燧石层薄得像是铅笔芯，但大多数都有一指多厚。黑色燧石是一种含硅量极高的矿物，摸起来像是玻璃。断面光滑，边缘锋利*，足以割伤皮肤。能工巧匠们把这些石块加工成小刀和刮刀。这些拥有独特的黑褐相间的条纹特征的工具，是这片土地上第一批古印第安人留下的唯一实物证据。此后的印第安文化拥有了更先进的工具，石锛、尖头器具、石凿等，都是利用燧石性质所制成的利刃器具。后来，欧洲人发明了新用途。他们发现，当与钢铁摩擦的时候，燧石边缘会火花四溅，早期的步枪**便是利用了这个现象。打火石点燃一小撮火药，所产生的火花将通过内膛来点燃枪管里包裹的足量炸药。生长着香脂冷杉的这块地层区域，以旧时火器而命名***。冈夫林特层组（Gunflint Formation）从明尼苏达的中北部，曲折绵延到安大略西部。这棵香脂冷杉就生长在这个地质构造中心附近，距桑德贝市（Thunder Bay）市中心三十公里。

* 贝壳状断口。断裂面呈具有同心圆纹的规则曲面，状似蚌壳的壳面。石英、蛋白石常具贝壳状断口。

** 燧发枪。16 世纪中叶被发明，在转轮火枪的基础上改进而成，取掉了发条钢轮，在击锤的钳口上夹一块燧石，传火孔边设有一击砧，射击时，扣引扳机，在弹簧的作用下，将燧石重重地打在火门边上，冒出火星，引燃火药击发。

*** 燧石层，gunflint。

燧石层间，层状铁矿分布其中。山坡上的地层，一旦暴露在雨水中，就形成了浑浊的溪流。山崩之处，或是侵蚀痕迹之旁的新鲜断面，地面看上去像生锈石块的废料堆场，积满了沁出的铁锈。在下游，被森林土壤的岩石和丹宁酸铁所污染的河流则呈现出厚重的茶色。

自这些岩石沉积在大洋底以来，已经过去了将近二十亿年。那时，海洋中不断上升的氧气含量，将游离铁氧化。铁锈，从水中沉淀下来，厚厚沉积。这一过程所创造的遍布世界的带状铁矿床，是地球历史上这一时期的地质特征。巨量的铁被析出成岩。如今，我们在这种地质构造中寻找铁矿。几个大型铁矿都散布在燧石层中。

如果仔细观察分析，铁锈层之间的燧石层揭示了氧气来源和铁沉积的原因。铭刻在燧石质密细腻的硅酸盐晶体上的丝状结构和球体，是远古细胞的印记。在一块澳大利亚的岩石上发现更古老的痕迹之前，它们一度是最早的化石生命迹象。大部分细胞会进行光合作用，用阳光把碳焊接成糖，并从它们的“焊炬”里释放出氧气*。杉树树根，松鸡爪子，还有我的靴子所产生的声音，都回响在我们深远的生命历史长河中，在这个诞生了地球最初生命的无名地质纪念馆里敲响。

达尔文对这些化石一无所知。在他的时代，化石记录只延续到了大约六亿年前的寒武纪。化石是对他的演化思想的有效论证，但在复杂的大型寒武纪动物化石之前的岁月，缺乏化石的例证。这对达尔文来说是一个“无法解释的”谜题，一度对演化论产生冲击。直到 20 世纪 50 年代，冈夫林特微体化石被发现，已知的地球生命历程就此被延

* 指光合作用。含有叶绿体的绿色植物和某些细菌，在可见光的照射下，经过光反应和碳反应，利用光合色素，将二氧化碳（或硫化氢）和水转化为有机物，并释放出氧气（或氢气）的生化过程。

伸了三倍*。澳大利亚的发现又把生命的跨度推进了超过十亿年。生命最早可以追溯到35亿年前，真的像达尔文预测的那样古老。

冈夫林特微体化石隐藏得很好。这种燧石像乌檀一样漆黑，碳的存在暗示着岩石中可能含有生命的遗迹。这些化石中的细胞是我们肉眼所能辨识大小的五十分之一。为了看得更加清晰，古生物学家直接用电子显微镜光束打在化石上，然后通过电脑软件把反射回的能量创建成三维图像。多亏了现代显微镜建立的图像，任何人都能在网上看到地球上古代细胞的精妙，精细程度不亚于达尔文时代的人们所看到的动物骨骼以及其他史前古人类器物。

与生长在它们遗骸上的森林相比，这些化石群落包含的物种很少，最多只有几十种，其中也不存在多细胞生物。许多丝状结构的细胞与现代光合细菌有惊人的相似。有些只是简单的球状，另一些则覆盖着厚厚荚膜和菌毛。尽管它们形状简单、多样性不高、形态单一，冈夫林特的群落是后世最为重要的生命网络的雏形，揭开了将会演化出复杂生命体的生命进程。就像人类的音乐和艺术一样，生命的基本模式和相互关系早已确定。已知最早的人造乐器是旧石器时代用狮鹫**骨骼制作的骨笛，后世的许多传统音乐所使用的音阶，与它并无二致。同时期的画家，拉斯科***洞窟壁画跳跃野兽的创作者们，被毕加索评价为“创造了一切”。生命体就像音乐和视觉艺术一样，是对生命本源主题的即兴发挥和阐述。在冈夫林特，这个主题就是“矛盾”，个体

* 从中发现细菌状和藻状有机体的碳质燧石被认为是当时西方世界最早的化石。

** 一种传说中的生物。长有狮子的躯体和利爪、鹰的头和翅膀，是相当有名的奇幻生物。

*** 拉斯科，保存史前绘画和雕刻较为丰富精彩的石灰岩溶洞。位于法国多尔多涅省。发现于1940年。因洞中各种图像种类繁多，制作方法多样，被誉为史前的卢浮宫。

就此被生命主宰：生物个体在群落中挣扎，单一个体与生命网络不断博弈。

一些燧石层中的细胞好似浮游生物一样，漂浮在水中。它们游弋在泥泞的海底之上，海底则覆盖着一层由数种物种的松散集合组成的黏糊“毯子”*。从那时起，生命已经把自己划分进群落，在那里，不同的物种过着不同的生活，有些看起来独来独往，更多的物种互相纠缠着。在冈夫林特燧石层中，最常见的化石不但纠缠，甚至融合。这些化石，乍一眼看起来，平铺直叙，不需要借助显微镜观察。从上面往下看，化石如同镶嵌而成的马赛克图案，每片“瓷砖”的直径，从几厘米到一米多不等，同样形状的“瓷砖”层层叠叠。我们看到的马赛克，仅仅是层叠一米厚度的集群化石柱最表面的一层。每个化石柱都是一块叠层石（stromatolite）。叠层石活着的时候，它被致密编织的微生物所包裹，就好像一个城市的扩张，在前几代人留下的沉积物上建立新的建筑。千百年来，微生物的家园在卑微的村庄上高筑起密密麻麻的石塔**。

叠层石上端的生物组织沐浴在阳光下。冈夫林特藻属（*Gunflintia*）是这些组织中的优势种，它们呈现出线圈状和丝状结构，进行光合作用。其他大型的球状细菌，比如休伦孢（*Huroniospora*）以及色球藻科（*Corymbococcus*）群落就散布在这一丛丛冈夫林特藻之中，看上去像从苔藓床中长出的一簇簇草丛。在这郁郁葱葱的缤纷绿色里，点缀着一些微小的球体，它们的化学组成表明，它们是其他物种的掠食者或

* 指由菌落组成的浮泥。

** 周期性的生命活动所引起的矿物沉积和胶结作用，一直向上发展。

者分解者。一系列其他功能不明的细胞群，居住在叠层石中。这些生命的化石遗迹表明，它们之间曾经存在亲密的生态关系，它们互相依存。

在墨西哥和澳大利亚，温暖的潟湖是现生叠层石的家园，虽然这些叠层石已经演化出了新的物种，我们依旧可以通过这些现生的叠层石形态，窥探到当年冈夫林特群落的动态。现生叠层石每一层上，每一个毫米级的碎片都住着不同的物种，像是微缩的吉贝树冠。这些多种多样的群落成员以邻居生产的化学物质为食。不同物种间相互依存的纠缠关系，赋予了群落最基本的特征。生化梯度和电子流使得叠层石充满了活力。白天，群落进行光合作用，夜晚，则转化成硫化物生产，群落随之相应地调整内部化学结构。如果冈夫林特叠层石像它的现代同类一样，那么它们也曾形成生命的乐曲，每一个音符的生命力完全取决于其所依傍、所镶嵌的曲调乐章。早在二十亿年前，自我与群体之间的界限就已经模糊了。

冈夫林特藻属的单一细胞或丝状链，或一层叠层石是否能单一存在？也许这种对生物学的“单元”，对个体的探索，本来就是误入歧途。生命的基本性质不是个体的，而是互相联系的。冈夫林特群落的实质是互动的网络，而不是个体的集合。任何对于这些问题的单一回答，都片面地否认了这些微生物展现出的事实。如今，生命已经把整个地球变成了一个叠层石。在过去岁月的瓦砾堆上，一层薄薄的网状有机体，正散布在岩石圈的表面。

这棵生长于燧石层中的香脂冷杉，就是星球薄膜上的一个碎片。这棵树看起来完美地体现了什么是“个体”，它笔直的躯干与纵横交织的网络似乎毫无关联。诚然，冷杉是由单个种子中的胚胎发育而来的，它的DNA有着独特的遗传特性编码。当树干倒下时，这个“个体”将随之湮灭，它以“个体”贯穿生命起点和终点。但跟所有的树一样，冷杉的“独自存在”其实是我们片面理解中的一种错觉。每一针叶、每一根系都是植物、细菌和真菌细胞的集合，都是一个缠绕在一起而无法分开的整体。“单个”冷杉胚胎是由鸟类种下的，鸟的羽毛上闪耀着细菌光泽，它的肠道布满了微生物群落，它的背后是一个井然有序的社群。鳞片打开，种子发芽，幼苗之所以能够生长，也是因为没有食草的驼鹿吞食小树，驼鹿没把它变成自己四个胃室*中微生物的消化物。驼鹿的缺席，归功于狼和人类等捕猎者，以及那些让驼鹿感染线虫和病毒的蚊子。冷杉生长的森林，像一块现生叠层石，它像亚马孙的森林一样“播种”自己的天空，召唤着自己的雨。空气中弥散的化学物质将松树、云杉和冷杉的香气凝聚成雾状的微粒。这些液滴加上北美空气的灰尘、烟雾和废气，还催生了一场细雨降临。冷杉树的生命，源自生命关系。远离“个体”的执念，我们会发觉，生命似乎不只是被连接而已，它就是网络。

个体和群落之间的张力，可以追溯到比冈夫林特更远的过去。保存了叠层石群落的燧石已经足够古老，但这些细胞背后也经历了超过十亿年的演化。生命的起源埋藏在更深的地底。几十年来，生物学家把生命定义为一个自我复制的过程。因此，从生化角度寻找生命起源的第一步，就是去寻找能够忠实复制自己的稳定分子。确实存在着一些这样的分子，最显著的是一些在化学上与DNA极为接近的RNA**。

* 反刍动物具有四个胃，分别是瘤胃、网胃、瓣胃和皱胃。

** 核糖核酸，存在于生物细胞以及部分病毒、类病毒中的遗传信息载体。

这些分子是一张张有生命的折纸。通过折叠，RNA 产生了新的副本，给新分子赋予了形式和功能。如果生命由此开始，那将是个体主义的胜利。但是，化学网络提供了生命起源的另一种模式。化学网络，是网络上所有关系的集合。网络关系一旦建立，被复制的就是网络，而不是特定个体。最简单的例子是“生化三和弦”。分子 A 产生的是分子 B，而不是复制自己；分子 B 随后产生分子 C，分子 C 再接着产生了分子 A。在实验室里，这些网络可以用原始的化学前驱体组装自己，然后，在优胜劣汰中击败那些只会自我复制的分子。

第一批人工合成的细胞也具有网络化特征。当科学家把化学反应组织成一系列微小的、相互关联的阵列时，某些类似生命的特性就会出现：周期性产生蛋白质、化学信号物质梯度，以及维持内环境稳定的能力。我们体内的每一个细胞，都做着这样的事情。合成细胞中网络几何配置决定了反应的速度、振荡的节奏和产生信号的方式。没有网络，同样配方的“化学浓汤”* 就失去了生命的气味。

相似的经验同样被应用于生物技术行业中。在 DNA 工程早期，科学家操纵单个细胞来完成相对简单的任务。举个例子，他们将人类胰岛素的一个基因插入一株细菌中。该改性细菌的后裔就成为一个制药工厂，它们生活在一个精细控制食物来源的培养基中，不断产生胰岛素。但是，对于完成更复杂的任务来说，仅关注个体的能力远远不够。基因工程师无法培育出一种可以将木材转变为液体生物燃料、把混合污染物降解的单一细胞株。然而，协同作用的细胞网络系统中，每一个细胞被设计着，与其他细胞相互作用，它们就可以完成任何个体无

* 浸润在化学物质中的生化反应。

法单独完成的任务。当我们离开实验室，面对的世界更加复杂。所有生命的生态和演化，都是由联结的网络关系所激活的。

古老的燧石晦暗不明，化学关系难以被化石记录下来，我们可能永远不会确切地知道生命是如何开始的。但网络相对个体而言，似乎在演化上更具有生命力，更具有效率。“网络”作为一个整体，为生活在其中的个体抵御竞争对手，激活细胞的化学成分，并随着时间的推移而持续存在。

一个网络一旦建立，也可以称为一个个体。但是，这个个体的特征是由一系列关系所定义的，而不是取决于任何特定的分子类型或遗传密码的稳定存在。关系的具体特性随着时间的推移而改变，例如，一个形成 D 的反馈机制可能会被添加进来，A 反而变成备选方案。但这个网络将一直持续下去，它是生命形态的本质。因此，生命本身存在一个矛盾的却富有创造性的二元性：它是个体，或是网络；它两者都是，也都不是。这不是隐喻，而是生命的本源。生命跨越了存在的两种状态，由此使得死寂的宇宙焕发生机。

生命起源的化学混战，走过了中期的冈夫林特，进入到现代的森林，生命网络不仅传承了下来，还变得更加多元，也获得了比早期的丝缕和斑块*大几千倍的细胞和形体。现生生物中最多的类群，是那些点亮了世界的微生物，它们从未走上多细胞化的进程。与它们的祖先一样，它们生活在混乱无序的社群里，这里充满了不断变化的联盟和对抗，在少数情况下，它们达成了同盟，微生物聚集起来，让自己逃离微生物的沼泽，裹挟着它们那些无政府主义者的亲属，或游，或爬，或走

* 早期燧石化石上的丝状结构和简单球体。

过叠层石，进入了大型生物所在的世界。

富含氧气的海洋提供了这些新生物维持新陈代谢所需的物质条件。然而，氧气并不能解决另一个更大的问题，即如何把生命集合起来，装配成更稳定、更协调的群落。对于香脂冷杉而言，产生效益的杉针、根系和树皮，都被完全纳入了一个更大的细胞集合之中。不过，这安排并不稳定。大群体的利益与一小群细胞的利益之间存在的冲突，会威胁整体利益的稳定性。不受限制的细胞个体，像癌症一样，可以从内部开始摧毁整个网络。在实验室的实验中，细菌会自发聚集，形成有益于其中所有成员的多细胞集合体，就像植物或动物的身体中的细胞显现的那样。然后，一些细菌细胞发生了突变，它们攫取了群落红利，而拒绝付出维系群落的共同投资。这些揩油者兴盛了一段时间，但因为它们太过兴盛猖獗而让整个群落分崩离析。那么，它们应当如何更紧密地连接在一起才能成为冷杉树和山雀那样？

偶尔，有些突变会给群体带来好处，但个体却会付出代价。这些突变将促使生物网络聚合得更为紧密。有些细胞在体内扮演单一角色，这种特化过程，通常被认为是生命体走向高效的必要步骤。一个细胞如果尽全力去做好一张叶片、一块鳞片或是一条根系，显然会比通才细胞做得更好。特化还有一个不太明显的好处，任何增进细胞特化的突变，都会关闭细胞离经叛道的大门。孤立的一个根细胞不能茁壮成长，但是和叶片细胞连接起来，它们将会在达尔文的故事里脱颖而出。特化的个体没有办法回到单细胞的状态*。另一种突变，就是基因中预

* 指干细胞最终分化为终端分化细胞（特化细胞）的过程。特化细胞不可逆，不得脱离细胞周期，丧失分裂能力，但保持生理机能。

设的细胞死亡，它摧毁了单一细胞的未来，却给群落带来了好处。如果不是无关紧要的细胞自我献祭般的死亡和凋零，我们的神经系统将会陷入混乱。如果不是指间的胚胎细胞不断死亡，人类的脚趾和手指将成为一团组织。细胞的突变和死亡，是生命编织图中不可解开的线结。一旦被系紧，生命的线就不会滑脱，网络被编织得更紧。

在零下四十摄氏度，寒冷变得如此嚣张。冷，不再仅仅是一种感觉，它是一种存在，像是一个强有力的意识挤压着我。在冷杉树周围，不论我或站或立或走，寒冷的力量总是不断增强，感觉是北方的摔跤手紧紧扼制着我。它冰凉的双手，从我的手上开始，向我的脸、我的后背，传递一股股强烈的寒意。每次我只能支撑一两个小时，然后赶紧大步奔跑，或是逃回城里的庇护所休息，企图甩开它的控制。

寒冷不仅压迫着身体，也弯曲了声音。逆温层*下的森林，冷空气在暖帽下汇集。冷空气变得像糖蜜一样稠密，当声波在其中行进时，声波会减慢速度，滞后于在高层暖空气中传播的声音。因为速度的差异，温度梯度变成了一个声音透镜。声波向下弯曲。声音被迫在平面维度传播，不能在三维的穹顶上散布、飘逸，它的能量流淌在地面，集中在表层。那些被压抑的遥远的声音，被珠宝匠冰冷的放大镜放大，飞越到跟前。

耳边轰鸣的是货运火车的汽笛。尽管它还要在雪地里跋涉一个小时才会来到我跟前，但在这个清晨，柴油引擎和钢轮听起来像是从我脚边碾过。卡车发动机在加拿大横贯公路上的发动声，轮胎橡胶在冰

* 指大气对流层中，气温随高度增加的层带。

上的旋转声，雪地车咄咄逼人的抱怨声，都在杉树林中清晰可辨，混杂着松鼠和山雀的颤鸣与叫声。现代和古代的阳光，都在这北方的声音中表现出来。松鼠咬着冷杉树芽，山雀翻出隐藏的种子和昆虫，这些都来自头年夏天光合作用得到的能量。经过几千万甚至几亿年的阳光挤压发酵所形成的柴油和汽油，现在终于在引擎的轰鸣声中释放出能量。核聚变而来的能源猛烈地轰击着我的耳膜，像是压抑不住的生命冲动把阳光转化成歌。

向东行驶的火车，很可能将粮食从加拿大西部运送到桑德贝，这里是世界上最大的粮食港口之一，一座座粮仓有着城镇的规模。货轮从这里开始，穿过苏必利尔湖，把丰收的种子运送进全球贸易网络。在桑德贝博物馆的地图上，一条条彩带显示了这里跟亚洲、欧洲、非洲和美洲的连接，像是一幅绣出的国际网络图。

在高高的谷仓旁边，是堆得跟它们一样高的原木和木浆。这些堆料是供给木料厂、锯木厂、造纸厂的原料。在寒冷的空气中，一个大造纸厂的蒸汽袅袅上升，一直到与镇南的山脊齐高，勾画着天际线，像一个画家的梦，不断变化着颜色、质地和形状。如果靠近一些，这里的声音也同样丰富。输送带保持着钢铁般的心跳节奏，气管喘息着、叹息着，等待卸货时的加拿大太平洋铁路公司的引擎击打着活塞，发出鼓声。金属板构成的墙壁后面，是咯咯声和隆隆声。树木被打碎成纸浆，并被压平。跟所有的造纸厂一样，我在听到这些声音之前，就闻到了腥臭的气味——纸厂里黄褐色的炽热木屑粉尘被硫化氢的雾气所晕染。像从西部运出的谷物一样，来自北寒林的木材通过这个港口流向地球的许多地方。加拿大在原木生产方面居世界第一，木浆出口则仅次于美国。全球大约有10%的木制品来自加拿大森林。

这棵香脂冷杉生长在北寒林的边缘，这里充斥着人类创造的巨大的物质流。今天，燃料、粮食和木材成了交换最为活跃的生物能源。而二百年前，毛皮和烟草才是交换货币。夏天，加拿大中部和北部的捕猎者聚集起来，用毛皮来交换一捆捆的烟叶。香脂冷杉就这样耸立在一条古老的贸易路线之上，这条路线穿过了落差四十米的卡卡倍卡瀑布。工人们每人携带两个四十公斤重的包，爬上冈夫林特层组沁出铁锈的小径，运到这条通往内陆的水路——卡米尼斯蒂奎亚河（Kaministiquia River）上的独木舟中。通过他们的努力，弗吉尼亚州的烟叶找到了进入森林的路径，而成千上万的毛皮被贩卖到欧洲。因为拥有可以做成毛毡帽子的皮毛，河狸的价格颇高，但其实每一只长毛皮的北方动物都在交易清单上：麝鼠、狐狸、水獭、熊、狼，甚至北极海豹。然而，毛皮贸易很快崩溃了，当地的经济调整方向变为出口煤矿和木材。这些都是古老的人类关系的回声。早在殖民时期之前，这个地区的印第安铜矿贸易到南美，制陶工艺则向北传播。香脂冷杉的树脂填补了桦树皮独木舟的裂缝，使广泛的贸易交换成为可能。贸易和知识，就此被携带在芳香树脂之中。

人们追随着毛皮、矿石、木材的贸易前来，随后开始殖民掠夺，最后经历了长期的殖民走向工业化生产。粮食贸易路线上的彩带所代表的全球网络连接，同样体现在贸易中心的文化多样性上。福特·威廉原住民保留区（Fort William First Nation）坐落在造纸厂旁边，如今已成为齐佩瓦族（Ojibwe）聚集的孤岛，四周的土地被如潮水般蜂拥而至的殖民者所占据。曾经的法国殖民者和英国殖民者的营地与堡垒都已经消失不见，殖民者尸骨却沿着承载过所有贸易的河流而埋藏。在现代化的小镇上，我在芬兰风味的自助餐厅里吃咸鱼，听着在我身边的老人们喋喋不休的芬兰式英语。沿着小路走下去，就是意大利文化中心和使用波兰语进行祷告的圣卡西米尔教堂。夏季，港口举办的印第安节日会表演巴克提（Bhakti）舞蹈，在他们背后则停靠着来自德国和中国香港的货船。在一个装饰着俗气的雅园*纪念品的小餐馆里，猫王弹唱着《溜走的光阴多可笑》（Funny How Time Slips Away）。这所有的一切都距离铁路、贮木场或码头不远。

这些联系、活动都是太阳能网络的延伸，人类不断在其中发挥搅动的作用。我们延续了冈夫林特群落的模式：流动，沟通，相互依存，释放气体。虽然人类频繁而大规模的行为重新编织着世界的网络，但这种深刻的变化并不是什么新鲜的东西。叠层石就曾经带来一场革命：冈夫林特藻制造出的氧气，杀死了所有碰巧对新生的化学物质无所防备的细菌。叠层石的后裔就此超过了自己的先辈，淹没它们，啃食了一层层原先的群落。而这个过程的结果，就是叠层石如今被限制在一些闭塞且竞争并不激烈的潟湖之中。最初演化出的树木也篡夺了长辈们的地位，在光线到达地面，照射到那些没有树干的植物之前，它们就掠夺了资源。这些古老的森林进一步释放出氧气，催生了飞虫和其他大型动物的演化。这种种变化，分裂、扰乱、改变了所有身处其中的物种的关系。当柴油机车拉着装满了种子的车厢在铁路上驶过，卡车运输着金属矿石横跨大陆的时候，我冻伤的耳朵仿佛听到了古老的

* 美国影响力最大的歌手之一“猫王”埃尔维斯·普雷斯利生前位于田纳西州的豪宅。猫王故居又被称为“雅园”。

生命主题的变奏乐章。

生物网络不会长久地寂静下去，篡权和革命带来了兴亡的更迭。旧网络中生命的思想消失，结构崩塌，歌声落幕。对于人类来说，失去了我们诞生时伴随的旋律，确实是惨痛的损失。然而，所有新出现的陌生的、刺耳的、不和谐的声音，却可能是新的和谐秩序的序曲。

1972 年，一颗卡车大小的地球资源卫星被投入轨道，它是天文学的奇迹。我们不会再盯着星星图案的转移来预测未来，我们有了属于自己的星星。2013 年，第八颗地球资源卫星发射，长期以来从太空对地球植被和地形进行的研究仍在继续。这些卫星在太空中滑行，每一百分钟绕地球一圈，用电子传感器记录下方的场景。它们好像是麦田中协同工作的收割机，轨道像是间隔的刈痕，足够覆盖全球的土地。过去几十年的积累，让我们可以透过卫星的玻璃，预测将来的趋势，模糊地看到未来。

卫星睁着眼睛，观察着新生的树林和倾倒的木材。裸露的地面上确实涌动着新的生命，可是纵观世界，森林覆盖面积却在减少。仅在新世纪的第一个十二年，我们失去了 230 万平方公里的森林，而再生的仅仅有 80 万平方公里。在北方地区，火灾使我们的损益比超过了 2:1。官方统计数据试图掩盖这些现象，它们将“森林”定义为能够生长树木的地方，即使那里并不存在树木。地球资源卫星可不会给这些创造性的统计增加滤镜，它们如实报告——北寒林正在锐减。

地球资源卫星的图像分辨率为 30 米，它们看上去像是由粗糙的画笔画成的；然而森林群落是精细的工笔画。为了读懂卫星的图案，我们必须回到地面。我在夏天回到了那棵香脂冷杉旁，不过，当夜晚降临，冷空气的侵入会使得声音透镜重现，火车和卡车不再响彻森林。此时，树木还在风的指挥之下合唱着。白杨叶片在微风中颤动，在猛烈阵风中痉挛般地疯狂拍打。白桦的树叶更加干燥而沉稳，只有当风力加强之时，白桦树的叶子才会从轻拍变成嘶嘶作响。这些落叶树木的声音几乎遮蔽了冷杉针叶发出的“沙沙”擦动。香脂冷杉硬挺的针叶，根根分明，除非是风猛烈吹过，大多数时候这些针叶都是沉寂的。但那些掉落下来、卡在香脂冷杉枝杈之间的焦黄针叶，却摩擦着每个枝干上厚厚覆盖的悬吊的马鬃状、鹿角状和环状地衣。在细枝摆动和树干摇曳的时候，这些蜂窝状的缠结沙沙作响。枯萎的针叶和鳞片，“嘀嗒”一下掉落在下方的苔藓上。如果风速更快，磨蚀也会更加猛烈。冷杉发出“嘶嘶”声，如同用钢丝球打磨桌面，声音有力、刺耳却又轻柔。

香脂冷杉的夏季歌曲，来自那些凋零的树叶、苔藓和地衣，它们看似是森林网络中次要的部分。人类的感官被调教成只感受那些能发出巨大响声的生物，我们认为那些才是更重要的，所以忽略了针叶的飘落和苔藓地衣脏辫的呢喃。然而，如果不是偶尔从鹰隼、松鼠和白杨树那里解脱出来，转身审视森林的腐叶和残渣，就不会发现人类欺骗了自己。关于这些群落成员的深入研究，揭示了变动的森林如何将全球能源联结，并进行物质循环。在北寒林的土壤和“低等”生物中，我们找到了地球资源卫星数据的意义。

北寒林土壤中的碳，是所有森林的树干、树枝、地衣和其他地上生命总和的三倍。因此，根、微生物和腐烂的有机物是巨大的碳储存库。北方的土壤或许是世界上最大的陆地生态系统的森林碳汇，甚至超过茂密的热带雨林。根据统计方法细节的不同，数据可能略有差异，但即便不是最大，也仅次于热带雨林的碳汇。在世界范围内，土壤含碳量是大气的三倍，因此地球气候的未来，其实取决于发出刺耳“咝咝”声的冷杉针叶的命运。假如包裹在这些掉落的针叶中的碳都被完全释放，进入天空，而不是倒伏在土壤里，那么，笼罩地球的二氧化碳的“暖毯”将会变本加厉。

森林本身的浩瀚无垠，很大程度上造就了北方丰富的碳储量。世界上现存森林的三分之一生长在北方。即使我们撇开它们的广袤不谈，森林也绝对是含碳量最高的。当凋零针叶和苔藓掉落在寒冷、饱含水分的土壤中时，分解过程会变得十分缓慢，积压的物质很快就会积累起来*。一年中的大部分时间里，地面被冻结，这延缓了那些把固体物质中的碳释放到空气中的微生物的活动。夏天的短暂回暖，加之潮湿及酸性的土壤条件，使得微生物活动再次停滞。当我站在冷杉下，成千上万的蚊子包围着我，它们的翅膀闪着五彩的光，像是一团迷离的云雾，它们用嗡嗡振翅诉说着这里如同沼泽般的环境条件。

冬季的严寒和夏日的稀缺，一同积累着土壤中的碳。上一个冰河时代之后，又是几千年过去了，北方的土壤和泥炭地中又增加了至少500 拍克**的碳。我们可以在购物中心的园艺过道中看到这些碳，那一盘盘被堆得跟天花板一样高的“泥炭土”，就是北方和北极的碳碎片。

* 指形成腐殖质的过程。

** 1 拍克 =10^{15} 克 =10 亿吨。

它们被从沼泽般的泥土中取出，运往南方。

北寒林变暖的速度比全球任何地区都要快。越来越频繁的火灾，成了近期森林损失的主要成因。火灾不仅烧掉了土壤中的碳，烧尽覆盖的植被后，还暴露了剩下的碳。当林火把碳释放到大气中时，北寒林从一个吸收和储存碳的“碳汇”变成“碳源”，也就是让碳从土壤向大气流动。二氧化碳是温室气体，因此，北寒林碳汇与碳源的转换过程，给我们的大气“被子”中增加了更多的“羽绒”。

土壤中关系网络的变化，并非火灾那样肉眼可见，但这个进程同样严重。温暖使土壤微生物开始疯狂。随着土壤温度的升高，它们的活性呈指数增长。如果温暖的气温持续数天或数周，群落结构就会悄然发生变化。适应寒冷气候的微生物会被嗜热者取代，群落活动会被进一步加速。这些变化的结果就是加速的腐烂。腐烂的针叶、根、真菌和微生物，都被土壤生物群落进行处理，它们的遗体被送往天空。生物之火不冒烟，但它比林火更无处不在，对于全球碳流动影响颇大。

氮的供应也影响着分解速度。当氮的供应受到限制时，微生物会减慢工作速度，土壤中的碳才会堆积起来。轻度的氮饥饿是大多数北寒林中微生物的正常状态。覆盖在北寒林表面的地衣和苔藓的外壳，拦截并捕捉了雨水和灰尘中的氮，阻止了氮直接接触土壤中的微生物。但是，一场火灾或在林中喷洒除草剂之后，地衣和苔藓群落就消失了。氮，不受阻碍地流入土壤，并对微生物的分解过程起到了咖啡因一样的兴奋催化作用。

树根、真菌和微生物之间的关系也影响了氮的作用。在北寒林中，大多数树木的根部都生长着专门从土壤中吸收氮元素的真菌。这些树木因此获得碳源，真菌也从树上得到丰厚的回礼。土壤中，远离根系生活的微生物，则失去了这个联盟的机会。那些“根系—真菌”的伙伴固定了氮，让土壤微生物无氮可用，无法运转它们消耗腐烂事物的生意。北寒林的“根系—真菌”的共生关系中，微生物是无精打采的，所以碳在土壤中积累。而南方树根与不同种类的真菌相连接，这些真菌不会从土壤中摄取氮。这些南方的树木随着气温的升高而向北推进，逐渐进入北方。如果这样继续下去，更多的北寒林中的碳就会从土壤里迁移到天空中。

坐在树下的青苔和燧石上，我可以感知到森林的行为，那是杉果鳞片的轻柔掉落，是火车开过的轰鸣，是根系周围的生物社群，是山雀的种群文化记忆，是碳的流动，是地球资源卫星的图像。所有这些我所感觉到的，都是古老的冈夫林特生命网络的继承和演绎。这种思想在未来如何表达，将取决于杉针、根系、微生物、真菌和人类之间的关系。

在北方，人们有理由希望，我们将会用远见卓识来引领关系网络，扮演好人类的角色。在过去的二十年里，在法庭上战斗了多年的人们聚集在一起，保育、林业，以及工业的规划，遍及北寒林大陆。现在，木材公司、工业、环保组织、环保活动家和官方，包括那些原住民保留区的政府，正在开展对话。协议、框架、倡议、陪审团和议会……形式多种多样。这种人类之间的沟通，也是森林思维体系的一部分，倾听、适应、扩散，生命网络用这种方式达成共识。到目前为止，北方针叶林中成千上万平方公里的土地，即超过加拿大北寒林 10%，甚至跟很多国家国土一样大的区域，已经被列入保护区，禁止过度砍伐，保护受威胁的动物，并要求人们以可持续的方式来生产木材。在某些地区，谈判中各方关系紧张。就像雨林中的关系一样，冲突本就是网络的一部分。但也许比任何地图或协议的细节更重要的，是此间倍增的人们之间的联系。不同背景的人类经验在这里碰撞，并由此使得人们对生态系统的理解更加多样，这都将有利于保护北寒林。

香脂冷杉之下，山雀在悬崖底下喧闹不休。一只亚成白头海雕发出一声尖叫，起飞时笨拙的翅膀拍打在树梢上。一群乌鸦窥探着这只笨拙的幼鸟，跟着它升起，盘旋，绕着它们的猎物旋转。海雕笨重地拍击着翅膀，与灵活的乌鸦不可相提并论，但追逐者们最终放弃了，看起来只是想戏弄它而不是袭击。它们一直跟着海雕，飞到山脊上方，然后，回到了冷杉附近山坡上的巢穴。重复着哇哇叫嚷了几十次。

黑色燧石上，支撑起了化学网络、生物网络以及现今的文化网络。乌鸦的和谈声中，智力激荡，在空气中搅起了涟漪。当种子联系起山雀和冷杉，记忆也开始纠缠生长。我的钢笔划过木屑制成的纸张，书写中，我思考着森林的意义。

菜棕

圣凯瑟琳岛（St. Catherines），佐治亚州

31°35′40.4″N, 81°09′02.2″W

星球在无尽的虚空中绕着圈。地球和月亮围绕着太阳，设定着地球的昼夜节律。月亮环绕着自转的地球，它们在彼此的天空中划着弧线。无论是一颗星星，一粒月球的尘埃，抑或是一滴海水，如果不是重力的“细线”牵引、连接着所有的物体，这些物质就会土崩瓦解。

涌起的海水，追逐着月亮。地面同样感受着月球的引力，但石头僵硬的骨骼让它们无法像水一样涌动。海洋的反应则更为明显，海水回应着月亮的牵引和地球的自转，从而引发了潮汐。在任何海岸上，星球轨道间的互相影响，都在潮涨潮落中显现。不论人类如何卖力地去做，那些小小的伎俩，都无法移动如此庞大体积的水，无法撼动这个沉重的海洋“丘陵”。然而，旋转的星球仅仅凭借“关联”彼此，就散发出一种无声的强大的力量，轻易地办到了。

当球体旋转到同轴的时候，日月的联合引力导致了海面的升降，引发了汹涌而震荡的大潮。几天后，当它们不再处于同一直线，引力合力便会减弱，只能引起温和的小潮。

抽象的天体几何学体系中，流体运动被描绘成有序的行为，充满了数学的优雅。即便是犬牙交错的海岸线与参差不一的海水深度给潮汐的乐曲加上额外的韵律和装饰音，但一切依旧是和谐的：地球和海洋之间，被一双稳定的、有规律的“上帝之手”操纵着。

没有阳光，没有月亮，此时一场风暴攻击了海岸。只有激荡的海水，掩盖了一切声音。一些波浪嘶嘶作响，更多的则是在蓄力后发出更深沉的怒吼。海浪席卷而来，一旦遇到港湾状溶蚀和沙嘴，它们的攻击便掉转了方向，互相冲击，发出的巨响几乎使我的胸腔产生共振。每隔几秒钟，闪电撕裂了黑暗：一棵死在沙滩上的巨大橡树劈开了海浪，锤打出高高飞溅的浪花，浪花盖过了那些绵软的棕榈树冠，海雾密布，雷电激发了空气中的银光。紧随着的是无尽黑暗。在我的脚下，曾经稳固的地面正在战栗。波浪冲击着一处与膝盖等高的悬崖，雕刻着它最高的边缘，几块身体大小的泥土块被切割下来，轰然塌入海水中，固着土壤的根系对此无能为力。月亮用力地把潮水压在陆地上，一波潮水还未退去，新的“破坏者”旋即而至。按我的判断，现在是潮水最汹涌的时刻；应该很快就会退下去了，但我心里的声音告诉我，“你就是下一个。”到处波浪漫顶，充满着不成曲调的恐慌和混乱的喧哗，完全感受不到天体间的和谐。没有牛顿式的优雅，而是普洛斯彼罗*般的野蛮魔法和战争般的咆哮。

这些潮汐，被沙滩上的满月牵引，伐倒了一棵菜棕树。过去的两年半间，我每隔数月便来看它一次。今晚，我发现它已经倒掉了。上翘的球状根部被一阵阵海浪冲过，潮水浸泡着棕榈叶。几天前，它还是一棵九米高的茂盛鲜活的树。棕榈叶总是充满活力，发出沙沙声和啪嗒声。而现在，我只能在海洋和陆地争吵的爆裂与咆哮声中听到它了。

面朝着大西洋，我所在的圣凯瑟琳海滩，位于美国佐治亚州的离岸屏障岛之上，隔着6500公里的海洋与摩洛哥西海岸相望。这个岛屿位于海岸东南的佐治亚湾（Georgia Bight）中心，这个宽弧海湾一直从北卡罗来纳州延伸到佛罗里达州。这里的水很浅，所以，当海浪从北边涌入的时候，海水就在这越来越窄、越来越浅的陆地凹陷中聚集起来，开始抬高、咆哮。圣凯瑟琳岛上，高潮位比低潮位要高出三米。在海湾南部的迈阿密，潮差则小于一米。因此，这个岛屿事实上感受到了放大后的来自大西洋潮汐的力量。当涨潮遇上冬季寒潮或夏末热带风暴，海滩泥土的崩裂会变本加厉。一个波浪甚至会把一整座悬崖或沙丘直接裹挟着带走。

今晚的潮汐，不仅仅杀死了菜棕。海水汹涌地漫过海草和沙丘，涌入它们身后伫立的海滩的脊背。为了来到菜棕旁边，我挣扎着穿过锯棕灌木，它们让我重新想起，为何这些长着牙齿的植物会被命名为

* 普洛斯彼罗是莎士比亚戏剧《暴风雨》中的人物。剧中描写米兰公爵普洛斯彼罗被他弟弟安东尼奥夺去爵位，他带着独生女儿米兰达和魔法书流亡到了一座荒岛，在那里使用精灵，呼风唤雨。

“锯”。即使这片土地远离海滩大概二十多米，海浪的吮吸依旧来回推搡着我的靴子。当潮水退去，原先的淡水湖、橡树与棕榈林以及鲜花盛开的草地都将被黄沙覆盖，土壤会被盐水浸透。一个沙滩上的缺口，能打开一个盐水通道，它会杀死大片的湿地或让大片的森林窒息。99% 的潮汐都没能冲到这么高的地方，但还是有 1% 的潮汐咀嚼了这个伤口，把盐分吐到这些土壤之中。一旦潮水到达这里，陆地群落将很快被转为海滩，沉入海中。在过去的一个半世纪，这里的土地已经因此不断后撤，根据位置不同，每年的移动在两米到八米之间不等。

推进陆地移动的，不仅仅是大潮和暴风雨。两年半前，当我第一次看到菜棕，那时候，它的根还扎在一座沙丘的数米之后。它就站在几棵菜棕的队伍里，从杂乱的锯棕篱笆丛中生长出来。在它们身后，是棕榈树丛间那些被风吹得矮小可怜的橡树，有几棵胸径已经粗达一米。沙丘边缘被海水切割，形成了一人高的悬崖。从陡峭的山坡向下看去，就是海滩。涨潮时，残留的波浪偶尔会在沙丘上研磨，却也在这棵菜棕的十几米开外。而且，由于沙丘靠近海滩的一侧较低，菜棕立足之处比沙滩高出一米。菜棕就这样安然站立在防御土墙的后上方，看起来安全无虞。当我坐在平静的夏日里，观察着，倾听着，我发现所谓安全其实只是一种幻觉。即使在无风的日子，退潮时的成千上万微小损失的积累，也削减着沙丘。

此时，靠海的沙丘已经被侵蚀出尖角，上方的沙子在风的作用下，滑落到沙丘之下的海滩上。我坐得很近，能听到含混着咝咝声的贴面耳语。只有在遥远的波涛安静片刻的时候，这声音才能被听见。声音来自沙子的流动，当斜坡突然失去了抓地力，瞬间就变成了可以流动的液体[*]。沙子从斜槽中冲下斜坡，沙沙作响。当流沙到达海滩的时候，沙子散开并形成扇形。如果摩擦力能再次捕获它们，一些“小溪”可能仅仅出走几厘米，而更多时候则是一滑到底。这样的流动，每分钟都在发生。斜坡看上去好像均匀而稳定，但重力才拥有绝对话语权。它解锁了第一个颗粒团，然后另一个……一点一点地在沙丘表面用力。一只甲虫奋力爬上斜坡，引发了斜坡上几十次沙子的滑动，沙丘上的草丛中一片晃动的草叶，在沙面切割出一条条弧线，让沙子尽数滑落。就这一下午，沿着这条两米长的海滨，因为甲虫的脚步、摇晃的草叶和沙粒的松动不定，北美洲大陆失去了满满一桶土。考虑到所有海岸上的沙丘表面发生的情况，整个过程像一群翻斗车在工作，不断翻沙入海。

暴风雨和甲虫花了一年时间才把这片沙丘移走。现在，菜棕站立的地方变成了海滩最高点，它仍然坚定地挺立在它的同伴中，东侧的一部分根系已经暴露在外。最猛烈的波浪，都会在靠近它根部的地方松弛下来，变成浅缓的水流。这里，不曾受到海浪猛烈的拍打。潮水抚平了沙子，让它光滑而赤裸。一条醒目的细线勾勒着海滩边缘。在这后边的菜棕树干周围，是一大堆落叶、沙子、草根，它们都带有泥土的颜色和气味。蟾蜍、蜥蜴和鹿在这一片混乱中觅食，但它们不曾涉足咸水海滩。

当波浪接近海岸时，它们随着海底的隆起而抬升。海水下沿被沙子拖曳，但表层海水感觉不到这样的约束力，持续向前推动。汹涌的

* 指表面液化。一旦流沙表面受到运动干扰，就会迅速“液化”，表层的沙子会变得很松软，浅层的沙子也会很快往下流动。

海浪越来越高，最终把能量甩向沙滩。平缓的地方，海浪犹如向沙滩发射了一张充满泡沫的水幕，逐渐减缓，最后停了下来，然后又退回到海里。即便它们冲到了最高点，也几乎不能弄湿我的脚背。现在，它们很温和地在我的脚趾之间流淌着。

水中听音器（hydrophone）是一种放置在防水的、鸡蛋大小的橡胶壳中的麦克风，它会告诉我们沙粒和棕榈树根不同的经历。在水中，我的脚所感受到的温柔振动，此时被传感为雷霆般的喧嚣。我原以为将听见的只是海水的晃荡作响，但当我把水中听音器放下去时，听到的却是一大桶海水泼到墙上的音效，几乎把我的耳朵震聋。我立刻调小了录音机上的音量。海水在沙滩上的刮擦声，就像刨木头。当沙粒加速，声音也随之尖厉起来。海水退去的时候，沙子被拖曳着咆哮、冲撞。大海的触摸，是最温柔的流体运动，却摧毁了任何它能触及的沙子。沙粒轰塌流失。泥土或枯叶这些较轻的颗粒被卷走了。那曾经保护根系的土壤被冲刷干净了。水流的强大力量之下，海滩被夷为平地。

沙粒即使在最平静的天气中所经历的波浪，也不会比人类在一个风雨交加的大潮中所感受的更加温和。甲虫的足和重力作用在沙丘表面，所产生的震动再微小，也冲击塑造了海岸线。跟风暴的吞噬不同，这些啃咬夜以继日，经年不休。

人类习惯生存在终生不变的景观中。土地和住房坚固而耐久，我们被它们所吸引。聪明人把房子建在磐石上，愚者才在沙子上选址。混凝土、钢梁、平面玻璃……这些人类为了土地而发明的应用，强化了世界恒定不变的幻象。不稳定则让我们心生不安——倒下的纪念碑，粉碎的楼宇，倒伏的森林，都让我们心有戚戚，仓皇不安。象征着永恒和稳定的那些伫立千年的石头寺庙或是古老的红杉，才能振奋我们的精神。

然而，菜棕却讲述着另一种故事。菜棕扮演了《圣经》中被称为傻瓜的角色，在沙子上建立生命，借此度过一生。一棵菜棕的生命，通常长于一个世纪，在它死亡之时，它发芽时的地貌早已改变。这不是悲剧，而是沙质海岸必经的历程。我一开始没有意识到这点，但事实上海浪的力量和沙子的流动，塑造了菜棕每一部分的“存在”。不论是它的身体，它的果实，它的幼苗期，它叶片细胞中的化学物质，都植根于此。也许连树的名字中也存在着沙子的痕迹。法国植物学家米歇尔·阿当松（Michel Adanson）没有留下任何文字记录来解释为什么在 1763 年，他创造了“sabal”一词给菜棕命名。但我猜想，阿当松很可能根据“*sable*”或者“*sab*”这两个分别代表法语和克里奥语中的“沙子”的词语，拟定了这个新名字。

位于今佐治亚海岸上的菜棕，在沙子的变迁中演化。沙子，给它们上了充满生命力的一课。在过去的百万年里，由于寒冷冰期和温暖间冰期的交替，海洋的高度出现了多次上升下降。冰河期周期可不像潮汐那样有规律，但就如同月球对地球的影响一样，冰河时代的冷却与升温似乎也是由天体轨道的正常变化所驱动的。这些来自宇宙的力量，会叠加在由大气气体变动所引起的地球气候变化上。

在冰河时代高峰期，陆地上的水被锁住了，被冰盾和冰川所捕获。巨大的储藏，使得海洋都空空荡荡。当地球变暖，大部分或全部的冰融化了，返回海洋。冰川融水，加上水在升温时还会膨胀，水就这样充满了海洋盆地，提升了海平面。大约有十几个这样的冰河时代来了又去。最近的冰河时代在两万年前达到了极盛期。海平面比今天要低120米。在佐治亚湾浅水区，海平面的降低使得海岸线向东移动了100公里。任何陆栖动物，都可以顺着斜坡而下，漫步在今天已经是海洋大陆架的地方，却不会把脚弄湿。

自上一次冰河期结束以来，海平面上升，海岸线向西移动并逐渐趋缓。沙嘴、浅滩和岛屿随着海的边缘腾挪，不停地在甲虫和波浪的推动下西移。当侵蚀作用特别旺盛的时候，整个沙滩或沙洲都被举起、搡动，沙子的滚动摧毁了阻碍波浪前进的岛屿。菜棕生长的沙滩，来自瓜拉岛（Guale Island）的遗骸，它曾坐落于圣凯瑟琳岛的东北边，在过去的五千年间，彻底被磨蚀殆尽。岛上的沙子，被搬运到圣凯瑟琳岛一侧的沼泽地带，堆积起一座座沙丘。现在，随着海滩继续侵蚀，古老的泥炭从消失的沙子下面被翻了出来。海滩上倒下的那棵棕榈树前面，就暴露着这样一个“补丁”。当沙滩消失时，这些黑色黏稠的泥炭就出现了，抵抗着海浪。最后，海水继续前进，淹没了泥沼。

在间冰期，海平面比现在至少高六米，最多能超过十三米。绝大部分地区的气温比现在温暖0.5℃，而极地则高出5℃。温度和海岸线沿袭着古老的模式，不断变动。记录了海平面高度的数据图形，在过去的五百万年里，看起来像是海浪波澜起伏的横截面。在更广的时间尺度里，七千万多年前的大海更加波澜壮阔。整个佛罗里达州和半个佐治亚都曾是浅海，岛屿星罗棋布于其中。菜棕的祖先很可能生长在这些海滩和岛屿的沙地中，恐龙在它们边上吃着果实。

几千年来，沙子就像海水一样运动。沙丘是涟漪，岛屿则是隆起的波纹。流动的沙子在海洋和风的力量下，翻滚、搅拌、流注。菜棕是这些波浪之间的冲浪者，在每一个波涛到达顶峰的时候骑上浪头；在海浪坍塌消散之后，菜棕随即滑向下一个涌流，再次站上了波浪的表面。与人类冲浪者不同，菜棕自己也会创造波浪。沙丘是几十种植物的生物作用和水与空气的物理作用相互作用的结果。在平坦的沙滩上，植物的根茎叶，会打断风沙飞行，并使其下降累积。这些沙子的堆积进一步阻挡了风，使更多的沙子落进新生的沙丘。如果有野草在这里开拓了疆域，它们的根系就进一步稳定了群落，或许就此形成了一个会存在几十年甚至几个世纪的沙丘。

海滩上，来自枯萎草丛和棕榈的碎片，是沙丘的核心。当菜棕的种子冲上岸或是被鸟类播撒下来时，新的棕榈树就会来到这里。因为新的栖息地零散分布，这些棕榈树很可能与亲代相隔甚远，因此演化得能结出大量的果实。单个果实生存下来的希望十分渺茫，但惊人的数量让棕榈树战胜了这些挑战。菜棕果实的大小和颜色与蓝莓相仿。它们会在海水中浸泡几个月之后才被冲上海岸，种子不会受到盐水浸泡的伤害，在那里，它们可以继续发芽。卡罗来纳州是菜棕北部群落的家乡，那里的菜棕种子特别耐盐，这表明这些菜棕是海洋性“殖民者”的后裔。在更遥远的美国南部和加勒比海地区，更多的传播工作由鸟类和哺乳动物承担。每半年，旅鸫沿着北美海岸在属于它们的“轨道”上穿梭*，它们的喙和肠道充满着棕榈果实。鸟儿是长着翅膀的货运班轮。圣凯瑟琳岛上的鸟类常住居民**也会经常穿梭在棕榈林中，不断地

* 指鸟类的迁徙。“轨道”指迁徙路线。

** 指留鸟。

把种子撒向新的苗圃。山雀和啄木鸟漫不经心地翻动果梗，果实落下所发出的啪嗒声，是我的旅途中常见的伴奏。

一旦发芽，棕榈树便开始经历千辛万苦，直面能击败几乎任何植物的挑战。而这些，可能与我们对菜棕的印象截然不同。菜棕树荫下的躺椅，或许代表着一段能忘记忧虑的假日时光？对于菜棕，却并非如此。海滩上的生存条件万分艰辛。盐分从根系和叶子中夺取水分。炎热季节的干旱缺水与热带风暴大潮带来的洪涝，相互交替。风吹来或水冲来的沙子，可以在几分钟内迅速掩埋那些生长了几十年的小树。雷电频发，植被常被林火烧焦。然而棕榈树——“沙丘冲浪者”们，还挺立在波浪中。

我们或许可以从树叶的喧闹中，窥见棕榈坚忍力量的源泉。当我们踩上掉落的棕榈叶，可以听到树叶的“扫射”声，那是来自成千上万纤维的爆碎破裂。我的学生拿起棕榈叶片在空中摇动，叶片发出干燥的咔咔声。下雨的时候，雨水滴落在棕榈树冠，犹如卵石撞击着金属屋顶。这一切的声音都来自支撑叶片的坚硬的二氧化硅。叶子的纤维上，细胞分泌着二氧化硅，在植物的组织中加入了一层微型的“板材”。二氧化硅就是沙子。因此，从某种程度上说，棕榈叶是石头做的。叶片组织被叶片表面的一层厚厚的细胞包裹着，能强化植物结构的木质素也贯穿其中。植物学家曾经试图把棕榈叶切成薄片，在显微镜下进行观察，结果让他们感到失望。叶子里的“磨料”破坏了他们昂贵的刀片和切片机。

每片叶子被一根轻质的、一米长的叶柄所支撑着，强度不亚于一根更敦实的木杆。两条带子则把叶柄缠绕在棕榈树干上。叶柄的锥形末端上，拱出了叶片，看上去像是长着一百个手指的手掌，长宽等距，一人多长。叶片中心是一条整齐的褶皱，这些手指就是从这里延伸出来的。从远处看，这些树干顶端的棕榈叶像一团紊乱的烟，但事实上，叶柄都是从一个莲座状的冠中长出来的，它们精确地排布着，就像向日葵的花盘一样。

菜棕的叶片像沙漠植物一样节水，上面的双层蜡质能抵抗盐分。每一个呼吸孔沉没在叶片下表面的凹槽内，其上有蜡质覆盖。叶柄基部压缩了导管组织，以节制流量。除了这种种保护，万一有海水渗入内部，棕榈细胞也能将盐隔绝。棕榈把海水泵入细胞内的腔隙，然后用一些能够消解脱水作用的化学物质，来浸泡这些膜状腔室的外部。菜棕叶片发出的断裂咔嗒声，诉说着植物的骄傲，它们能同时适应盐分和干旱的袭击。

沿着海滩生长的沙丘和森林，并不总是咸涩的荒漠。当雨来临时，它会冲刷走树叶中、泥土中的盐分。沙子不能长时间持水，所以，棕榈树必须保留住这些淡水。棕榈树粗壮的树干底部，是上千根蠕虫一样的根系。这些“蠕虫”在每一个方向上爬动。作为许多纤维和鞘细胞木质化的结果，这些根系和棕榈叶片一样强韧。尽管它们很细，可无论我如何用力，都无法折断这些裸露在海滩上的树根。像成群的钻着地道的蛇一样，密集的根系都锚定在树上，捕捉水分。淡水就这样从根部流入叶片。许多树木的皮囊之下包裹的是没有生命的组织*，棕榈与它们不同，树干上充满了活细胞。下雨的时候，这些细胞吸水膨胀起来，把菜棕的树干变成圆柱形水箱。这根大约半米宽的树干，每

* 木质部的导管细胞是死细胞。

米可以装二十五升水。在干旱时期，蓄藏的水在棕榈叶窄窄的叶柄中缓缓流过，履行着最基本的职责，让叶片足够湿润。一棵巨大的棕榈树，即便是被连根拔起，依然可以靠着树干里的水存活数月。在森林大火中，棕榈树冠爆炸、燃烧，但储存的水分使树干得以存活。亲见过这种火灾的人告诉我，燃烧的棕榈树林会不断发出爆炸声，像一支旋律丰富的歌。几天后，即使所有的其他树种都死了，发黑的棕榈树冠也能再次长出新叶，深埋在树干里的活细胞会重新焕发生机。老棕榈树会在过度水浸的盐碱地区坚持几十年，直到最后被波浪带走。它们不断地开花结果，把种子散播在沙丘海滩之上。

棕榈的种子发芽的时候，会先深深扎进沙子，把生长端推入到地下一米，而不是马上向上生长。经过了这个阶段，它才会掉转方向。叶片从这个埋在底下的“弯钩”中开始向上生长，钻出地面。这种萨克斯管一样的早期生长形式，将平均持续六十年的时间。在这个时期内，棕榈储备了足够的能量，躲避了火灾和沙子的冲刷，并扩张它的树冠。韬光养晦是必要的。一旦树干长出地面，它的胸径就不会再扩大。与其他的树木不同，棕榈树上的活组织会长高，但不会长大。这不同的生长模式使得棕榈能在其他树木不能生长的地方存活，但这也迫使它们在幼年期投资了漫长的岁月。在拔高之前，树干先慢慢生长，直到接近成体的胸径。对于菜棕来说，这种约束也是一种优势。棕榈可以在橡树、桃金娘花和其他棕榈树林下等待数十年。当火灾或风灾扫清了它们头上遮蔽的树种时，棕榈树才从弹药充足的大本营中萌发出来。

不断变化的海平面锤炼了棕榈树对海岸线的了解，这被编进了它的基因，也写进了它与周围伙伴的物理和生理的关系之中。为数不多的种子顺利发芽，长成棕榈树。这种植物的寿命往往超出百年，但菜棕到底可以生存多久，依然是未知的。它们的树干不会留下记录死亡的“年轮”组织。我们现今最精确的估计认为，圣凯瑟琳沙丘上的菜棕，和那些冰河时代末期生长在现代海岸以东一百公里的菜棕之间，大约相隔了一百代。

在沙丘消失后的那个夏天，菜棕伫立在那里，最高的海浪还不能触及它。夜晚的时候，一只蠵龟来到了菜棕树下，在树冠下挖了一个窝。它的腹甲在沙地上平平地整出了一条小路。小路两边的痕迹，是它船桨一般的鳍肢交替行进所留下的。轨迹径直朝向海滩，在菜棕树下转了几个弯，然后蜿蜒着返回大海。当我和我的学生到达时，海龟保育者们已经在工作了。他们在沙地的表面梳理、搜索，寻找海龟产卵的地下入口。没有人看到她，但鳍肢的痕迹告诉了我们窝穴的大致方位。海龟产卵完成后，会把沙子铲到洞里，填满窝穴，然后在地上转圈、翻沙，使所有的痕迹模糊不清，以隐藏她产卵的洞穴。只有在沙滩上仔细地逐层排查，我们才能找到那一圈翻搅过的沙子。蠵龟曾用它来堵住产卵沙窝的入口。掠食龟卵的猪和浣熊可以用嗅觉来搜索，人类却不得不在沙地上留下的线索前苦苦思索。

一旦龟穴被发现，人类就开始挖掘，远处伴随着海上捕虾拖网渔船的呻吟。人们用金属铲子把湿沙一片片剥掉，直到看见第一个泛着白光的蛋。此后，手指接替了铲子的工作，人们把手臂伸到他们能够触摸到的最深处，把脆弱的龟卵从沙子中清理出来。半个小时后，120个跟矮脚鸡的蛋差不多大小的球形龟卵，被小心翼翼地放置在一个塑料桶中。不到一小时的时间里，它们又被重新埋在另一片沙滩中。人类付出的劳动，给了这些卵更好的机会。海龟产卵的这片海滩，时常有野猪出没。我就在这里见过几十头拱着泥沙的猪，一座藏有100个海龟蛋的宝藏很可能被它们洗劫一空。海滩的迅速侵蚀则是龟卵的另一个威胁。在龟卵趋于成熟并最终孵化的两个月里，海滩将向内陆移动几厘米，甚至更多。即使海岸线稳定不变，在这片已经被夷为平地的海滩上，涨潮也会淹没一窝蛋。保育者把海龟蛋转移到新的沙滩，那里没有野猪的困扰，也是岛上为数不多的沉积端。这个暖箱*为在圣凯瑟琳岛上产卵的蠵龟争取了时间。二十年前，还有四分之一的海岸适合海龟产卵。现在，海洋的侵蚀已经将这个比例又减少了一半以上。

海龟关于海岸的遗传记忆比棕榈树还要长。一亿年前，它们已经爬上了海滩，在这里挖洞产卵。然而现在，现存的七种海龟都岌岌可危。成年海龟被船只和渔网杀死。海岸的侵蚀和人类的发展，也在挤压海龟的繁殖地。仅存的沙地上，掠食者们熙熙攘攘、络绎不绝，其中还有因为相信龟蛋具有催情作用而涌来的人类。许许多多海龟保育项目因此开始发力，以保护海龟在生命里短暂的“上岸”阶段中，可以不被那些讨厌的行为干扰，圣凯瑟琳岛上的项目就是其中之一。

对于那些为了海龟利益而奔波的人来说，沙滩上的菜棕叶片下，幼龟从龟穴冲向海洋时，小脚蹼在沙地上的刮擦声也许是世界上最美妙的声音。这些小小的游泳者进入大西洋所发出的飞溅的水花和汩汩声，却让他们喜忧参半。海鸥在海面上虎视眈眈，等待着从涌流中攫取餐食。海鸟的严酷考验之后，是大海中漫长的生活，在离开海岸

* 指用以保育龟卵的沙滩。

三十年之后，它们将第一次回到陆地繁殖。许多小海龟会跟随大西洋环流，路过冰岛、欧洲北部和亚速尔群岛，最后抵达佐治亚湾附近的马尾藻海。它们将在那里生活到性成熟。有些海龟则避开了大西洋的漩涡，直接游到马尾藻海。每一千只小海龟中，只有一只能活到繁殖。成年后，雌性海龟回到岸边产卵，雄性则不再踏上陆地。像菜棕一样，它们的生活，勾画着我们对于海洋和海岸未来的想象。

潮水从菜棕的根部退去，留下了大量的海水浮沫。这些“云朵”的高度很少高过膝盖，但它们可以像小船那么长。气泡之筏出奇地坚固耐用，风把它们从沙滩表面上抬起来，然后扔到数米之外，它们却仍旧安然无恙。当海水覆盖海滩时，在微风的力量下，泡沫筏像蜗牛一样，在光滑的水面上蠕动。我舀了一些泡沫放在我手中。当我抓起它们，成千上万个气泡在表面炸开，嘶嘶作响，像是锅里煎的鱼。这些泡沫浓缩了海洋的气息，喷出的细雾扑面而来，就像是扎猛子时被海水呛了一口。

泡沫是由藻类和其他微观生命的粉末残骸形成的。当这些细胞在海洋的喧哗中迸裂开时，它们将蛋白质和脂肪释放到水中。这些化学物质起着跟浴缸中的肥皂一样的作用，改变了水的表面张力。风搅动着水面，像一只手打起了泡泡浴，制造出了泡沫。泡沫是被吹到陆地上的海洋生物的记忆。海水不仅是水，也是一个生命群落。海龟是这个集合群体中比较醒目且有魅力的成员之一，但它们并不能代表大多数海洋生命。每一滴海水含有数十万到几千万的微生物细胞。

这个社群就像吉贝树冠网络或香脂冷杉根系网络，但它摆脱了陆地的固定约束。海洋微生物自由混合，水环境使细胞能够自由地交换化学物质，无须形成复杂的联结和附着物。水，进一步溶解了“个体”，无孔不入地接触着海洋微生物的DNA。虽然香脂冷杉根系与周围其他物种的DNA也相互联系，但根系还是保留了属于自己的基因，这个对话中的其他伙伴也是一样的。可是在海洋中，微生物的互相依赖、相互依存，则更进一步。

海洋中的每一种微生物都从事着专门的任务，它们收集阳光或组装有机分子，并将剩余的大部分任务交给了社群。演化淘洗了这些物种的DNA，仅给每一物种留下了从事专门任务所需要的基因片段。即便是某些细胞生命的核心步骤，也由其他微生物完成。个别物种失去了一些具有重要任务的基因，通过这种方式，微生物们开始依靠于社群的“流水线精简作业”。可能是因为微生物漂浮在彼此附近，细胞间的化学物质转移十分容易。有些细胞不仅交换食物，还交换信息。即使在海洋湍流中，分子信号也能传递各自的需求，表明彼此的身份，这使得细胞间的特定物质的交换成为可能。如果从群落中分离出来，许多细胞会死亡。因为它们的DNA不足以满足生存的基本需要。

因此，对于海洋微生物的生命而言，最小的可行遗传单元就是网络化群落。这种安排十分高效，它使得网络的每一部分都专注于它最擅长的事情，但它同样也很容易受到通信中断的影响。如果细胞间的关系被石油泄漏、合成化学物质或海洋酸度改变了，那么微生物群落就会发生变化，这种变化的后果将不仅仅局限于微生物本身。大气和海洋的化学构成也依赖于这些网络，世界上一半的光合作用都依赖于海洋中的微生物和浮游生物。因此，数十亿海洋生物的窃窃私语决定了地球上空气和水的化学状态。

我们不知道海洋的变化是如何破坏了细胞间的信息交换，毕竟海洋中的这种网络化的流水线基因操作，也是在最近十年才被发现的。但对海洋的长期调查表明，20 世纪以来，浮游生物以每年 1% 的速度减少。许多地方的鱼类数量锐减。海洋的化学性质也在变动。随着二氧化碳溶解于海水，新型人类化学品被流水冲刷进入海洋，酸性物质漂浮在每一滴海水中，海洋酸度在不断增加。其中一些化学物质会干扰或破坏人体细胞间的通信。它们也很可能在海洋的细胞网络中起着同样的破坏作用。

在棕榈树倒下的几小时里，泡沫带来了另一个新奇物品：一块白色的塑料。它嵌在棕榈的叶基上，在棕榈倒下之前，是蜥蜴、青蛙和蚂蚁的家。这片塑料只是棕榈周围成千上万的塑料碎片之一。塑料瓶在近海滩的水面上飞掠着，被树枝困住的塑料薄膜拍打着水面，形成了莱棕声音环境的一部分。我和学生们一起调查了树木周围被冲刷来的垃圾。我们使用标准长度来进行线性测量，称量垃圾线上每一个可见的碎片。如果我们的调查具有代表性，那么在这个岛上，这片长达十公里的海滩，就容纳了将近五十万块肉眼可见的塑料。我们只考察了沙滩表层，所以，岛上其实存在更多的塑料。小型碎片的数量远远超过大片的，我们收集到的碎片中，有一半小于两厘米宽。对海滩的其他研究表明，这种趋势在显微尺度下继续存在，碎片尺寸越小，碎片数量越多。浮游生物越来越少，取而代之的是漂浮的塑料。

梭罗也留下了他在海滨捡拾“人类垃圾和残骸”的文字记录。他和我的学生的记录，都属于“史前考古学”，让我们得以审视这两个时代的人造物的异同。

科德角沙滩上随意捡拾所得，1849 年，1850 年，1855 年

海浪冲来的原木（许多根）

失事船只的木材和桅杆（大量）

卵石状的砖块（一些）

橄榄皂碎渣（未计算）

充满沙子的手套（一对）

碎布和化纤碎片（未计算）

箭头（一个）

浸泡过水的肉豆蔻（舶来品）

鱼肚子里的东西：鼻烟壶，小刀，教会成员卡片，正好对应了“壶、珠宝和约拿”

盒或桶（一个）

绳子，浮标，一块围网（一个）

瓶子，装着半满的浓啤酒，“还带有杜松气味”（一个）

成桶的苹果（二十个，二手报告）

人的尸体（至少二十九具）

圣凯瑟琳岛调查样线，2013—2014 年，

占地 160 平方米

漂浮的泡沫塑料块（一百六十三块）

塑料饮料瓶（十二个）

塑料药瓶(一个)

气球,硬塑料,漏气的,印着"生日快乐"(两个)

气球,软塑料,充气的,印着"新婚"(一个)

充气乳胶手套,被卡在棕榈上(一个)

两加仑的塑料果汁壶,附生着七十五只藤壶(一个)

蓝色塑料桶,标签上有荷兰语标注"Erwijderd houden, Gas niet inademem",意为"远离,严禁吸入"(一个)

贴着"TI重型发动机油"标签的黑色塑料桶(一个)

瓶盖,塑料(两个)

塑料编织带,紫色(一个)

洗衣桶,白色塑料(一个)

夹脚拖,塑料,不是同一双(二个)

沙拉酱罐子,塑料的,半满的,"还带着"乳化植物油气味(一个)

含有咀嚼过的烟草残渣的塑料瓶,未检测(一个)

带有绳子的钓鱼用塑料浮漂(一个)

猎枪子弹壳,红色塑料的(一个)

步枪子弹壳,黄铜的(一个)

各种颜色和形状的硬塑料碎片(四十二个)

网球的内部橡胶球(一个)

从海龟以及因螺旋桨击打、饥饿死亡或搁浅的动物剖检出的胃内容物:金属钩,水母大小的透明塑料袋(二个)

塑料绳(三段)

压制木材板(五块)

玻璃瓶（二个）

生锈的船梯，还能用（一个）

男士香水的金属喷雾罐（一个）

考古学家从发掘出的物品中，推断出它们所属文化的习俗、产物和宗教信仰。在菜棕的根部，一系列的证据表明，人类文明背离了最初的木材和玻璃，进行了一场塑料革命。而所有的这一切都发生在几十年内。塑料的制造和流动，是我们这个时代海洋碎屑的鲜明特征。一个有创意的考古学家，可能会从中推断出宗教意义：一些“文物”是食品和烟草祭品，有些则是塑料处于结婚和成年典礼核心的明确的实物证据。

漂浮的塑料改变了海洋生物网络。塑料浮游物堵塞、撕裂或紊乱了海龟、鸟类和蠕虫的肠道。海洋的能源，生命和物质的周期，都被数十亿的微观塑料碎片影响，尽管难以察觉，却至关重要。海洋微生物生命的节奏和模式，来自自由漂浮细胞之间的化学交换。塑料颗粒的迷雾，是海洋中的新颖事物，它重新塑造了微生物的关系。这些塑料微粒都有着坚硬的表面，微生物们聚集其上，形成了别处没有的群落。有些微生物只生长在固体表面，在以前开放的海洋中鲜少出现，可现在它们已经十分常见。塑料碎片就是一个个岛屿，曾经很少相遇的罕见物种，在这里被紧紧地联系在一起了。

一些微生物开疆拓土，用消化性的化学物质钻入塑料表面。随着这些小坑的长大，塑料分解了。破碎后，每一碎片上的生命的重量，使塑料碎片沉了下去。虽然我们对这个过程了解不多，但微生物看起来能从海洋表面去除塑料。一些碎片下沉，有些则还原成化学成分。现代微生物可能正以一种不完美的方式继续完成着它们祖先的工作。石油就是来源于微生物不能完全消化的藻类和植物的残骸。紧接着的地质作用接管了残骸，并把死去的草木变成液体化石。现代人把这些化石变成塑料，做成瓶子或水桶，一次性使用之后，把它们扔进垃圾填埋场或海洋。微生物可能会使整个过程形成一个闭环，消解掉塑料，只不过它们的工作还不够快，没法保护海龟和蠕虫。

塑料改变着海洋生活的同时，海岸线的移动仍在继续。19 世纪以来，在全球范围内，海平面平均每年上升一毫米多。但在过去的二十年里，年增长已经加速到三毫米。几十年来，我们向世界额外增加的热量中，有九成已经被海洋吸收并席卷入地球的深处。像温度计里的液体一样，升温的水会膨胀。我们所有的预测都表明，未来几十年将有更多的热量流向海洋。融化的冰盖和冰川也增加了海洋的体积，冰的损耗正在加速。我们不知道热量膨胀和冰川融水究竟将有多少，但一些保守的科学研究表明，到 2100 年，海平面的升高可能会在半米到两米之间。一些其他的研究则推测，远不止如此。

对于菜棕或海龟而言，在它们近代祖先的经验范围内，这些只不过是些温和的变化。但是，随沙冲浪的日子暂时一去不返了。沙丘无法流经沼泽地，岛屿不会空翻并漂移到内陆，形成新的沙丘。相反，这些地质过程都遇到了阻隔。适合树木生根发芽的海边森林被道路和城镇取代。涨潮的时候，海浪冲刷着从内陆运来的一堆堆防浪石，拍打着竖立在建筑和沥青前面的堤坝。从前，沙子能通过河流汇入海洋，现在它们被水坝困住，留在了上游。补给海滩的沿岸径流，如今无法再让沙土沉积。侵蚀仍在继续，可增长却停止了。一切只出不进，海滩就此枯萎。最终，海洋会埋葬所有这些人造景观，抹杀掉人类创造永恒不变的意图。与此同时，海岸上的动植物必须开始适应浅滩生活，可过去的生活经验却毫无参考价值。

如果我们对于海平面上升的预测是正确的，人类的灾难则可能迫在眉睫。事实上，到目前为止，海洋已经“超常”完成了气候模型曾经的预测。海洋将会夺走世界上超过 2% 的人口的家园和土地，生活在海拔十米以下的六亿人，会受到风暴潮和分崩离析的海岸的影响。接下来的两个世代，大海可能让更多人被迫撤离，背井离乡。

梭罗在海边徘徊时看到的搁浅的尸体，与现代美国人在海滩上所拥有的和谐经历，似乎大相径庭。1849 年 10 月 7 日，就在梭罗到达科德角的前两天，一艘来自爱尔兰戈尔韦市的双桅船，在暴风雨中脱锚并沉没了，很多移民淹死了。梭罗对此抱有乐观态度，他与葬礼的氛围格格不入。他“宁愿同情风浪”，相信爱尔兰人已经“移居到一个新的世界”，在那里，他们狂喜地亲吻着海岸，离开了他们抛向海浪中的尸体。梭罗的说辞在现代人听起来，显得冷酷无情。也许是他对爱尔兰人“价值”的矛盾看法，使他对他们的命运无动于衷。在他的时代，移民规模之大，沉船的频率之高，早就司空见惯。在爱尔兰大饥荒中，超过一百万人逃到美国，而 1850 年的人口普查显示，美国当时的居民刚超过二千万。在梭罗的时代，每两周就有一艘船，在通过科德角时，因为冬天的暴风雪而失事。梭罗问道：“为什么要把时间浪费在畏惧或怜悯中呢？”

虽然时常有被塑料杀死的海龟或鸟类被冲上岸，但我们的棕榈树下没有发现人的尸体。我们的海岸似乎离梭罗的沙滩很远。但事实上并非如此。移民热潮不再由马铃薯晚疫病*和19世纪英国政治家所驱动。新的混乱形成了，其中就包括海平面的上升。这些移民究竟有多少，数字仍有争议。针对环境变化所产生的人口迁移的研究，还没有精确量化。但大量的预测数据都声称，由于海岸线的变动、土壤的退化和淡水的锐减，迄今为止，已经有几千万人流离失所，而且，还将会有数亿人步其后尘。佐治亚湾只见证了这个过程中的些微变化，而在地中海沿岸，在亚丁湾、安达曼海和加那利群岛，游客们可能会再一次在沙滩上，从移民尸体和爬向长椅的失事幸存者身边经过。21世纪的英国政客口中复述的，是他们的先人的说辞："我们将不会支持在地中海地区的搜救行动计划。我们认为，这会产生一个不可控的诱因，鼓动更多移民前仆后继。"梭罗时代的大规模移民和频繁的沉船事件，再次归来。

太阳、地球和月球的轨道，被引力牵引。同样，关联着温度和水的物理定律也始终如一。南极地区，每融化一百升冰，就有九十一升的水流向海洋。地球温度每升高一度，热带海水的体积就增加万分之三。菜棕没有试图对抗这些物理规则。相反，演化已经开创了新的方法，帮助菜棕适应沙子、盐分和潮汐，在这些牛顿力的夹缝中生存。

我们不是菜棕，不能通过波浪的涌动、凭借鸟类的翅膀在沙滩上

* 由致病霉菌引起的植物病害，能导致马铃薯茎叶死亡和块茎腐烂。19世纪40年代，爱尔兰因此产生饥荒，100多万人饿死，200万人移居海外。

跳动。海洋扰乱了古往今来的秩序，我们不妨加入菜棕的队伍，不仅仅是模仿它们，而是去更好地理解海洋生态。菜棕学会了在变化中茁壮成长，比起那些更适合在内陆山区和平原生活的树种，菜棕在沙地上的表现可优秀得多。它一生中的绝大多数时间，都在努力抓牢沙子，抗击着海浪的作用，保持一方沙丘。棕榈脱去了细胞里的盐分，存储尽可能多的淡水。菜棕可以适应风暴和火焰，然后重生。最终，即便它的叶片和根系碎裂，在海浪的推动中被拖倒、淹没，最终在沙滩上留下坟墓，但菜棕的后裔仍将绵延不绝，不断前进。

也许，《圣经》中的寓言可以被改写了。建筑于沙上的人并不愚蠢。那些相信沙子可以变成岩石的人才是。可不管我们倾注多少混凝土，也绝不可能把海岸变成石头。相反，在沙子上驻扎下来的聪明人，才了解沙子的本性。既需要创造性地抵抗，也需要有离开的能力。到目前为止，人类社会一直强调抵抗，却很少对那些自愿或被迫走上第二条路的人施以援手。“为什么要把时间浪费在敬畏或怜悯上呢？”也许我们对海洋问题的回应，就在于菜棕努力求存中所缺少的——互助网络。

美国红榉

晃布谷*，坎伯兰高原，田纳西州

35°12′52.1″ N, 85°54′29.3″ W

死后还有生命存在，只不过并非永生。死亡并没有终结树木网络的内在属性。当它们腐烂时，死去的原木、树枝和树根成了成千上万种关系得以形成的关键点。森林里，至少有一半的其他物种，在树木横陈的尸体上或枯木内，寻找食物和家园。

在热带地区，软材树木堆积的尸体，被细菌、真菌和昆虫“无烟燃烧”了。倒下的木材很少能存续十年以上，那些密度更高的热带树木也最多逗留半个世纪。而靠近北极的酸性寒冷的沼泽地中，腐烂的过程则长得多。一棵树将跨越千年的岁月长河，一勺勺地把自己喂给耐心的微生物。在热带和两极之间的中纬度地区，温带森林中倒下的树的腐

* 晃布谷（Shakerrag Hollow）。因为镇上的人总是喜欢挥舞着碎布来召唤酿私酒的人，然后把碎布连同一些钱搁在那里，由此得名。

烂过程可能和它的年纪一样长。

树木活着的时候，它能主动发起和调节其内外环境的对话。然而，死亡切断了这些树木对于联系的主动管理。根细胞不再向细菌的DNA发出信号，树叶不再用化学信号与昆虫闲聊，真菌不再从宿主那里接收信息。不过，树木本来就未完全掌控这些联系。在生命网络中，树只是自身网络的一部分。死亡使树木离开了，但不能结束它的“生命”。

田纳西的春天，来自北极的冷空气和来自墨西哥湾暖流的水汽激烈碰撞。一场场风暴接踵而至。从天而降的狂风和雷暴，暴露了树干或树根的所有弱点。在这样一个风暴肆虐的日子里，我漫步在一片树木繁茂、岩石嶙峋的山坡上，来到了一棵刚倒下的巨大的美国红楞身边。

三月

窸窸窣窣，它们的每一步都发出声音。六千只具有几丁质外壳的脚，在树皮上骚动，引起了空气的一阵振动。昆虫们在这里搏斗并交配。偶尔，它们会“啪嗒”一声掉在落叶上，中断了扭打。直到战斗结束，它们才放开彼此，嗞嗞地鼓动翅膀，划着弧线飞到树上。这些黑黄相间的昆虫跟黄蜂似的，长着卷须状的触角。它们对我的靠近毫不在意，用伪装的面貌，保护着自己。虽然它们是一种甲虫，但它们身体的颜色、自信的行为和振翅的声音都跟黄蜂如此相像。

它们是黄条尼虎天牛（banded ash borer），刚到一天。它们来这里交配，然后把卵产进梣树的树皮里。今天早上，即使我这个鼻子迟钝的人，都能找到这棵被狂风扳倒的梣树。它散发出像橡木一样的丹宁酸味，且在灰暗的基调上散发着一股红糖般的气味。现在，距离它倒下，已经过去了几个小时，压伤的树皮散发出气味。这些天牛依靠破裂而恶臭的树木为生。刚倒下的梣树是它们的托儿所。幼虫藏在树皮里，蛰伏整个春夏。它们用刀子般的口器，吞下细木屑，然后送进充满了共生微生物的肠道。如果没有这些能消化木材的同伴与之为伍，甲虫就无法以木头为食。

我把耳朵贴近树干，听到了海绵般的树皮下的嚓嚓声。

四月

七叶树树苗生长在梣树脚下。当风把梣树推倒，这个年轻人见风而长，拔高了一米，并旋转了九十度。现在七叶树发芽了。去年夏天以来，一直紧闭的叶芽，此时舒展开了鳞片，在站得笔直的七叶树上醒来。重力开始作用于它们。

细胞内扇形分布着一些肿大的细胞结节，这是今年叶片的“原基”*，蕴含着微缩的叶片。萌芽之后，细胞内部那些远古细菌的后代，感觉到重力方向发生了改变。这些细菌已经在植物细胞内走过了十五亿年，现在，它们变成了囊状的淀粉体（amyloplast）。淀粉体作为植物细胞的储藏室，用来储藏淀粉。当重力发生变化时，这些“淀粉团子”，翻动下垂，就此拉动淀粉体膜，并把指令发送到叶子其他部位——“叶

* 又称始基，是植物中能发展成一个专一组织、器官或躯体一部分的细胞基团。

柄下端的细胞：伸长。上端：保持稳定。”叶柄校准了自身，形成了一道弧线，向太阳伸出了自己手掌般的叶片。

现在，七叶树的生长点笔直向上。敏锐的感觉和完美的反应，归功于植物细胞内部许许多多生物之间的信号。如果淀粉体判断失误，或者其他的细胞对它们的呼号置若罔闻，叶柄将不会感受到重力。

五月

与破损的根系相距四十一米，楞树的树冠现在是一团混乱破碎的树枝。纠缠的枝条，大概到我眼睛那么高，挡住了我的去路。但树干上的裂缝和错综复杂的枝杈吸引了卡罗苇鹪鹩。这对鹪鹩在楞树倒下的后一天，就搬入了灌木丛，它们在犬牙相交的枝叶中，循环播放着自己的歌曲。现在，这里成了它们领土的中心，每当我经过这里，总能听到反复的“唧唧”叫声，不断呼唤回应。鸟儿在树枝后面飞翔俯冲，用鸟喙捕捉蚊蚋，带回巢穴。在这座森林里，每一个倒下的树冠中，都有一对对赤褐色的羽毛在迷宫般的树枝间闪动。它们是鸟类中的“哺乳动物”，喜欢寻找洞穴居住，追逐着残破的伏木，用纠结纷乱的树枝庇护自己。

六月

倒下的树让阳光之塔得以倾泻下来，给次冠层和落叶层带来了热量。森林里的动物熟知这些能晒到太阳的方位。到处都是一片昏暗，只有这里的光线明亮而炽热。在一个柳莺歌唱的早晨，我坐在这片阳光斑点下，观察四周。一个多小时后，落叶堆中一条拇指大小的黄褐色的曲线，引起了我的注意。我的眼睛突然睁大了。我看到了上面附生的鳞片，吓得呼吸困难——这里有一条响尾蛇（rattlesnake）！我这个坐在原木上失神的傻瓜和它之间，仅有两只鞋子的距离。它就睡在那里，没有发出干燥落叶里蝉鸣般的警告。手臂粗细的身体蜷曲着，头尾相接。蛇的皮肤有完美的伪装，看上去像被太阳晒得褪色的槭树枯叶，间杂着泥土般的橡黑色斑点。

我仔细凝视，发现响尾蛇的眼睛蒙上了阴影。也许它正在准备蜕皮，眼睛浑浊是动物蜕皮前的正常现象。也可能是真菌感染。所有的动物皮肤上都有真菌，大多数是无害的共生真菌。但对于整个美国东部和中西部的响尾蛇来说，在过去的五年里，它们皮肤上的真菌群落已经改变了。一种真菌取得了压倒性优势，它们让蛇生病甚至死亡。目前，这种变化的原因并不明确。可能是暖冬导致一种真菌占据主导地位，也可能是外国宠物蛇的贸易，引进了一种新的更具侵略性的真菌菌株。

不管因为什么原因，此刻响尾蛇的皮肤疾病正在森林里蔓延，后果犹未可知。响尾蛇与森林里的许多其他物种都有直接或间接的联系。它们所捕食的啮齿动物，是种子和坚果的采集者与分解者。因为蛇类的减少，鼠类种群疯狂繁殖，森林中，种子的命运可能会就此改变。它们将因为啮齿动物的果腹之欲，遭受更加严重的损失。啮齿动物也是蜱传疾病的主要媒介。因此，蛇类种群的下降，可能会导致鸟类，甚至包括人类在内的哺乳动物的血液中，寄生虫的数量上升。所幸，猫头鹰、老鹰、狐狸和郊狼，与响尾蛇有着相似的食谱。我们对森林网络中这些物种联系的理解，还并不准确。因此，我们无法预测，当疾病在蛇类中传播的时候，这些食肉动物的数量和行为将如何随之改变。

第二天我回到这里，这条蛇依旧盘在原处，蜷曲的身体只是轻微移动过，眼睛里仍然乌云密布。两天后，响尾蛇走了，落叶上留下了一个手掌大小的凹痕。

八月

一只苍蝇栖息在檫木叶子上，搓洗着它沾满花粉的前腿。看到我的时候,这只金色条纹的昆虫轻轻地弹跳到空中。被它的脚推开的树叶，轻微晃动。它飞得太快，我的眼睛根本跟不上，但我听到它振翅的声音嗡嗡作响，像是蜂群一样吵闹。像乔装的天牛一样，这只苍蝇把自己伪装成蜇人的昆虫，以此保护自己。

我们把它叫作食蚜蝇（news bee）。它发现我的时候，飞过来冲向我的鼻子，并把它的故事传达给我的眼睛。食蚜蝇左右晃动着，用蜜蜂般的哼哼唧唧，编织出一阵阵的颤音。紧接着，它曲折晃动着离开，在一秒内就飞到了数米之外的槭树那儿。在它又一次猛地离开山腰前，它对树干上的斑点讲述了一个同样的故事。食蚜蝇瞪着大大的眼睛，它是一个活跃的猎手，在森林里搜寻着夏末的花朵。我的脸和槭树的树干看起来很有趣，可以花几秒来看看。但是，这边没有花蜜，我们都不会长久地吸引它的注意。

之前，我在楒树裂开的树干里就见过它。腐烂的树干洞穴中蓄满了水，像是一条沉没的木船。起初，水的颜色像蜂蜜一样。几天后，这里的水变成了隔夜茶的颜色。几星期后，变成了浑浊浓汤。这团云雾里，出现了昆虫幼虫、蚊蚋幼虫、抽搐的孑孓，以及水底蠕动的蛆虫，它们在糊状的食物里游泳。随着它们的生长，连接空气的呼吸管，使得水面布满了小小的凹陷。这些头发粗细的管子，帮助爬行的水生幼虫呼吸空气。带着气管的“潜水员”是鼠尾蛆，也就是年幼的食蚜蝇，它们都在这处树干的水坑里进食。

这片森林里，没有池塘或湖泊，但树洞和开裂的树干就好像热带吉贝树上生长的凤梨一样保存了水分，数百种物种赖以生存。死去的木头，成为森林的湿地生境。每一个节孔，每一条木头的裂纹，或每一团枯叶，都是一个池沼。用蚊子喂养的雏鸟，期待着传粉者到来的花朵，以及每一个被蚊子叮咬的生物，都被联系到这个枯木形成的沼泽之上。

十月

也许是这根一米粗的树干上视野比较好，也许是坚韧的树皮看上去很稳固，反正不知为何，楞树上总是有哺乳动物频繁造访。白天，伏木上少不了花栗鼠和松鼠的身影。到了晚上，郊狼、松鼠、负鼠、土拨鼠，甚至一只健壮的山猫（bobcat）都会来使用这个“高架索道”。食肉动物在树干上坐着，朝下眺望。其他的动物在这些没有厚厚植被遮盖的树干上缓行。每天晚上，浣熊家族一行四只，列队通过楞树首尾。傍晚时分，它们从树冠开始上坡前进，也许朝那个方向走上半个小时，就是小镇上的垃圾箱。夜深的时候，它们又通过树干返回，从根球这头走回树冠，然后沿着森林斜坡走下去，大概是要回到下方乱石之中的洞穴里。

步行者们在树干上留下了粪便，标记领土。每一堆排泄物都是动物饮食的记录，是食物链中的一瞥。一小团潮湿的拇指大小的“遗留物”中，满杂着蟋蟀腿、黄蜂头、叶渣、种子、蜜蜂的腹部，还有一条和我手掌一样长的铁线虫（horsehair worm）。我用掉落的槭树细枝作为镊子，探查另一堆狐狸的粪便。整个“香肠”里都是野生葡萄籽，里面用“焦油”粘住。我把两颗种子带回，种进窗台上的花盆里。当它们发芽的时候，叶子下面的一抹白色的蜡让我知道，它们是鸽子葡萄（pigeon grape）。它的名字源于已经灭绝的北美旅鸽。从前，鸽子聚集在此，带来了各种各样的植物种子，并把它们存放在鸟粪地毯里。像香脂冷杉一样，这里的植物依靠动物传播后代。现在，信使走了。狐狸和浣熊必须代替这数十亿只鸽子，继续这项植物学工作。

成堆的粪便中，有一些橙色在树皮碎屑中闪烁发光。这些塑料来自被咬碎的高尔夫球，一个偶入树林的人类玩物。当它被打进这里，明亮的球体就成了牙齿强健的动物拿来磨牙的玩具。也许是一只顽皮的郊狼幼崽，也可能是一只懵懂的松鼠。

椤树呼唤着哺乳动物来到身边，也将森林的未来吸引到周围。种子就在这些“肥料”里堆积。它的腐烂，会让更多的养分滴到土地里，覆盖种子，给发芽的植物提供能量。像在菜棕根系周围的海水所带来的塑料碎片一样，椤树周围也有许多塑料碎片，它们是森林里的工业漂浮物。

十一月

我用长柄吸管从原木裂缝中吸出里面汇集的脏水。挤压橡胶球，在显微镜下滴上一滴原木液，然后用细玻片把水滴压平。

显微镜放大 40 倍时，我能看到蚊子腿和碎木。我转动显微镜的物镜转换器，换上了更高倍数的镜头。100 倍下，一些细细的发光体，喝醉一般摇晃着穿越我的视野，那是被水的漩涡抓住的木屑。在 400 倍的目镜下，视野中充满了强烈而鲜活的细胞运动。一滴水里的生物，要比山坡上的树还要多。双球状的细胞，遵循着既定线路，在镜头间来回游动，摇头晃脑，逗号形的细胞，像蛇一样逶迤巡航；果冻般的细胞不停旋转；拖鞋状细胞蠕动着变形，在其尾迹中留下旋转水涡。一个半透明的巨人，转瞬不见，它的体形 50 倍于它肚子里的猎物。我调节旋钮，让载玻片在镜头下面移动，试图把怪物留在视野中。在水中，它卵形的身体有一层光晕，扭动的纤毛，弯曲了光线。

三百年前，列文虎克把玻璃磨成了透镜。他对“微小生物”的研究报告，曾让他被皇家学会嘲笑为酒鬼。直到现在，这些微小的生物依然生活在浩瀚无声的黑暗中。倾听它们之间对话的人，比聆听星星喋喋不休的人还要少。

十二月

一只硕大的马陆在树皮裂缝中迂回行进，皮革光泽的身体在长长的裂缝间闪耀。马陆始终低着头，啃食着长满藻类的溪谷。正如这里是马陆的栖息地一样，它也是别人的栖息地。两只黄褐色的螨虫固定在马陆背上，它只有马陆每个环节宽度的十分之一。当马陆咀嚼着梣树表面的腐烂树皮时，螨虫则吮吸着从马陆外骨骼中渗出的分泌物。这是一个古老的关系，在演化中胶结。所有异穴螨科（*Heterozerconidae*）的成员，都只居住在马陆身上。

双方的生命周期是同步的。夏末，马陆撤退到腐木底下开始繁殖，螨虫在此时离开宿主，去找寻自己的伴侣。初秋，枯树下维持湿润的卵，孵化出螨虫和马陆的幼体。如果没有朽木来庇护它们的托儿所，两者都会从森林中消失。

一月

梣树上翘的球状根部跟我的头一样高。被折断的根系，从黏土团中伸出，有的如同人的大腿一般粗壮。那些本应御风飞行的种子，因冬天的霜冻而折翼，裸露在土壤上，直白地告诉我们，春天到来时它们又会在这里发芽。

几个月以来的风雨冰霜，撕碎和磨损了糖槭（sugar maple）V形的翅膀，它们的直升机机翼此时如换毛的秃鹫一样褴褛。红榆（red elm）的果实，像是烂了一角的纸张，里面有一颗豆子似的种子。鹅掌楸（tulip tree）的果实是匕首一样的翅果，这周它刚从树冠上的聚合果实上掉下来，还没来得及经历腐败。每一片果实都像是刀刃朝上的刀片，其上一道凹槽的末端中，包含着种子。除了这些原生植物，这里还混杂着一个外来物种的种子，它像是一片中间隆起的易碎羽毛——

东亚的臭椿（*Ailanthus*）。

当种子生根，臭椿释放的化学物质渗入土壤，毒害所有其他植物的根系。树苗的根系会与土壤微生物进行一种全新的交流，促使细菌从土壤中吸收更多的氮。臭椿树干会依靠充足的肥料快速蹿高，很快遮蔽住其他竞争者的光线。通过改造土壤群落，消除原有关系，并强化自身连接，这种树已经成为美国落叶林倒伏处最常见的先锋物种之一。

二月

晚宴名单：

喉咙痛的猫，发出呼噜声	绒啄木鸟
醉醺醺，恍惚行进的乐队鼓手	长嘴啄木鸟
连续修饰的三重奏或四重奏	红腹啄木鸟
木尺随意的敲打声	红头啄木鸟
慢吞吞钉着松木板的老人	北美黑啄木鸟
激动的心跳，逐渐因为心悸而消退	黄腹吸汁啄木鸟
20 世纪 80 年代木制电话的铃声	北扑翅䴕
在树上投掷铅丸的声音	白胸䴓
手术钳刺穿皮革的声音	卡罗山雀
螺丝刀戳着皮革的声音	簇山雀
自动铅笔在书页之间划拉， 刷刷刷写个不停	美洲旋木雀

这些来自鸟类的声音，是甲虫幼虫、木匠蚁和树蜗牛焦虑的来源。我把头贴在树干上，虽然离打洞的啄木鸟还有二十米，但里面传来的“嗒嗒”声，听起来就好像是在敲打我耳朵下的树皮一样清晰。鸟儿的敲击声回荡在树林中，天敌的存在，让威胁的声音包裹着每一只昆虫。

这些鸟都是修理树皮裂缝的行家。它们闪颤着的舌头和锋利的喙，让它们掌控了峭壁般的树干区域。当它们在树上移动时，它们倾听着树皮下的动静，寻找昆虫在木头里发出的声音。

昆虫和鸟类一样，以梣树枯木为食。存储在梣树纤维素中的阳光能量，先流动到甲虫的身体里，然后进入鸟胗。由肌肉发达的脖子驱动的鸟喙，发出一连串的敲击。这是来自于这棵梣树的能量，是这棵树向森林发出的最后的、悠长的叹息。

一周年

阳光从梣树留下的空缺倾泻而下，形成了一个间歇性的光之喷泉。一年之后，在光子的大量流动下，小草长成了灌木丛。森林里的其他地方，只能抿上微薄荫翳的光，而在这里，类叶升麻（baneberry）、蓝升麻（blue cohosh）以及水叶草（waterleaf）摩擦着我的脚踝。充分的能量，让它们舒展了根茎，生长茂密。我必须举起我的双臂，才能从中穿过。它们是密密匝匝的绿色，我的每一步都释放着被压伤叶子的芳香。植被丰富，导致我看不清森林的地面。我又想起了那条响尾蛇，我的脚步变得小心翼翼。

年轻的树木和灌木间也挤进了阳光。在倒伏的梣树四周，白尾鹿

（white-tailed deer）最喜欢这块地方。它们在蓬勃的山胡椒、榆木、臭椿以及七叶树的树苗之中安眠，每株植物都十分傲慢地高举着树枝。几乎每次我的到来，都会引起鹿的喷鼻警报，让它们仓皇离开盛筵和居所。

一百米之外，楞树有一个倒下的同伴。这是一棵白色的橡树，树干有大门那么宽，它也被风推倒了，重重地倒下了。它的根把泥土抛甩到了二十米远的地方，地面上的痕迹像是弹坑一样。另一棵巨大的槭树，同样也在春季风暴中折断。一大半的树干被掷下山坡，剩下一些悬垂的碎片，连接在依然长在地下的根系上。碎片都有铅笔粗细，长在我够不到的地方。我拨弄着裂开的木头，发出低沉而闷闷的嗡声。和楞树一样，这些高大的伏木，都在树冠层开出一个窗口。这两棵树也都被暴风雨撕开了。森林中的生命，将逐渐开始一场盛宴。从高空看，倒塌的树木好像森林中随机分布的斑点，每一个斑点都将成为森林中的生命纽带。多年之后，斑点上的生命，会向四周渐渐弥漫开来。

有关森林的统计表明，世界上的森林中至少有七十三拍克的伏木，占全世界木材总量的五分之一。而那些已经进入土壤中，消解成有机物的朽木，虽然再也不能称为树木，但它们的意义却超越了它们活着的时候。

两周年

数以百计的像牙签一样细长的突出物，遍覆于楞树的表面。它们都是从树皮裂缝的一个个锥孔中被推出来的。我触摸了一下，它立马瓦解成粉末，像是燃尽的香灰。我把耳朵贴在树上，却什么也听不到。我试着用听诊器、扩音器捕捉声音，但一无所获。制造这些条状木屑的动物，躲在树木深处，细小的咀嚼声实在无法透过树皮传递出来。

这些易碎的突起物，是昆虫在木头里挖掘通道的杰作。它们叫作粉蠹虫（ambrosia beetle），身体差不多有半个芝麻大小。它们来到树上时，还带来了帮手。在每一只粉蠹虫胸前的口袋里，都带着真菌和细菌团，它们会帮着粉蠹虫协同作业，一起把木头转变为美味的食物。

不像白蜡吉丁（bark ash borer）之流，粉蠹虫不以梣树的树皮和木材之间的软组织层为食，它们会挖掘到木头深处。它们挖出的孔道直达木心，沿路倒出口袋里的真菌和细菌。粉蠹虫像是农民，孔道是它们开出的犁沟，真菌和细菌则是它们的山羊、绵羊和奶牛。这些微小的牲畜放牧于木材上，消化着木头，并将养分储存于体内。粉蠹虫随后返回，并收获它们的“肉”。它们会吃掉大量的真菌和细菌，但也会留下足够多的菌团，让它们继续分解木头的工作。这种洞穴牧场，比人类的农场要古老六千万年。足够悠久的历史磨合，使得它们完全相互依赖。如果它们的牵系被切断，粉蠹真菌和粉蠹虫都会死。

其他真菌物种跟着这些先驱进入树干，利用它们的隧道，从内部开始侵蚀木材。就在本周，一些真菌穿过树皮，探出头来。最先出现的是一朵云芝，亮棕色的花蕾边缘镶嵌着奶油状的条纹。还有另一朵是奶黄色的新月形真菌。旁边生长着层层叠叠像是架子一样的真菌，它有着黄褐色、胡桃色和绒白的条纹。这些层状或球状的菇菌，都是产生孢子的分枝的外部表现。每个孢子的重量是人类细胞的千分之一，所以，一阵风、一只路过的昆虫，或者一簇树枝的掉落，都足以触发它们离开母体。随后，如果孢子到达一个“好客”的木头表面，它们就会萌发繁殖，并挖掘洞穴。不断生长的真菌和蠕虫会搬进这个新家，分泌出消化酶，将木材切割成各种含糖的化学成分。

在数周内，�树上的云芝和其他真菌身上爬满了动物，成为聚餐的长廊。数百种昆虫的幼虫生活在真菌伞盖和腐烂的木头之中。对于这些甲虫、飞蛾和苍蝇而言，腐木上的真菌是它们唯一的家园。

不论是一个人、一棵树，还是一只山雀，一个承载了记忆、与其他生物的各种对话和生命关联的生物，一旦死去，这个生命网络就失去了它智慧和活力的枢纽。对那些与“死者”关系密切的生物来说，损失是惨重的。在森林中，出现了一种生态上的哀伤。对依赖于树木的那些生物来说，死亡让它们赖以生存的关系戛然而止。不论是树木的伙伴还是敌人，它们必须重新找到另一棵树才能活下去。嵌入这些关系中的森林的认知，也随之消失了。树木一生中所获得的，关于此处光、水、风和其居住群落性质的特定认识，此刻也溶解了。

然而，死去的树木可以通过催化体内和周围的生命，创造出新的联系，孕育出新的生命。这是一个创造的过程，并不能通过说教来实现。树不再传递它所知道的知识，以期创造一个新的自己。相反，死亡带来了成千上万的生物，让它们与树木内部或周围互动，探索每一个生态机会。在这个不受掌控的群落中，下一个森林出现了。新的知识，嵌入在新的关系中。枯木好像一根避雷针一样，把散布在周围的潜在能量吸引过来，聚焦并强化。但与避雷针不同，这种能量的搜集不会因为流入地面而消失。生命滋养着枯木里的紧密关系，表达出更强的活力和多样性。

我们的语言难以言尽树木的来生。腐烂、分解、腐木、半腐层、朽木……对于如此重要的过程来说，这些词汇是如此苍白无力。腐烂，蕴藏着爆炸般的“可能性”。分解，则开启了群落的重组。腐木和半腐层，是新生命的熔炉。朽木是沸腾的创造力。溶解的是“自我”，构建的是“网络”。

插曲：结香

越前町，日本

35°54′24.5″ N, 136°15′12.0″ E

语言不通带来许多麻烦，耽误了我的朝圣之路。在出租车站，我事先准备的地图和精心练习的日语短语，还算是帮了点忙。我的目标——神社，并不遥远，但当我说出“kami”（神）这个词的时候，司机表现得很迷茫。我只好退后一步，击掌两次，表演在寺庙里膜拜的样子，司机才展开了眉头，露出恍然大悟的笑容。我们在稻田中穿梭而过，驶向丘陵。司机把我带到坡脚下，那是造纸神社*的入口。我为此行最后一程支付了三张用结香树浆和蕉麻纤维制作的纸钞。纸张上面印的图案是细菌学家的画像、富士山和樱花。印着安德鲁·杰克逊的美钞，是用棉麻纤维制成的。与美钞不同，这些纸币像是明亮的音符，即使已经使用了很多次，依旧保持着挺度。

* 也就是冈太神社，供养传播造纸技术的公主。

我穿过鸟居*，登上了点缀着金色落叶的石阶。小路上铺满的银杏叶，使我的脚步声柔软了起来，带领我走向这片结香的圣地。到达神社之前，我在山泉前面停了下来，接受这一池清凉的洗礼。造纸术的流程都是相似的，只有经过冷水的浸洗，我们才能开始造纸。每一个纸作坊都有供人净手的水，而在川上御前女神**的故乡，这些从山中流出的冷冽泉水同样是纸神存在的源泉和精神的延续。当年曾有人询问川上御前来自何方，她只回答说："川上。"鸟居门上的书法，把山水蚀刻进了神殿之名——大泷（Otaki），意为"大瀑布"；冈本（Okamoto），意为"山之书"。纸神到来之前，这两个神社就已经存在了，所以，川上御前出现于历史的合流之处。她的造纸知识则是另一个古老的故事，公元7世纪，随着佛教的传播，造纸技术从中国途经朝鲜，最后来到日本。

打碎的构树和结香树皮，浸在水盆中，丝丝缕缕的植物组织被分离出来。水，鼓动着它们漂浮起来。每个纤维素分子都是一串糖链，最多能含有一万五千个基团。它们悬浮在添加了木槿黏液的"迷雾"中，交叉编织，相互纠缠。冷水先发制人，抢断了发酵进程，形成了黏稠的悬浮液。这样，才能制造出最好的纸张。越前的山麓未必能长出多少粮食，但川上御前带来了适合这片山区的造纸工艺。此外，比起温暖山谷里的树木，这里的树木有更长的纤维，赋予了纸张更好的韧性

* 鸟居是类似牌坊的日本神社附属建筑，代表神域的入口，用于区分神栖息的神域和人类居住的世俗界。

** 相传1500年前，一位美丽的女神在冈太川上游附近出现，她把造纸术传授给了日本人，于是这位叫作"川上御前"的女神就被奉为越前和纸的祖先。据日本历史学家考证，公元4—5世纪，纸随着文字开始由中国传入日本。

和光泽。越前町就此成为日本的造纸枢纽，成为贵族、幕府和政府的独家供应商。从这些水和纤维的大桶中，诞生了日本的书法文化。后来，随着与西方贸易的兴起，纸张被传播到欧洲，当时欧洲的造纸技术比亚洲落后一千年。伦勃朗很喜欢用来绘制版画的和纸，很大一部分可能来自越前。

如果我们用目数极细的纸帘*在纸浆中捞抄，我们就捉住了一团纤维。当它被压制成纸时，纤维间的纠缠就被锁定下来。反复倾斜帘子，层层纸浆堆压，就形成了纸张。与植物活细胞中固定水分的毛细现象一样，水被吮吸并缠结了植物的纤维。压纸工序中，水从纸中渗了出来。水渗滴而下，松垮的纸张被压紧了。最后，纸张干透，足量的纤维素使得这些植物分子遇见彼此，并紧密连接。

纸神存在于山水间，也存在于没有水的纸张中。虽然她的形态已经消失，但纸神仍然停留在纸上，存在于数十亿原子之间每一个电化学联系中，她维持着纸张的存在。因为“神”和“纸”的日语发音相同，出租车司机又住在一个纸张手艺人聚集的小镇上，他当时听不懂我的话，也实属正常。川上御前的神性，在我们的口头和耳边展现，每一张纸都蕴含着看不见的能量，一如停留在圣地中的神性。

位于山顶的神社，精致而小巧。一年中的大部分时间，都笼罩在保护油布之下，只有节日的时候，才揭开面纱。代表了川上御前的雕像，坐在金色的轿辇中，被簇拥着穿过小镇，在持续几日的庆典中逐个拜访镇上的造纸作坊。另一座山下的神社就建立在林缘山脚，毗邻村庄边缘。

* 抄纸帘子是用马尾把细而圆的竹条连缀起来的。

这个神社，是为了纸神专门建造的，神像就安放在募捐箱和膜拜堂后方。神社的庭院被青苔包裹，灯笼装点的小路通往鸟居。在神社边上生长的是古老的日本柳杉，与热带雨林中的吉贝一样高。让人想起在川上御前到来之前的几百年里，那些手持长矛的大泷武僧。

山下的神社，到处都是木雕。我的眼睛在这些筑巢鸟类、龙、花、叶和椽子之间应接不暇，好似在森林中徘徊多时。神社共有三个屋顶，从捐献箱到神社最深处，波浪形的木板和瓦片，层层升起，栉比鳞次。这种充斥着森林景象的艺术，建立在矛盾之上：这每一片木材，是神社之所以能矗立在这里的原因，也恰好是造纸手艺人最想毁坏的东西。木质素，用它的支柱结构为木材赋予了力量，如果没有这种刚性分子的存在，树枝都将成为绵软无力的丝缕，无法承受重量。木质素不仅防水，也不受胶结纤维的控制。因此，传统匠人需要使用木灰和烧碱，从纸浆中滤去木质素。在现代造纸厂中，刺鼻的硫黄承担了同样的工作。全世界的木材，在成为纸张前，都必须经过这一次洗礼净化。

木雕，是树木内在特性与艺术外在设计的遇见。纸张则是分子与分子的邂逅。造纸技艺，就是去理解如何与纤维、水一起工作。树木和匠人都将在纸上留下微妙的印记。叶子，植物纤维，水印……这些纸张中嵌入的纹饰，把纸张的内在性质宣于表面，但大多数仅仅通过让人触摸和听声音来显示自己的特性。

伪钞和真钱音色不同。罪犯很少能找到植物和水的最佳配比。银行和印钞厂人员，用他们的指尖摩挲纸币，从钞票发出的声音中，能听出钱币的年代和产地。纸币鉴赏家甚至能听出纸的来源。

我把一张棉质文具纸放在耳边，轻轻抚摸。我听到了柔和的声音，这张柔韧的纸，像是一片树叶，它发出耙子在细沙上轻轻触摸般的声音。当我的手指开始加速，声音好似是冰上滑动的冰刀。

“雁皮”是一种高贵的纸，纸张纤维来自野生荛花丛，专为最精细的平面印刷、最昂贵的窗纱制作而被传袭下来。我的指尖掠过它光滑的肌理，它几乎没有发出声音，兀自沉默着。

两张用不同工艺制作的楮纸，让我听到了两种截然不同的声音。一张在制作时，它的纤维没有被完全打碎。在我的触碰下，它发出飒飒声。数以百计的白色纤维“静脉”卷曲着铺满纸张，所以我手指的角度能让它发出不同质地的声音。另一张的纤维则在制作时被充分捣烂。这张纸细腻强韧，在我的指腹下，它发出“咕噜咕噜”的声音，像是细粉砂研磨的轻声私语。

卫生纸，被撕开的时候，也安安静静的。它的纤维平和而稀少，化学键容易松动。

报纸，干燥的天气里，咔咔作响。但潮湿的空气会让它的纤维松懈下来，声音显得有气无力。如果在亚热带的湿气中静置一周，它会完全失声。

影印纸，是纸张中大嗓门的军士。它们总是有节奏地从复印机或台式打印机中发出类似拉响扳机的声音。当受到拉扯时，纸张的各个方向都很坚韧。均匀的涂层，让纸张内部的纤维素更加稳固。

我步行回到火车站，独自穿过无人的街道。几个老男人把萝卜挂在屋后的支架上。有人推着一辆装着构树树皮的独轮车经过。我穿过了购物中心和高速公路，远处的山峦变得朦胧了，交通开始变得拥挤。19世纪的时候，日本有近七万个造纸工坊，如今仅存不到三百个。尽管我们对于纸张的需求量比20世纪80年代翻了一倍，每年用纸约4亿吨，纸张的存在却在我们的意识中逐渐消逝。在工业时代，我们对纸张视而不见，它们隐藏在印刷文字的表象之下。

所幸，并非所有人都是如此。

艺术家、印刷从业人员和造纸匠人都能听到神谕。婚礼请柬，纪念册，出生公告……各种重要的仪式性的文书，依然彰显着纸张的精神，我们从中听到、感知到纸张的意义。

来自苏丹和波斯尼亚的难民向我诉说，他们是如何在逃难期间珍惜自己随身带的有限的几张纸，掂量着使用每一厘米的纸张。每一个文字都充满了表达的喜悦，但也在他们的小小“库存”上划去了一笔。

倘若，消耗大量能源的造纸厂和电子屏幕有朝一日突然失势，那些超越时代而持续存在的东西，将会被书写在手工制作的结香纸、“雁皮”纸或棉纸上，书写在川上御前的水和纤维之上。

第二乐章

欧榛

南昆斯费里，苏格兰

55°59′27.4″ N, 3°25′09.3″ W

树木的遗体被密封在塑料袋里，并收纳在一个纸板做成的棺椁*之中。档案盒上标注了样本和位置编码。盒子里面，整齐摆放着标记好的麻袋，上面分别写着“木炭”“残骸”“果壳”。我拿起写着“木炭”的袋子，并解开了它。里面塞满了几十个手掌大小的透明袋子，按照样品编号排列。我把袋子里的东西倒出来时，它们发出了“沙沙”的响声，这是馆藏标本被整齐安放的声音。几百个小时的劳动，让这些成千上万的树木碎片，被归纳进数字与名称的有序网络中。

从眼花缭乱的塑料袋里，我选择了“木炭-302-130”，并打开了封口。我把里面的一小块木炭弄出来，倾倒在玻璃盘上。那块炭，“啪”的一下落在显微镜的镜台上，落在两束灯光之下。肉眼看起来，这块

* 指标本盒。

样品就是一个不规则的方块，差不多有手指甲盖那么大。虽然这是一块老木炭，却如同被刚刚熄灭的篝火烧过一样，看上去黑漆漆的。就着显微镜观察，这块均匀一致的焦炭，在我的视线中呈现的景象，好似遍布着规则垂直裂缝的悬崖。这些裂缝是木材内维管束细胞的残留。火，烧毁了有着薄薄胞壁的木质，留下了一层层的黑炭。裂缝弯弯曲曲，深入木炭深处，弧线的致密程度表明，这是一段小树枝。放大的视野下，木炭表面光滑部分反射了明亮的聚光灯，银斑点缀闪耀，散落在深色浮石般的底色上。

我并没有打算把它打碎或切片，来进行一次彻底的实验室分析。仅仅是把它放在载玻片上观察，我也能看到一些辨识性的痕迹。年轮上，细微起伏。木材上均匀地散布着小孔，春、夏年轮上生长的每个细胞都没有显著的差别。一条条射线（髓射线）聚合在一起，看上去很粗，像辐条一样，垂直于年轮组织。这些特征跟 DNA 检测或叶片解剖一样，是欧洲榛子的“木头指纹”，可以作为判断木材种类的标准。这些样品是考古学家们从一个火坑里挖出来的，他们对此进行了更精细的分析，也找到了树木所透露出的更多的辨识特征：每条聚合线中的髓射线数量，导管细胞末端伸长的孔洞，以及穿透这些孔洞的五到十根支柱……所有的一切都指向榛木。木炭上保留了一些菌丝的痕迹，这表明，这块木头在燃烧之前就已经开始腐烂了。档案箱里成千上万的木炭都有同样的签名。不论是谁点燃了一簇簇制造木炭的火焰，他们不约而同使用了榛木来生火。

每个袋子里一般会装上一块或六块木炭。果壳则是以百计数地放入袋中。我打开这袋“果壳-302-231”。当我把果壳倒出来的时候，声音听上去像是把一罐硬币撒在桌子上，叮当作响。这次，即使没有显微镜，我也能轻易地辨识出果壳的特征——又是欧洲榛子。果实尖端凹入，有球状的外壳底部扁平，壳壁光滑。壳壁烧过的地方，有着扇贝般的脊状突起。尽管它现在烧焦了，坚果却依然保留了淡黄的颜色。样本中没有一个完整的果实。每一个坚果都被砸成了四瓣或八瓣。显然，在它们被丢到地上之前，已经有人彻底处理过这些榛子。

因为树木每年都要吸收二氧化碳来充实自己，故而树枝和果壳中保留了它们生长年代的碳原子特征。果壳中的放射性碳-14 的下降可以预测，因此，它们给我们提供了一个“时钟”。和所有的生物一样，坚果生长期间的碳-14 含量与当时的大气持平。当这些放射性元素开始衰变成氮元素，碳-14 的含量就开始下降，如同沙漏中的沙子一样。大约五万年后，原有的碳-14 都会消失。在沙漏漏尽之前，碳-14 年代测定法是测定“死者”年龄的最好方法。

用已知年龄的树木年轮作为校准，我们可以使碳-14 的沙漏更精确。年轮的宽窄，对应了年景的好坏。生长在湿润年份的年轮通常很宽，干旱时则很窄。拼凑这些年轮讲述的故事，我们能知道每年的气候如何变化，大气中的碳-14 含量如何波动。测量埋在沼泽中的古老木头，使得植物学家构建了足以追溯数万年的年轮记忆。我们从核物理学家那儿得到碳-14 含量数据，然后结合枯木的显微特征，可以让年代测定更加精准。于是，我手中的坚果，就这样来到了牛津大学的实验室。在那里，铯离子轰击碳原子，然后通过 250 万伏特的加速器，电压的“暴力”让汽化的果壳聚焦为一束光束，然后进入传感器中。通过树木年轮校正后，碳原子的回答是：这些果壳来自于公元前 8354 年，或者，可以说它们已有 10,369 岁。其误差范围不超过 78 年。

要不是交通堵塞和桥梁老化，我在爱丁堡的黑德兰考古办公室里研究检测的那些果壳和树枝，可能还一直埋藏在苏格兰的南昆斯费里（South Queensferry）郊区的一座遛狗散步的公园里。南昆斯费里这个名字，暗示了此地曾经的交通状况。北往的道路因福斯湾（Firth of Forth）而受阻。宽阔的河口，切开了苏格兰南部。玛格丽特女王在她那个时代开始为朝圣者们在河口最窄处修建渡口，以方便他们乘坐渡轮，前往北部的修道院。渡轮连接了南北昆斯费里，在女王时代之后，轮渡还持续了大概一千年。1890 年，福斯湾铁路桥启用，紧随的是 1964 年公路桥的投入使用。时至今日，已经没有渡轮在福斯湾中穿梭，而公路桥承载量远超预期，它的结构不能适应于未来的负荷。人们需要再建一座新桥，那么挖地基则是第一步。

新桥叫作昆斯费里渡口路桥，这是 21 世纪苏格兰最大的基建项目。推土机和考古学家因此来到这郊区遛狗场进行勘探。在苏格兰，几乎每个道路建设项目都会挖掘到早期农业聚居点、中世纪城镇或维多利亚时期工业发展区的遗迹。因此，道路修建计划中，预留了考古调查的时间。这对司机们来说是件沮丧的事，但对于乐意探索和学习过去的人们而言却满是喜悦。昆斯费里正是一个收获丰富的发掘点。土壤被挖开了，福斯湾堤岸上出现的是苏格兰已知的最古老的人类建筑遗迹，由中石器时代的人在冰期结束后建造而成。

一万年过去了，冰川早已消失，但冰河时代的感觉却近在咫尺。在一个阳光明媚的夏日，风拍打着树，福斯湾泛起白浪。桥的塔基被放入水下的时候，施工现场发出一阵有节奏的冲击。小溪从田野中流出，溪口躲着一群绒鸭，它们在岸边发出呼噜呼噜的叫声。在斜坡上方，是中石器时代定居者们的遗迹，风在我的耳边尖叫，呼呼作响。草地鹨的歌声破风而来，高亢而尖锐。尽管这阵强风足以使我失去平衡，但这只鸟歌唱时，却还能在离地十米的空中稳定飞行。冬季，北海吹来的雨雪大风，把寒冷灌进我的帽子和外套里。顶着强风，大雁和野鸭沿着福斯河，向上游飞去。它们都是北方的鸟类。一万年前，鹨、雁和绒鸭就住在这里了。不过，如今的气候和中石器时代比较起来，已经足够温暖。现代斯堪的纳维亚北部的气候，接近于中石器时代的苏格兰。也难怪第一批来到这里的人，会选择先建立起稳固的避难所和防风堤。

九个足够大的柱洞向内倾斜，这样就可以容纳沉重的原木，它们确定了这座建筑最大的椭圆形外壁结构。墙壁早已几无残留，但沉积的黏土暗示了古人可能用树枝扎成篱笆，然后用胶泥封住了缝隙。立柱之间大约为二十一平方米，相当于现代住宅中的一个中等房间。可能是为了隔热和防风，地板位于地面以下，地面与膝盖等高。内室的一侧铺满了河中的鹅卵石，壁炉就在这些鹅卵石前面。在建筑的中心有一圈小的柱洞，暗示着那里曾经存在屏风或床榻。火坑到处都是。腐烂，带走了它能带走的一切。唯一可辨认的遗迹是泥土里的洞、几件石器和一些烧焦的生物质。样品“木炭-302-130”和“果壳-302-231”都来自于这里，考古学家们从这一堆黑色粉沙中筛出了它们。火使它们几乎变成了纯碳，微生物无法消化这些残留，这些样品因此得以跨越千年见到我们。

乍想之下，这里的生活看似十分艰难。可是即便生活中确实有着很多困难，先民们在此处的生活还是比较富足的。河口近在咫尺。垃圾堆里的鱼骨和鸟骨，说明食物来自海滨。海洋食物的残余与不明种类的哺乳动物的骨骸混在一起，暗示了先民们很可能不曾短缺过肉食。然而，欧洲榛子 * 是这些狩猎者、采集者生活的基石，占据了他们食谱的大部分，并给予他们温暖。榛枝是薪柴，榛果是主食。焚烧木材和烘烤坚果的过程中，这个群落的先民，在不经意间让几块木头碎片穿越了岁月，最终出现在考古样本袋里。

现代苏格兰，生长着多样化的落叶林和针叶林。与现状不同，一万年前这里的植被，主要由榛子灌林构成。一些桦树、榆树和柳树会混交成林，但榛树抗寒耐湿，且具有极强的萌蘖能力，故而依旧是优势树种。这处遗迹的建筑残柴，都来自榛树，其中绝大部分是细小的枝条。榛木的材质相对致密，燃烧时热值比柳树更高，燃烧时间比桦木更长。因此，在该地区常见的树种中，榛木是最好的选择。尽管比不上几百年后在这里生长的橡树和梣树，但在那个时代，它是最好的。榛林是绝佳的燃料来源，满足了这些石器时代的定居者所有的烹煮和取暖需求。榛树被砍伐后，能迅速重新发芽，一两年后就能长出新的枝条，以供砍伐。榛木，在苏格兰中石器时代的遗址中无处不在，数量庞大。考古学家因此认为，人们可能在深思熟虑之后，采取了反复砍伐的方法来不断获取大量优质木材。

遗迹上也布满了榛子的碎片，我的每一步都可能引发沙砾上的“咯吱”声。榛子萃取了榛树的精华，为埋藏在坚果中心的微小胚乳细胞提供能量。坚果富含榛树萌发所需要的营养——蛋白质、脂肪、碳水

* 考古学家发现了大量已经炭化的榛果和果壳，说明距今五六千年前，人类就已经采集榛子为食了。

化合物和维生素。其中，六成是脂肪，剩下的部分则是蛋白质和碳水化合物，榛果几乎不含纤维。两三把坚果就能支撑先民劳作一上午。榛果易于保存，储存起来，可以保障食物匮乏年份的需要。烘烤后，它们的保质期可以延长到几个月，而营养成分却几乎没有减少。焙烧的过程，也让榛子释放更浓郁的香味。令人遗憾的是，中石器时代的先民是否烹饪其他食物，或是如何搭配食材，依然是一个谜。考古记录大多来源于杂乱堆放的丢弃物，还没有揭示出个体饮食的特点。

在英国和斯堪的纳维亚，以及欧洲大陆北部的中石器时代的村落中，很多人以榛子为主食，凭此生活。有些考古学家把这个时代称为人类历史上的“坚果时代”（nut age）。后来，气温上升，更高大的树木在这里出现，榛树因此减少，也收紧了粮食的供应。人们偏好的木材和果实的减少，很有可能迫使新石器时代的先民选择艰辛工作，耕种一年生的谷物。

中石器时代的灶台，除了烹饪、取暖和提供食物之外，还有更多的作用。它打开了人们与他人的联系，深化了人类社会网络。学者对拥有狩猎采集文化的现存部落进行研究，结果表明，篝火改变了人类对话的本质。白天，谈话的内容，大多关于经济问题，或是发发牢骚、讲讲笑话。但在篝火旁边，想象力被点燃了，故事就此出现。人们谈论的是社会关系、精神世界、婚姻血亲，谈论这些关系中的分分合合。火，锻造了人类社群，让我们彼此牵系。我们的大脑似乎对火焰特别敏锐。在心理学实验室里，当被试人员听到木材燃烧时，他们的血压下降，变得乐于社交。仅有火焰的视觉图像而没有声音，则对人的行为影响不大。

昆斯费里石器时代的先民，和千年以后经过农业革命，懂得取食小麦、燕麦种子的人们一样，都依靠于植物的跨代馈赠。人类先民与其他脊椎动物（尤其是鸟和老鼠）一起，取食了榛子，在后冰河时代的土地上开疆拓土。这些动物，包括人类在内，并不是被动地追随榛树，他们同时也是榛子的传播者，就像香脂冷杉林的山雀和菜棕丛中的欧亚鸲一样，把树种撒向大地。因此，在这些榛林之中，我们不可能找到动植物物种命运之间的界限。如果没有动物，大部分树种将仍然被困在地中海沿岸，站立在冰河时代的原地。但没有了树木，后冰河时代的地景上也不会有这么多松鸦、啮齿动物和人类。

榛树与鸟类及哺乳动物联系密切，这使得它能比其他树种更快地完成拓荒。大约一万年前，地中海的榛木以每年一千五百米的速度向北推进，比橡树快了三倍。数百年间，甚至数千年间，榛林扩张迅速，加之欧洲北部相对凉爽潮湿的气候，更奠定了榛树的优势地位。如今，在苏格兰西部这样寒冷潮湿的地区，榛树依旧是主要的树种。冰河时代好像还在这里徘徊。鸟类和哺乳动物对榛子的喜爱，加速了榛树的快速蔓延。还有一种仍有争议的猜测。那时的人们可能特意携带着坚果迁移，并在新的果园中种植榛树，从而加速了榛树北移。在苏格兰的考古遗迹中，一系列的木材、花粉和建筑表明，人们和榛木大约在同一时间到达此地。倘若果真如此，那么北欧的森林从来就不是人迹罕至、寂寥无声的荒野丛林。自冰河世纪起，从人类发源时期开始，它们就在辘辘前行的历史中，和人们一直生活在一起。因此，现代的森林是这种古老互动的延续。

横跨大陆的过程中，榛树也受到来自地下的帮助。这种植物对各种条件，包括潮湿和寒冷的土壤的耐受性，很大一部分源于榛根与真菌的关系。这两个物种的几十个基因之间会产生化学信号，此后树根会被一层真菌“鞘”包裹，类似于香脂冷杉中的生物凝胶层，这种保护膜成为根系和土壤之间的媒介，保护着植物细胞免受病原体感染，并把矿物质传递给根部。树木，则用树叶生产的糖分来回应。榛树生态建立在植物和真菌的联系之中，它是一个群落。培植松露的农民，也遵循这一事实，对他们来说，榛木是首选的真菌培育基质。

在许多物种祖先的关系之中，诞生了北寒林。树木的传播，是依靠网络社群而出现的，人类则是网络的核心。罗伯特·彭斯（Robert Burns）用榛树枝条做成象征和平精神的皇冠，威廉·华兹华斯用他的“采果钩”来拉动榛树的枝条，诗人的这些桂冠和餐食都应归功于一万年来人类、鸟类、真菌和树木的祖先之间形成的联系。

隔着福斯湾，与南昆斯费里的古代火坑遗迹相望的是一个现代炉膛——朗格纳特电站（Longannet Power Station）。在这里，那些点燃了旧石器时代的榛木，经过几百万年的深埋、变质，以煤炭的形式，出现在现代电站中。朗格纳特电站的锅炉每年消耗450万吨煤。20世纪60年代，它曾是欧洲最大的燃煤发电站。石器时代的火坑规模被扩大了，但原理一脉相承。

这里，或者其他地方的人类社会，都是由树木之火驱动的。相同体积的煤炭是干柴热值的五倍，为人们的生活和工业带来了更大便利。在全球范围内，人类每年消耗掉80亿吨的煤炭——它们是被压缩的古生代木材。

朗格纳特电站的选址不是随意为之。苏格兰地区的地质褶皱和裂缝中都有含煤层分布，一些甚至暴露于地表。历史上，该地区对于煤炭的依赖，可以追溯到13世纪，那时修道院已经开始采挖煤矿。这些早期挖掘点就位于如今的发电厂附近。发电厂连接着矿井，直接就能将煤炭输送到炉膛中。

现代苏格兰之所以如此依赖煤炭，部分原因是森林砍伐造成的。到15、16世纪，苏格兰地区95%的林地已经被砍伐殆尽，而仅存的燃料就埋藏于地下。即使工业锅炉和大多数家庭壁炉都不再使用木材，树木依旧支撑着煤炭行业。每个矿井都在跟作用于石头上的重力进行赌博。煤矿记事和矿检员的报告中，有数以千计的人为矿主的地质赌博而支付了赌资，页面上充斥着“屋顶坍塌……煤墙倒塌……落石或碎屑滚下”等字眼。几个世纪以来，人们使用坑木*，也就是木棍和木梁，来预防这些灾难。那时，苏格兰木材短缺，福斯湾的这些坑木，大多是来自俄罗斯、斯堪的纳维亚和欧洲南部的预制柱子。迟至20世纪30年代，苏格兰地主士绅被要求把土地改性为种植园，以生产坑木。对于矿工来说，密切关注坑木发出的声音，可以保命。在木材断裂前，它会发出呻吟和爆裂声。木头发出的悲伤哭泣，是矿顶坍塌前的信号。当矿主们把坑木换成钢材，虽然看上去更加坚固可靠，但他们再也听不到警告声了。用钢材支撑，会让灭顶之灾毫无预兆。作为对这个问题的回应，矿工们把木材插到钢柱旁边，重新建构了坑木警告系统。从挽救矿工生命的角度来说，树木的功劳，甚至比金丝雀（canary）**

* 指矿井里用来做支柱的木料，也可作为建筑支柱材料。

** 英国矿工发现，金丝雀对瓦斯这种气体十分敏感。空气中哪怕有极其微量的瓦斯，金丝雀也会停止歌唱，矿工以此来监测瓦斯泄漏。

还大。金丝雀方法是20世纪才发明的，被用在矿坑垮塌之后的搜救过程中。

今天，仅剩的苏格兰煤矿也不再使用木材作为坑木。在地下矿山，连接到电子传感器的液压柱，托起矿顶。其余的露天矿场，都是直接从地面向下挖掘，直到找到煤层，避免了开挖矿道。不过，煤矿大多已经关闭或即将关闭。朗格纳特电站也将在年内关闭。煤还没有用完，这些煤即使无法支持几个世纪之久，也还足够苏格兰用上几十年。但是，新型矿物燃料的出现，加上人们对于燃煤副作用的关注，最终导致了这长达数百年的煤炭开采时代的终结。

英国对苏格兰地区的火力发电采取了关税惩罚措施。因此，进口的天然气在电力生产方面，具有强大的价格竞争优势。煤炭的“沉降效应”给这些麻烦雪上加霜。苏格兰境内，人类所排放的温室气体，有五分之一的流量来自朗格纳特电站那根近二百米高的烟囱。尽管已经使用新型技术洗气，这些从高高的烟囱中排出的气体，依旧含有硫、氮和颗粒物污染。朗格纳特电站和中石器时代炉灶的原理相同，它们都是燃烧木材或其遗骸来支撑我们的生命活动，然而人类在应用过程中却产生了问题。

除了南昆斯费里的榛木、朗格纳特的煤炭外，燃料还有第三种形式。这种形式将会出现在福斯桥北端计划建造的一座发电厂中。它和朗格纳特电站规模相当，但利用木材进行燃烧循环。这座发电厂一旦建成，福斯湾的罗赛斯港（Rosyth）和格兰杰茅斯港（Grangemouth）将召回中石器时代的火焰，不同的是，它们由21世纪的技术来支持、运营。如果计划达成，越来越多的国家级电站将加入到燃烧木颗粒（pelleted wood）的队伍中来，这些电站能在产生电网电能的同时，也通过管道向附近工业供应热量。

这些电站用一种可再生的燃料代替煤炭，以此减少大气中的温室气体排放。2009年，苏格兰政府通过议会的一个法案，设立了减排温室气体目标：到2020年减排42%，到2050年达到减排80%。2013年，近半数的苏格兰电量不再依靠化石燃料，其中44%来自风电和水电工程。在丘陵山峦上俯瞰福斯湾，风力发电机把苏格兰的风转进了电线中。一些人认为，修建木颗粒发电厂，是完全转型为可再生能源发电的必要条件。

煤炭比进口木材便宜得多，所以，没有一个木颗粒发电项目可以脱离补贴而营利。从表面上看，对于木颗粒燃料的补贴，应该能够降低我们对煤炭的依赖，并明显改善大气。但是，和燃煤发电一样，从源头上说，这个好主意也有隐患。

一万年前，榛木随手可得。而收集足够的木材，来为一个工业化国家提供能源动力，却是一项艰巨的任务，尤其是在这个国家的林业资源并不丰富的情况下。在当前木材价格持续上涨的成本压力下，政府对木材贸易竞争者——木颗粒项目进行补贴，引起了当地，特别是家具和木板行业人士的抗议。地方政府普遍对砍伐森林持反对态度，拒绝给产生烟雾的燃木发电厂颁发执照。为了绕过苏格兰政府这个关卡，木颗粒燃料供应必须通过海外招标来取得，以保证不对当地森林造成哪怕是些微的影响。曾经，坑木的木材依赖于进口，今日苏格兰的木颗粒也是一样。苏格兰这样的决策，是当今世界大势所趋。随着一个地区变得更加富有，他们开始保护自己的森林，提高当地森林覆盖率。然而，对木材的需求并没有消失。换句话说，他们增加了木材进口，尽管进口需求地枝叶繁茂，远方森林却在减少。

即使没有当地的政治压力，对于欧洲北部人口稠密的国家而言，他们的木材也不足以满足电力需求。土地和森林都太少了，因此木颗粒必然依赖进口。在美国东南部，在国内几乎没有可见销售前景的情况下，木材供应商也很乐意与欧洲买家签订长期合同。因为木材往来，人与人之间的松散联系，如今被系紧了。英国的电力需求，砍掉了卡罗来纳州和佐治亚州的森林及苗圃中的植被。英镑支付的货款，流入了用美元建造的木颗粒厂中。

从前，美国东南部的码头，用以向欧洲供应黑奴种植的棉花和松木。现在，它们已经转型成出口木颗粒。可供远洋船舶停靠的港口，紧挨着连接内陆森林的木颗粒原料供应路线，一座座有着体育场一般的圆顶建筑的仓库，鳞次栉比地出现。由于仓储物品的不稳定性，修建仓库十分必要。木颗粒是由木头粉碎、干燥并压缩制成。它们如粉尘一般，一旦受潮，就会像草坪上剪下的一堆干草一样腐烂发热。压缩的木屑会积聚能量，而粉尘具有可燃性。热量，会引发自燃和爆炸。

木颗粒交易跨越大西洋，所造成的环境效益存有争议。从业者强调用废木材替代煤炭作为燃料的好处；反对者则担心采伐会影响美国东南部森林生物多样性，并质疑将木材从大西洋另一边运来，是否会对全球气候产生任何好处。双方的观点，都有温室气体排放数据的支持。如果木颗粒是由锯木厂废料或茂密树林的间伐材*所制作的，那么

* 人工林树木的间距较小，须将部分树木伐除，以维持足够的树木间距，使树木获得充足阳光，树根有扩展的空间，以便森林生长得比较理想。

木颗粒燃料的碳效率就远远超过煤炭。但如果木颗粒来自成熟树木，我们的碳收益就会减低。如果树木来自原生林，而不是人工林，那么这样的木颗粒向大气释放的二氧化碳就比煤炭还多。煤炭和木颗粒对生物多样性的影响，同样难以估计。原生林和人工林都可以生产木颗粒，同时也为许多乡土物种提供了栖息地。此外，木材产品的经济价值，会驱使土地所有者们更有动力继续种树，而不是把土地变成农业用地或住房。所以，使用木颗粒能同时满足人类与其他物种的需求，保护了森林生物多样性的未来。然而，美国东南部的某些地区，开始大规模地把原生林转变为人工林。如果这种现象扩大，许多生活在原生林中的物种就会减少，甚至消失。我们必须权衡这些变化。燃煤会带来污染，除了二氧化碳将造成全球变暖外，煤烟中的汞和酸也会使土壤退化，危害树木，污染水域。

因此，燃烧木颗粒、煤炭，哪一个会对生命网络造成更大危害？我们对这个问题还没有找到直接和普适的答案。每片森林都有特殊性，我们的行为也会造成不同的生态效应。

多年来，“炉火”的影响，越来越难以察觉。在中石器时代，只要看一眼榛林，就能了解有多少能源可供使用。火，让居所烟雾缭绕；但是，风，很容易吹散这些纤弱的烟尘。几个世纪以来，这里煤矿资源丰富，明显的煤炭沉降效应使得当时苏格兰的几乎每幢房屋、每个人的肺都被熏黑了。托马斯·卡莱尔（Thomas Carlyle）指出，15世纪以来，人们燃烧“某种黑色石头”，在爱丁堡上空制造出云雾。而这，给了这座城市一个名字“Auld Reekie”，在苏格兰语中意为“老雾都”。时至今日，爱丁堡依然被这么称呼。罗伯特·路易斯·史蒂文森（Robert

Louis Stevenson）描述这座城市，“像一个砖窑”一样排放烟气。沃尔特·司各特（Walter Scott）则写道，20英里开外看过去，烟雾袅袅上升，像是“一群小野鸭中升起的苍鹰”。司各特的纪念碑位于爱丁堡市中心，直到现在还保留着乌黑的污点。到了20世纪，更高的烟囱和更高效的锅炉，在排放二氧化碳的同时，过滤了烟气中绝大多数的煤烟。因此，对于许多人来说，燃料和污染“眼不见为净”。即便是在朗格纳特，苏格兰人能看到电站，更能看到矿山和烟灰，而木颗粒却来自远方，燃料的来源依然在地平线那端的视线之外。

全球贸易也许能让市场发现每个地区的相对优势——比如美国东南部比苏格兰生产更多的木材——但它也迫使能源使用者和政策制定者将贸易的收益和成本抽象地联系起来。这样一来，想法和立场就只活在虚无缥缈的智慧之中，它们是脆弱的，容易被争论的双方所操纵。欧洲的“可持续性”政策便是如此，正如脱离了森林家园的亚马孙“良好和谐的生活”一样。在森林中（包括森林中的人类社群），唯有通过更广泛接触的关系，才能获得更为稳固的知识。

进口燃料，不论是木颗粒还是石油，不论是可再生的还是不可逆的，都切断了社群和能源来源之间的感官联系。我们的“燃料罐”与世界相连，但我们的头脑和身体却不是。我们和中石器时代的人一样依赖于火，但现在我们站得离“炉膛”远远的——这是全球化能源贸易中最大的弱点，比政策规章的细节更为紧要。规章可以被改写，但错位却难以修补。

欧洲的“绿色能源”其实是一道彩虹，各色虹彩是世界各地收集而来的植物，透过政策的水汽折射于此。它们是欧洲市场上来自美国、加拿大、巴西、阿根廷、乌克兰、印度尼西亚、马来西亚的大草原和森林中的木材、乙醇与生物柴油。这些地方生活经验的延伸，将给爱丁堡、伦敦和布鲁塞尔的可再生能源政策注入更多的论据。有些知识不能仅仅通过智力来获得，尤其是你不了解各地生态差异之时。如果能花几年时间来进行海外合作和倾听当地声音，决策者们将与这些地方的人和事重新联系在一起。在一个由白皮书和科学结论主宰的世界，这样的政策制度将为其他政府提供一个激进——字面意义是“根本”——的例子。

我上次到访昆斯费里港口的时候，园林绿化人员正在作业。铁丝网后面，是一些膝盖高的树苗，它们被塑料套筒包裹起来，以防止被兔子啃掉。其中就有欧洲榛子的幼苗，它们边缘参差不齐的圆形叶片，从保护套中伸出。和这个建筑项目的其他部分一样，它们来到这里，是工程策划书所规划的结果。无论是混凝土拌合物、安全规程还是植树明细，工程师和规划者都拟定了清单，遵照比例进行。HW_1 和 HW_2 点位，将种植绿篱植物，其中根据比例会有 14% 的榛树。但 MW_{1-4} 的混交林中没有安排种植榛树。我们不确定石器时代的先民是否在他们开拓土地的时候种植榛子，但是现代人已经接过了这个任务，用精确的方法栽种。在我们的帮助下，中石器时代的植物生存了下来。随着它们的呼吸和生长，榛树枝条和果实内，留下了碳元素的痕迹，那是苏格兰煤炭和美国森林中木材留下的记号。它们含混了时代，模糊了区域。

在榛树边上，每天成千上万的汽车从桥上经过，络绎不绝地穿过福斯湾。车轮下面，是曾经的航道。维多利亚时代的铁矿，中世纪的煤灰，中石器时代的房屋，以及古生代森林残渣，都承载于此。一辆辆汽车在桥上疾驰，呼啸而过。现在，水面上方两百米，一座新修建的拱形钢铁大桥，像是一件完美的雕塑，吸引了驾驶员和乘客的全部注意。道路两边，在永无休止的风中不断摇晃的树苗，无人在意。

北美红杉与西黄松

弗洛里森特，科罗拉多州

38°55′06.7″ N, 105°17′10.1″ W

威廉森氏吸汁啄木鸟（Williamson's sapsucker）在树干上拖着步子移动。一阵阵刮擦的声音，让坐在西黄松下的我从瞌睡中醒来。鸟儿节奏稳定，坚硬的尖尾巴支撑在树皮上，每秒钟向上攀升弹跳一次。每跳一下，它那双覆盖着鳞片的脚就升高几厘米。它摇头晃脑，尖喙在树皮表面来回搜索，它用舌头刺食着蚂蚁。威廉森氏吸汁啄木鸟几乎完全依靠蚂蚁来抚养后代，所以这附近很可能有一个洞穴，里面还有一窝嗷嗷待哺的雏鸟正等待着它。

它的尾巴、双脚和尖喙不断摩擦、研磨着树皮，在觅食的过程中，不停地发出一阵阵喧闹。这只鸟可不仅仅是个例。当威廉森氏吸汁啄木鸟在森林中觅食时，它们经常会发出刮擦和敲击的声音。昨天，我寻索着这个声音，找到了另一只威廉森氏吸汁啄木鸟。当时，它正在一棵花旗松（Douglas fir）的树皮上凿洞。它吮吸着树木伤口流出的汁液。我在看到它之前，老远就听到了这种凿刻的声音。针叶树的树汁是成鸟最喜爱的食物，为它们提供了增重所需的糖分。它们借此能够繁育幼鸟或是挨过寒冬。

那只鸟儿，正在我头上剥落着树皮。易碎的树皮被阳光晒得暖烘烘的，发出阵阵香味。在西黄松暗色树皮的裂纹之间，是金色的汁液。这些汁液正散发出松香、松节油般浓烈蓬勃的气味——那是一种富含油性的、酸酸的、强烈的味道。但跟其他松树激进尖刻的刺鼻气味不同，西黄松的香气柔和而微甜，像是混入了香草或奶油糖的树脂。人类敏感的鼻子，或许还有啄木鸟的舌头，都能感受到西黄松"口音"的变化。落基山脉北部的西黄松气味是隐隐约约的，而在太平洋沿岸，气味则更为浓烈，并带着一丝柠檬调性。对于昆虫的攻击而言，气味是一种威慑——黏性的树脂会封住或诱杀木材的蛀虫。这些含有树脂的化学物质，在达到一定剂量时，就会体现出毒性。

在大多数的年景，这些树脂足够抵抗昆虫的攻击，但是，近来大量的西黄松和其他松树却因甲虫虫害而死亡。矛盾的是，原本用以保护树木的树脂气味，同时也引导着甲虫找到它们的目标。被保护的东西，通常有其价值。因此，防御反而成了广告。西部松大小蠹（pine beetle）嗅到了空气中的气味，溯风而上，寻找松树。它们钻洞，取食树皮下的活组织。一旦数量过多，它们就会害死这棵树。近年来，昆虫的袭击在落基山脉变得随处可见，整个山谷都开始从鲜活的绿色转变为枯萎松针的棕色，最终将变成灰白的枯木。

一直以来，大小蠹都生活在这些山脉之中。然而，近来松树因为干旱和热浪变得虚弱，使得蠹虫数量激增。未来几十年，啄木鸟是否还会在这里犹未可知。但是，根据某些预测，这些物种都已经开始走上灭绝之路。它们的命运，取决于西黄松和其他树木能否在风、水、土、火等变化的气候要素中重生。

我坐起身来。我已经在这里值守数日，芬芳的针叶是我的“床垫”。此刻，我就在位于科罗拉多落基山脉的高山草甸边缘，在一小片西黄松林间。我的左手边是一片辽阔的草地，平铺在平坦的山谷之中。草地延伸到半小时路程之外，直到与山脊上更多的松树相接。我的右手边是一块泥岩和页岩构成的斜坡危地，这上面部分的岩石已经剥蚀，露出了一根古老红杉的根部。那就是“大树桩”（the Big Stump）。它是散布在弗洛里森特化石保护区（Florissant Fossil Beds National Monument）的二十四块红杉化石之一。保护区是为了保护和展示这些硅化木而建立的，但首先吸引我们注意力的则往往是现生生物：短尾猫在野花中酣睡，渡鸦和老鹰互相追逐着啸鸣，松间小径上的蚱蜢在我们跟前唧唧叫着。

“那声巨响是什么？”一个穿着粉色裤子的女孩子走向西黄松树间，并向家人发出这样的疑问。她是个细心的孩子。我们在这里遇到的所有游客当中，只有她注意到了树木的歌声。她说得对，那是巨响。

轻微的风，就能让松树簌簌作响。和风会唤起急切的嘶嘶声，像是泄漏的蒸汽加压阀。一阵狂风，像一场山崩，听起来如同沙子在沟壑中倾泻而下。这种声音，如果是发自我美国东部家乡的槭树和橡树，那么此刻，我应该已经在慌忙寻找庇护之处，并时刻关注着头上的情况，提防可能折断的树干和落下的树枝。但在这里，松树的叫喊声，并没有携带警告的意味。

我们耳中的巨响，源自西黄松硬挺的针叶。其他树的叶子会跟着流动的空气摆动，但松针却不会灵活应对。枝条会在风中摆动，针叶却无动于衷。针叶用它们数以千计的尖齿，耙着风，撕裂了风，在空气中形成了猛烈的声响。在这个乐谱中没有回响，没有叶子连绵不绝的拍打和颤抖。相反，松树实时地如实报告着风的特征，每一秒的声音都不尽相同。阵风袭来，松树发出高亢的声响，此后随着空气运动的变化，逐渐变细、膨胀或消失。

约翰·缪尔（John Muir）曾经记录下西黄松的声音，但他的描述让我疑惑。在缪尔的记录里，风中的西黄松让他听到了针叶发出的“最美妙的音乐”，“自由的，像鸟儿振翅般的嗡嗡声”。而我所听到的悲戚、急切的哭号哪儿去了？缪尔在他的松山上，听到了和谐的风声，可我听到的是爱丽儿*在天空中挥洒着痛苦。这不同的体验可能折射了我们之间的性格差异，缪尔这般忘我狂喜，令我难以理解。但后来，植物分类学家的著作告诉我，缪尔和我其实听到了不同的“方言”。西黄松变化多端，除了树脂的气味会随着地点改变，针叶的形状和硬度也有着区域性。我在落基山脉听到的西黄松，针叶长度只有缪尔在加利福尼亚听到的一半。落基山脉的针叶表皮底下，细胞壁更厚，更加坚韧的针叶让它们像是钢丝刷一样，而加州的针叶则更像是马尾。短硬的针叶，会发出更加激烈的声音。这样看起来，在土壤相对潮湿的加利福尼亚，爱丽儿是快乐的俘虏，他甜美地歌唱。而在干燥的科罗拉多山中，西黄松适应了夏季的干旱和冬雪的重压，也只有在此处的松

* 爱丽儿（Ariel），莎士比亚剧作《暴风雨》中的空气精灵。

针上，他才发泄呻吟。

我们身处某地时，潜意识中感到恐惧的因素，必然是由特殊的感觉而引发的。我知道这里没有暴风雨威胁着我，但西黄松的声音，唤醒了我对别处的树木声音的记忆，我的身体还是做出了不同的反应。那个细心的女孩，毫无疑问，也曾在其他地方的松林中生活过，而西黄松声音的不一致让她深感奇怪。这种不适应也存在于森林之外。一只乡下的老鼠无法在城市的鸣笛和喧嚣中安眠，但城里的老鼠会在农村的静默中，或是在晚夏木屋边的蝈蝈声中紧张不安。

树木中有些声音的音调极高,超出了人类的听域。这些超声波的"嗒嗒"声和"嘶嘶"声，讲述着树木输水管中的隐秘剧本。水分供应常常决定着草木繁茂或枯萎,通过偷听树枝和树干中水流发出的超声波,我们能走进树的心脏。

每一片叶子（包括西黄松的针叶）表面都点缀着数百个气孔，气体通过它们进出叶片。毛孔像一张张活泼的樱桃小嘴，通过两个唇状细胞噘起或张开。当嘴唇分开的时候，迅速流入的空气，冲进了叶片内部，给光合细胞提供二氧化碳，使其为植物制造养料。这时，水蒸气从会张开的嘴唇中散逸，叶子就此变干，并把水分从根部拉上来。如果土壤潮湿，这个过程就没有什么问题。而当土壤干燥的时候，根系就不能为叶片补给水分。那么，气孔必须关闭，以防止叶片内部出现不可挽回的干燥。因此，水资源的缺乏，会遏断提供营养的空气流动。没有水，就没有光合作用。

我用带子把一个拇指大小的超声波传感器绑到西黄松的树枝上，再连接到电脑上，然后开始等待。我通过屏幕上图像的媒介，来倾听树木。每当树枝释放出“噗”的一声超声波，图线就颠簸一格。单个的曲线变化很难看出什么结论，但几个小时后，模式出现了。树枝干燥的时候，图线上会出现剧烈的超声波活动，而水分充足时则相对平静。这些声音活动，每个小时都向我们报告了枝条中的输水管如何运作。

从树根到树冠中水柱的断裂，形成了这些声音。水，通过中空而连接的导管细胞向上流动，每一个导管细胞的高度相当于这张书页上的一个大写字母，宽度相当于人类最细的毛发。当土壤湿润时，水可以自由运动，紧密牵连的水分子，被气孔产生的蒸腾作用向上牵引。但是，当根系不再能补充水分，而干燥的风的拉力太过猛烈的时候，丝线粗细的水柱就会被拉断。紧接着，气泡在细胞里爆炸，像是过度拉抻的橡皮筋超过限度，破损导致了断裂。在如此细小的细胞尺度上，如此高的音调，已经超过了我们听力的上限。

超声断裂声意味着树木的痛苦不断增大。气泡会堵塞水分的流动。从根系到针叶，这样的问题，随时可能发生。所有的树木都经历过微小的水流阻断，在干燥的土壤中生长的松树尤其如此。夏末，在一些西黄松（特别是幼苗）中，气泡会堵塞四分之三的根系。深秋，水分和凉爽气候再度归来，大多根系都会缓过气来。可树木错过了夏天的空气和阳光，这对它们来说，并不是好事。缺水会让一棵松树疲乏、饥饿，甚至死亡。那些因缺水而关闭的气孔小嘴，无法接受二氧化碳的滋养。

我的电子传感器还检测到树枝内更小气泡的运动。这些气泡，沿着导管细胞的边缘聚集。就像气球做的墙壁一样，这些气泡具有弹性，能交替吸收和释放压力。当干燥的细胞再次开始吸水，这层泡沫墙变化剧烈，发出了超声爆裂。树木中的导管，就像老房子的水管，被水的运动敲击着，发出呻吟，只不过导管细胞发出的声音要比水管高许多个八度。

树林会“嗞嗞”作响，但耳朵阻碍了我们。如果我们拥有更棒的耳朵，我们能从中发现什么？至少，通过树木千变万化的尖叫声和断裂声，我们会意识到沉默的树皮迷惑了我们，它其实富有活力。罗伯特·弗罗斯特（Robert Frost）在树木的声音中“进退失据”。也许，我们和弗罗斯特都是幸运的。如果我们真能听到森林里每一根枝条的哭泣，这些声音将肯定会使我们不得安宁。

若要亲身感受到树木的声音，我的电子设备还远远不够。尽管如此，出现在屏幕上的实时图像，还是能够讲述树木内部的故事。整个上午，这棵树都很安静，这说明有大量的水分在根叶之中稳定流动。如果前一天下午有雨，这份安静会持续更久。事实上，树木本身就促进了降雨。树脂的芳香分子飘向天空，每一个分子都是能够聚集水汽的焦点。跟香脂冷杉和吉贝树一样，西黄松释放出的香气颗粒的云雾，增加了降雨的概率。然而，夏末时节，午后降水在这里并不常见，即便有时一场暴雨浸透了某个山谷，山地的其他地方也不会分到一滴水。

无雨的日子里，土壤群落为根系带来早餐的饮料补给。这不依赖于降雨。夜晚，树根和土壤真菌合谋来反抗地心引力，从深层土壤中汲取水分。纵横交错的根系连接着真菌群落，它们的作用就像一大片吸墨纸，松散分布、编织在土壤深处。这张纸不是由杂乱无章的纤维素构成的，而是一个具有细长导管的网状结构，充满着铰接成管状的纤维素和细胞壁。水被树根的纤维素分子和真菌细胞壁上的轻微电荷所吸引，然后从湿到干，沿着管道流动，就像物理定律所演绎的那样。因此，即使没有太阳的力量让水分从土壤表面和植物叶子中蒸腾，水也会整夜向上流动。

于是，夜间干燥的土壤表面，到了早上的时候会再度湿润。这个过程延缓了导管中因气泡引起的堵塞，使许多树木能够存活。不仅仅是树木从这场夜间的“反向降雨”中受益，杂草和其他草本植物，以及微小生物，比如跳虫、螨虫和甲虫这样的土栖动物，也在这些由根系与真菌的共生关系所引起的上升水流中，得到了好处。至于受益的群体是否更为宽泛，我们知之甚少，但是我们可以保守推断，假如没有植物和真菌之间的联盟，在贫瘠的雨和干燥的风的修剪下，高山森林和草甸将会逐渐缩减。

中午的时候，超声图像开始转折回升。土壤再次干燥了，树枝内的水柱正在断裂。我自己的生理反应也与西黄松互相呼应。嘴唇裂开了，而水壶已经干涸。这里的早晨让人心旷神怡，但紧接着的是长时间暴露在干燥的空气和高海拔的阳光下，这让我很不舒服。我可以在松荫下打盹儿，但西黄松可无法如此奢侈。现在，干旱正在挑战西黄松的耐力。在下午的熔炉中，大多数树种都因为输水管道的破裂而变成阳光下的渣滓。幸存下来的物种，都是“高山坩埚”炼出的黄金，它们的生理能够抵御干旱。西黄松能在夜间提升土壤水，并不是这种物种适应干旱的唯一办法。一旦根系土壤干燥，针叶上的气孔就会紧紧关闭。封闭气孔，加之松针厚厚的表皮，以及覆盖其上的蜡质，西黄松比起那些生长在湿润土壤中的物种，能够更强有力地锁住水分。像所有的松树一样，西黄松的导水管束狭窄，且细胞两端可以封闭。因此，西黄松可以把气泡关在单个细胞内，而这是许多其他树种所不具有的急救机制。必要时，西黄松能够极度节水。

这种节水的能力，早早地就体现出来了。落地后，西黄松的种子只要一点点雨水就能发芽成长。雨水过多反而是有害的，因为周围的杂草会就此生长起来，密不透风。一旦发芽，树木会先用一根长矛竖直地刺穿土壤，那是它的主根（taproot）。第二年，树苗及踝，主根系就已经扎根于地下半米，侧根开始生长。等到树木长成，如果没有岩石或其他树木阻碍根系生长，那么主根系可以延伸到地下十二米，侧根范围超过四十米。这些根系，可以跟土壤真菌结合成更宽泛的网络。我们在地面上看到的树木，是树根和真菌群落用来聚集太阳的附属物。群落，才是一个不停汲取着水源的地下巨人。

有时，熔炉的热量会爆发出火焰，西黄松也为此做好了准备。夏末，雨水是算不准的，但是闪电频发。我前往此地，就数次被雷暴阻隔。许多树木，包括为我遮阴的这一棵的树皮上，都有深深浅浅的裂痕，一直从树冠延伸到根部。裂缝上，树皮隆起，那是树木在试图愈合伤口，但是闪电造成的瘢痕很少能够完全愈合。大多数情况下，木芯仍然裸露着，在高山阳光中，褪为灰色。

我坐的地方铺满了干燥的针叶和草叶，这些都十分易燃。当被闪电劈中时，火焰就会在这些落叶层下蜿蜒匍匐。火灾，会留下一个焦黑的森林。但是，树龄大些的西黄松却不会被点燃。像龙鳞一样的皮肤，是它们对抗高温和火焰的厚厚盾牌。白杨等树种就没那么耐火，山林小火就会清除它们，从而消灭了西黄松的竞争者。山火大约每十年就会席卷而来，但西黄松表现得很好。

不过，树皮并不能抵抗燃烧。有时候，火焰会变本加厉。它们从地上爬到树冠上，以茂盛的枝条为食。如果树冠被烧掉超过一半，西黄松就会死。大火激烈地洗劫着山坡上的树。只有再经过几十年的种子萌发，植物生长，森林才会恢复如初。

因此，森林样貌取决于山火发生的频率高低和强度大小。当然，林火的节奏也被许多因素所左右。林业人员和土地所有者固然能消灭小型的火灾，却无意中为大型山火制造着更多的燃料。因干旱而积弱的松树散发出的树脂香味引来了一群群蠹虫，它们让森林积满薪柴。还有最重要的湿度和温度，这些短期天气波动或是长期气候趋势，也会助燃火焰或压制火势。

气候变化对山地森林下游土壤的影响，同样直观。当山涧水流到谷底，它们开始变得平缓而蜿蜒。这些趋缓的流水中的泥沙，就会沉积下来，形成冲积扇。冲积扇记录了上游的地质侵蚀。从未遭受火灾的山林中流淌出的溪水，清澈干净，没有携带来自山谷上游的碎屑。山中小火，会把一阵阵的沉积物和木炭运往下游。如果上游被大火吞噬，小溪会被烧毁的木头、山体滑坡的巨石以及各种侵蚀下来的土块堵塞。通过发掘中下游冲积地层，我们可以层析成分，重构火灾历史。

过去的八千年里，也就是最后一个冰河时代结束至今，这里的火灾没有规律可循。有时几百年间只有火星飞溅；其他的数百年中，火焰怒吼闪动。气候的变化，似乎是这种不规律的原因。在15—19世纪的小冰期（Little Ice Age），天气凉爽多雨，气候抑制了火灾。同样，天气促进草木繁茂生长，为小型火灾提供了燃料。这些时代的沉积物表明，当时森林火灾时有发生，但规模不大。相比之下，在第一个千禧年末期的中世纪温暖时期(Medieval Climatic Anomaly),温暖的气候，给美国西部带来了近十年的干旱。这个炎热的时期，大规模的灼热火焰在冲积扇上留下了厚厚的一层沉积物。

火，变化莫测。要制定一个“常规”的消防制度是不可能的。然而，如果仔细研究土壤和空气，我们可以知道火焰目前的心情*。也许，这能让我们预测未来。

弗洛里森特的西黄松山下，再走几公里就是一个山谷。那里坐落着马尼图·斯普林斯镇(town of Manitou Springs)。昨天，洪水涌流着，漫过城镇；今天，我就和其他志愿者一起，在市中心的商店地下室里铲泥。在临时搭建的厨房里，突然，有一根气味的触角向我们工作的位置滑动，一时间掩盖了淤泥、腐烂以及烟灰的气味。这种突如其来的对比,使得我们都顿住了,暂时停下了我们在这个黑暗地窖里的工作。在一个荒废的地窖里，这气息亲切而甜美。

引发这场洪水的暴风雨并不大。如果把子弹杯放在雨云之下，可能一杯都无法装满。但是，雨降落在七千多公顷的裸露地面上。前一年夏天，这里发生过一场猛烈的大火，由于过于猛烈，甚至让它有了专属名字——沃尔多峡谷山火（ Waldo Canyon fire ），它在电视频道中受到广泛关注。大火把松树、白杨和云杉都烧成了蒸汽和烟雾。数以百计的房屋被烧毁。

林火在山上留下了“火烧迹地”（ burn scar ），这是古老森林的创口。但在这些混合着木炭的裸露土壤之上，也浮现出了一张新生森林的面孔。不论我们如何给火灾后的废墟命名,并对此表达出何种情绪,

* 指发生林火的可能性。

山体表面现在都任由物理定律摆布。天气干燥的时候，土壤颗粒间的摩擦力，使得斜坡上的泥土保持稳定。淅沥小雨会增加颗粒间的黏附，使得山坡能够像海滩上的沙堡一样，暂时稳定；但大雨润滑了颗粒、加重了土壤，“城堡”轰然倒塌，喷涌着汇入山涧。山洪到达马尼图·斯普林斯的时候，高达十二英尺。黑色的波涛咆哮着涌入平缓的溪床。平日里，这里的溪床上仅有浪花出现，水深只到脚踝。山洪造成一人死亡，伤者众多。房子垮塌被冲走，商店的库存成堆浸在水里。未来，地质学家将通过研究下游冲积扇，得知这里曾有一场大火。

在我们工作的地下室里，洪水给这里的墙壁抹上了厚厚的一层泥子，一直从脚下覆盖到视线等高。污泥的上方，零星装点着一些松针、白杨叶和折断的树枝，它们是洪峰过境留下的来自河滨森林地带的碎片。地板上糊满了脚踝高的泥灰，泥灰中夹杂着玻璃片和木屑。我们一桶一桶地移走这些污迹，金属铲子刮擦着混凝土地板，铲起的泥浆撞击着泥桶。我们哼哧哼哧地提着桶，其中一部分被传到街上的推土机上，剩下的泥浆则从后门倾入小溪，小溪被暗色的淤泥阻塞了，水流不畅。

三十年前，科罗拉多每年烧毁的森林很少超过八千公顷；现在，许多年份，林火会波及高达八万公顷林地，相当于规模较大的农村县的面积。十年前，美国林业局资金的五分之一用于救火；现在，这个比例被提高到二分之一。烧毁的西黄松和其他树木所造成的灰尘，可以抵达全球。美国西部和加拿大北部火灾产生的烟尘，能飘到格陵兰岛。在那儿，落下的烟尘使得冰盖蒙灰，从而促使它们吸收阳光。冰盖因为阳光热量的浸润而融化。在美国境内等更近的地方，烟尘和侵蚀碎屑堵塞了科罗拉多的水库，增加了饮用水的成本，也拖慢了水力发电。

其他地区的火灾正在改变热带和北方的森林。在东南亚地区，人们焚林造田，浓烟笼罩了该地区一众国家。在这些国家，燃烧着的热带雨林中，充满了细小的空气碎片，这些可吸入颗粒物已经成为主要的公共卫生问题。于是，各国开始尝试协商达成共识，以控制焚烧。亚马孙地区因为干旱而引发的火灾，正在破坏该地区的生态完整性，甚至在那些不存在大规模砍伐的地区也是如此。在遥远的北方，寒带森林的再生速度无法跟上燃烧的步伐。世界范围内的火灾都加速了二氧化碳向大气流动。前工业化时代以来，额外释放到大气层的二氧化碳中，有五分之一应当由森林火灾负责。

地质学家们在美国西部挖掘冲积扇时，发现了中世纪气候异常留下的痕迹。自上一次冰期以来，这是美国西部最热的时期。而如今的气候，已经超过了中世纪的峰值。美国西部极度干燥，水从地面上蒸发，当水的负荷从西部的脊背上移走时，大陆在过去的十年里已经上升了几毫米。春夏气温升高，冰雪提前融化，延长了西部火灾的季节。与 20 世纪 80 年代相比，每年焚毁的土地面积增加了六倍。对于下一个一百年，人们对这个区域内的预测都指向同一个观点：与即将到来的状况相比，曾经的十年干旱看起来简直是小打小闹。

木材和氧气，是林火原料。它们都诞生于光合作用的过程中，是古代燧石层细菌的遗产。自从植物在这片土地扎根以来，这种由气体和植物燃料组成的不稳定混合物，就一直燃烧着。在刚过去的几百年中，我们一直处在一个相对凉爽和潮湿的时代。所以，当我们建造了基础设施，比如城镇中心、水库和郊区的时候，往往假设火灾是罕见的异常情况。可是，那个时代已经结束了。现在的一切，都在火焰所及之内。

在马尼图·斯普林斯，湿气掩盖了饭菜的香气，代替了我们所熟悉的家里的味道，留给我们的只剩下污泥和灰烬。

我们回过神来，继续铲泥，然后抬起一桶桶污泥。一小时又一小时过去了，肌肉开始适应属于未来新世界的节奏。

三千四百万年前，如今的科罗拉多地区，曾发生了一系列火山喷发。如果发生在今天，那么被埋藏的将不只是河滨地下室，而是整个城市。这些火山之中的古费火山（Guffey），就屹立在弗洛里森特河谷。今天，侵蚀使得它只残余了几个小山脊，与远处派克峰（Pikes Peak）的穹顶相形见绌。可在它的时代，古费和它的火山邻居们的心情却掌控了该地区的生命。火山定期爆发，向四周喷发熔岩雨。剩下的时间，它们静静地坐着，打着岩浆嗝，喷出火山灰。周边的土地被火山灰、泥土和岩块覆盖。与现代马尼图·斯普林斯的不稳定山坡一样，堆积碎片有时会在雨水或降雪之中变成泥浆，成层垮塌滑动。这些泥石流，用好几米的泥浆和碎石掩埋了山下的山谷。

在古费火山附近的一个山谷，五米深的泥石流掩埋了红杉林。因为这些红杉都很高大，所以大部分树干都伸出岩屑之上。树根因为窒息而死亡，挺立的树干就此腐烂。火山泥成了红杉树桩的坟墓。厚厚的泥浆，令空气中的氧气无法接触到掩埋其中的树桩，并让那些可以分解红杉的细菌窒息。由于生物分解速度被大大降低，木材石化的漫长过程开始了。富含矿物质的水从泥灰中渗出，溶解的二氧化硅浸透了树木的每一个细胞。在数十万年的时间里，二氧化硅逐渐替代了木材。生长的晶体，遵循着植物细胞的形状，形成了树木在岩石中的印记。

百万年的岁月中，充满矿物质的水让红杉成了化石。

今天，众多红杉树桩散布在弗洛里森特化石保护区的西黄松森林中和草甸上。树干中的年轮，纠缠的木材纤维，根系的形状和纹理，都被完整地保留下来。化石看起来像纸一样脆弱，像是易碎的老木头。但我在游客中心看到的一块硅化木样品，却是惊人地坚硬。其重量和硬度与铁块不相上下。木化石中，矿物成分的细微差别，从它的颜色上就能一眼看出。根系中深色的条纹来自于锰，切面闪耀的橙色是氧化铁，铁流失的部分，变成了一丝丝黄色。地衣生长在岩石表面，用石灰绿和褐色覆盖了其中的矿物。朝暮四时，色彩和亮度随着光线的角度和强弱的变化而变化。在冬日的斜阳中，这块岩石看上去像是烧红的煤块；夏天，看上去则像是带着乳白色大理石花纹的硫黄。

我坐在西黄松之下，挨着大树桩。火山喷发的时候，这棵红杉高达七十米，树龄超过七百年。现在它变成了一根高三米、合抱十米的石柱碎片。曾经的地主，挖开树桩周围的土壤和岩石，在山腰上切出一个半碗形，把化石展现出来。

红杉早已死去，可大树桩周围却不沉寂。夏天，紫绿色的燕子在树桩周围旋飞，捕捉着飞虫，发出啾啾的声音。它们降落在树桩上和裸露的泥岩上，用嘴捕捉爬行的昆虫，衔走土壤碎片。山蓝鸲（mountain bluebird）聚集在树桩上，喂养着那些嗷嗷待哺的幼雏，或是和伴侣私语，或是叨啄对手。当它们降落在树桩上，或是在上面摇曳散步的时候，脚趾甲刮擦在岩石上。一只蜂鸟嗡嗡地凑近，面对着树桩，查看着岩石上犹如花朵般的橙色条纹。蚱蜢在树桩下的泥土中发出唧唧声，花栗鼠爬上树桩侧面，观察它们的领地，并在老鹰和渡鸦飞过头顶时发出警告。

秋天，鸟儿聚在一起，啄食种子。这时候，西黄松的松塔打开了。草籽那沉甸甸的脑袋压弯了草茎，草花的种子洒向大地。在这个丰收的时节，树桩再次成为活动中心。山蓝鸲在这里相遇了，用“咕咕”颤音回应着对方。红胸鸸尝试着把松树果实敲进树桩的缝隙中，但随后放弃了，转头去找一棵有着柔软树皮的活松树。紫红朱雀（purple finch）和暗冠蓝鸦（Steller's jay）盘旋着、鸣叫着，然后都飞到松树果实那儿。当太阳温暖了大地，蚱蜢成群出现。它们飞翔聚集到树桩周围的圆形剧场，弹奏着喧闹枯燥的颤声。

冬天的空气中，缺少了许多动物的声音。西黄松的呼啸声成为主基调，间或穿插着渡鸦的喳喳声。枯萎的草茎被风压弯到地上，锋利的叶尖随着北风晃动，在雪地的表面蚀刻着一道道曲线，像是粗糙纸上的笔尖划痕。雪，在一丛丛松针上落下，簌簌作响，然后是一阵低沉的扑棱声。

有时，人类的声音与植物和动物的声音交织在一起。飞机飞过，咆哮的声音划破空气。远足者的脚步，嘎吱嘎吱地咀嚼着脚下的木化石碎片。在大树桩这里，散步者在木化石周围驻足，讨论着它的周长。照相机不断地发出咔嚓咔嚓声，拍下大树桩、西黄松和草甸之后，摄影师们就大步离开了。游客停车场上，木材削片机不时咆哮，发出咣当声。这是公园管理局管理林地的声音。为了抑制火灾，护林员们疏开了松树山坡，并把砍下来的木头移出森林。木材和金属在磨床上冲突碰撞，爱丽儿在迅速旋转的磨轮中尖叫，木材碎屑被轧出来，冒着蒸汽，积成一堆。这是现代版的大树桩。

尽管令人印象深刻，但红杉并不是这里最精致、最具科学价值的化石遗迹。火山熔岩不仅埋藏了树木，也堵塞了弗洛里森特山谷，形成了一个堰塞湖。湖泊长度约莫20公里，一个优秀的独木舟运动员也得花上半天才能划过这个湖泊。曾经的湖泊早已干涸，科学家们从湖床上发掘出一些世界上最完好的化石。古费火山间歇性的活动所降下的火山灰雨，形成了湖泥。火山灰的薄层被摞在藻类遗骸的地层之中。这一层层细颗粒沉积物，卡住了树叶、昆虫和其他生物，把它们夹在层中，像书页中的压花标本。随着湖底沉积物的层层累积，火山灰和藻类遗骸逐渐变成了一种叫作薄页岩的岩石。如今，如果用锤子轻轻敲击，这块岩石的薄片就会开解，好像打开了古书的书脊，显露出书页之间掉落的花朵的石痕。

耶鲁大学的皮博迪博物馆（Yale Peabody Museum）收藏了一部分化石。我把它们放在手掌中端详，这是一个奇迹。化石隐瞒了它们的年纪，看起来像刚刚掉落水中的叶片和昆虫一样鲜活。在放大镜下，蕨叶上的每一条网状静脉都清晰可见。我用显微镜凝视着花的细节、花粉粒的形状，还有叶片表面瓦片状的细胞排列。即便是用裸眼观看，这些细节也令人惊叹。叶片上不规则的孔眼，看起来像是刚被毛毛虫嚼过，似乎它们离开后，还会在今晚返回。蜘蛛的毒牙，巨蚊的触角，蚂蚁的眼睛……这些大多数现存化石所遗失的精细部分，在这里被完好地保存下来。

弗洛里森特的薄页岩是古生物学意义上的“亚历山大图书馆”，由火山建造并保存。比起地中海学者的纸莎草手卷*，这些页岩的大部

* 埃及亚历山大图书馆中珍藏着许多纸莎草手卷。

头书还要古老三千万年，页岩上镌刻着成千上万种物种的生命故事。我们结合这些故事，能够看到或是听到不久前弗洛里森特的地质生态。从今天看来，99%的生命，在古费火山喷发并埋葬大树桩的时代之前，就已经存在了。弗洛里森特的化石上，精确镌刻的生态记忆告诉我们，剩余的1%生命，虽然存时较短，却躁动不安。

大树桩和它的化石伙伴，揭示了弗洛里森特化石最紧要的信息。在3400万年前，这是一个更加温暖潮湿的山谷。现如今，美国的红杉只生长在温暖的太平洋沿岸；在科罗拉多，夏季的干旱和冬季的严寒会扼杀任何一株红杉，不论是幼株或成体。可是在古代，红杉曾沿着湖泊及其支流，在岸边茁壮成长。我们可以从化石树桩中保留的年轮来估计这些古老红杉林的生长速度。宽宽的年轮告诉我们，它们长得比现代红杉还要快。由此可知，弗洛里森特的气候，甚至比今天的红杉经历的还要更加温暖潮湿。

另外，还有几十种植物曾与红杉一起生长。橡树、山胡桃树和松树，生长在更高的山脊之上；白杨和蕨类植物则贴水生长。有些植物与现代植物没有明确联系，但许多也来自我们熟悉的类属——葡萄、绿蔷薇、黑莓、角豆树、花楸树、棕榈和榆树。当地的现代植物区系中几乎找不到这些植物。通过比较那些在页岩中沉积的植物，以及它们现代子孙所偏好的生境，植物学家可以重构古代弗洛里森特的气候。当年弗洛里森特森林的气候条件，可能最接近于现代东南亚和墨西哥中部的温暖山脉。夏天炎热潮湿；冬季温和，少有冻结。在古弗洛里森特，年平均温度至少比现在高10摄氏度。然而，为了应对现代气候变化所专门制定的政策，目标是把全球平均气温变化控制在两摄氏度内。

当年的气温水平，是这个目标的四倍。

动物化石证实了植物所体现出的温暖气候。那时，蝉和蟋蟀在红杉上鸣叫；蟹蛛潜伏花间；数百种甲虫漫步在潮湿的落叶中；萤火虫照亮了林下的树木；园蛛在林间织网；湖中的弓鳍鱼边上游动的是蝎蝽，鸻鹬在岸上跑动。相比于现代干燥的草地和站姿一致的西黄松林，这些古老的森林，极其茂密而多样。它们生活的地方，有着稳定而温暖的降雨。古费火山会用地质发怒的抽搐定期清除森林的某一部分，不过森林会随后返回，并留下更多塞满了生物印记的石卷。

弗洛里森特化石保存完好，种类繁多，使这里的页岩和红杉化石在古生物学家中享有盛誉。这些化石代表的不仅仅是古科罗拉多一角的生命，更是反映了始新世（Eocene）生命大繁荣的一隅。那时的气候不算稳定，但比今天暖和多了。二氧化碳浓度至少是今天的两倍，有时，甚至高出十倍。海底火山口和裂缝喷出甲烷，使大气中的温室气体变多。当时的地球不是一个"温室"，而是一个"桑拿间"。在始新世最热的时候，地球从南极到北极都很温暖。比现代气温高出30摄氏度的北极地区，不像现在这样光秃秃的，而是生长着茂密的森林。棕榈在无霜的南极生长。始新世大气中巨量的二氧化碳，成因众多，有火山的活动、碳酸盐岩的风化，也有海洋和沼泽释放的气体，以及藻类储存和释放的碳的变化。

始新世最热的时节过后几千万年，古费火山才掩埋了弗洛里森特山谷。在古费时代，也就是在始新世末，二氧化碳含量开始下降。温暖而遍布植被的南极洲，已经变成雪帽之下的世界。全球气温比起始新世的峰值低了很多。所以，尽管弗洛里森特化石埋藏发生的年代，气候要比现代科罗拉多更温暖，但比起更久远的过去，这个时代还是比较寒冷的。弗洛里森特化石群，就处于古生物学家所称的地球从“温室”过渡到“冰窖”的转折点上。由于缺乏进一步的化石记录，没有人能说清红杉林究竟何时在弗洛里森特消失，但它们很可能没能在始新世之后坚持太久。

当泥土掩埋了红杉之后，寒意更甚，延续至今。像始新世的气候一样，这些年来的气温高低参差，起伏不定。然而，如果我们观察气温趋势，大体是曲折地下降的。降温，催生了人类的起源。当非洲的森林在一段尤其寒冷和干旱的时期不断缩小时，我们人类的祖先得以跨入新兴的稀树草原和草地。类人猿在这些广阔的土地上进化成智人，还有关于人类的所有历史，都是在相对寒冷的时代展开的。凉爽干燥的气候形成了草原和灌木丛。我站在大树桩边这片开阔的景色中，内心平静。这份平静和开阔，也许是缠绕在我们人类心灵深处的潜意识里对于景色的偏好。始新世的弗洛里森特红杉林中，在树枝间捕食昆虫的负鼠似的动物，以及树下啃咬着枝条的小型马，可能更喜欢一个草木繁茂、烟雨蒙蒙的视角。

人类携带着对于热带稀树草原景观的莫名亲近，播迁到世界各地。不过，这只是人类的精神偏好之一，人们同样喜好稀奇古怪的小玩意，尤其是古董。我们是一个擅长讲述故事的物种，或许这些古董就像故事的锚点和试金石，从中我们可以发现真实的自己。不管是出于什么原因，这种冲动几乎摧毁了弗洛里森特所有的化石。19 世纪末，铁路带着游客，来到红杉林和页岩这里。几年之内，几乎所有的石化原木和木化树桩都不见了。游客们沿着火车轨道，洗劫了页岩。到了 20 世纪上半叶，几个度假胜地占领了这片遗址，其中一个小屋就建在大树桩后面的小山上。度假区运营方挖开树桩边上的泥岩，让游客们看个仔细。建造商打碎硅化木，并用灰泥涂抹，为小木屋制作壁炉和灶台。当然，生意兴隆。华特·迪士尼（Walt Disney）也来了，他很喜欢他看到的树桩，就派了一台机械起重机把一个大树桩运到了加利福尼亚。那长途跋涉而来的树桩，依然矗立在华特·迪士尼的主题公园里。树桩前面的标牌上，刻着一些让游客迷惑不解的地质学的胡言乱语。早期的科学收藏家虽然比迪士尼了解更多的地质知识，可他们也挖走了更多的化石。用铲子挖，用马匹犁。科学家们把大量的页岩挖掘出来，其中很大一部分，现在被收藏在美国东部的各个博物馆里。在 20 世纪 70 年代，美国国家公园管理局接管了弗洛里森特遗址，禁止除了小型科学发掘以外的一切形式的化石采集。现在，我们只能用相机和录音机来收集关于化石的资料，或是向私人采石场购买。

狂热的采集活动，在弗洛里森特留下了许多痕迹。当我坐在大树桩那儿的许多个小时里，听到游客的闲聊中谈论最多的不是红杉华美的纹理或西黄松的震耳呼啸，而是两块从树桩上半部突出的生锈锯片。那锈蚀的锯片看起来像是吃过的蛋糕里留下的刀，它们竖插着，锯齿切在岩石之中。刀片已经断裂并完全被卡住了。那是在 19 世纪 90 年代，人们尝试用锯片把树桩锯下，运到芝加哥世界博览会上。但尝试失败了。它们被抛弃在这里，锈蚀至今。虽然有着木头支架的帮助和蒸汽引擎的动力，刀片也并不能处理这么巨大的化石木桩。生锈的锯片，是一座意料之外的纪念碑。它宣示着人类对于拥有“过去”有着怎样的欲望，这欲望又会产生怎样的毁灭性影响。

尽管切割化石并不总能成功，可是把化石揣在口袋里拿走却很容易。对于我们来说，相较于拿走红杉化石的碎片，找寻和记住树木的意义，反而是个艰巨的任务。

炭火上的京都仿古壶，正在嗞嗞作响，宛如微风拂过松林。耳朵分辨出了不同树木的声音，一则近在咫尺，一则遥不可及。水壶在火上加热，壶壁稳定地发出咔嗒声。在嗞嗞作响的松林中，一个女人的脚步声由远及近。那是川端康成的《雪国》，景色中所听到的亲密或疏远之间的张力，表达出该书的中心主题。小说最后的场景中，也有这样的声音。当听到松风中夹杂着女子的脚步声，放浪不羁的男主角——岛村，却远离人世，被寒冷的夜空吞没。他脱离了这个世界，进入孤独的虚空。

在科罗拉多的雪国，我们也听到两棵常青树的声音。一棵近在咫尺，是生活在现世的西黄松。一棵唱着从遥远的过去传来的歌谣，是成为化石的红杉。在这两棵不同的树之间，也有一条通往虚空的道路。

石化树桩是承载了过去记忆的岩石残遗，它让我们想起了地球不可撼动的铁律——今天存在的东西，也许明天将不复存在。气候的变化，也表达着这种无常。气候不断地变化，温度和降水是韵律和滑奏，有时缓慢推弦，有时尖锐刺耳。岩石、空气、生命和水，都变化无端。紧挨着木化石，西黄松在炽热的风中呼喊，成为虫害或干旱的猎物，困在人类造成的气候变化中无处可逃。一旦山坡略微松动，一桶桶的玻璃碎片就会出现在下游的淤泥当中。

没有人为此在华盛顿游行，抗议生物地球化学的调整或变革。然而，我已经和成千上万的人一起上过街，抗议了目前缺乏适当的政策来减缓人类引起的气候变化。我们有什么理由，分离我们和世界的关系？如果我们想要生活在一个不被割裂的世界中，如果我们认同自己与松树和杉树一样属于这里，那么，我们该把我们的道德安放于何处？达尔文革命之后，我们对这个哲学问题感到困惑。如果我们身体里的物质和其他物种相同，如果我们的身体从同样的自然规则中产生，那么为什么要关注由同样也是自然进程的人类行为所带来的气候变化呢？地质力量终结了始新世，物种的生息重建了大气结构，人类的行为也是一样，诞生于地球。生命，不断重塑着石灰石、氧气、碳、臭氧和含硫气体的循环，有时给行星的生物多样性带来灾难性的后果。

不论是世俗还是宗教，我们往往通过划分“我们”和“他们”来回答这个伦理问题。上帝赋予我们特殊的责任，让我们作为万物的管家，或者说即便没有上帝，我们也能通过语言、艺术或技术来获得至高无上的地位。世界上富饶多样的生态联系，与这种说辞格格不入。“分离”的教条观点，破碎了生命的共同体，也隔离了人类。我们必须要问，我们能不能找到一种普适的伦理观？

答案的一部分，取决于我们认为我们所属的地球是什么。如果我们认为世界是一支由物理规律所支配的原子之舞，那么，这个关于归属的伦理问题的答案，必然通向道德虚无主义。在《雪国》中，岛村离开了约束他的人和土地。他剥离了自己，消失在冷冽的孤寂中，那是繁星遥远的居所。两棵生活在不同的气候条件下的树，可能给出了相似的道路。如果我们人类和其他物种由全然相同的原子构成，不多也不少，那么，为什么我们应该相信，人类引起的气候变化威胁到西黄松是一种灾难，却宣称始新世气候变化中红杉林的消失无关道德？

这使人疑惑。如果我们用自然主义的透镜，来观察道德伦理的起源，我们会更加迷惘。许多生物学家认为，我们的思想和道德仅是我们的神经系统中的倾向和感受；我们的行为和心理，就像所有动物的思想和情感一样，在演化的过程中发展。没有“我们”和“他们”，两者只是演化步调不同。如果是这样的话，伦理就是我们的神经突触中产生的幻象，而不是我们头脑之外客观存在的事实。

对家族与群体的忠诚，对他人痛苦的移情反应，对于喜爱生物的情感依恋和“价值”肯定，亲近树木的本能需要（亲生命性），对人类自身存续的关心，人权和动物权利以及物种存在的价值……这些都是人类深信不疑的信念，但一旦脱离我们神经的缠结，它们是否是真理？是否拥有任何意义？不同的演化路径能产生不同的基因，也会发展出不同的伦理体系。因此虚无主义或许是一个以物理和生物秩序来回答归属问题的诱人答案——我们的道德信仰是自欺欺人的梦，是“微弱且苍白的主题”。昙花一现的某个物种，燃烧了另一种物种的化石残留，从而导致地球变暖了一点。事实上，没有对地球造成任何影响，除非我们偏要以幻觉来自欺。

然而，我还是希望能找到一些不那么破碎的体系，一个完全基于生物的伦理，同时不至于走进岛村那冷冽而繁星密布的宇宙。那里，除了自身创造的瘴气，空无一物。

这样的伦理观，或许可以在那个穿粉色裤子，在西黄松里听到“巨大”声音的女孩儿那里窥见一斑。她和她的家人，正在弗洛里森特感受着喜悦和适意。女孩儿听到了那棵树。男孩儿观察着地上掉落的松果，拨开它们的鳞片，然后戳了戳树上未成熟的松果。父母们注意到了风在草丛里的起伏波动。孩子们主动阅读大树桩的导览牌，不是为了炫耀，只是因为好奇。他们站在那里赞叹着大树桩，讨论着大树桩斑斓的色彩。大多数游客只会逗留一两分钟，他们停留的时间却更长。他们就在这里，像是跟一个人开始一段新的友谊一样，他们聆听着、探索着。他们在这里敞开了感官、智性和身体，他们与弗洛里森特的紧密关系开始了，或是被延续着。19世纪，这里的原住民——犹特印第安人（Ute Indian），被强行赶走。这种强制的行为，打破了人类几千年来与此地生命群落的联系。太多蕴藏在这些关系中的记忆和知识消失了。而女孩儿和她的家人跨出了一小步，重温这些早已被遗忘的内容。

这个家庭对于森林的特别关注，似乎对我们理解始新世和现今的土崩现象所带有的道德内涵毫无帮助。他们的行为也没有对“气候变化”这一特定的伦理问题，给出直接答案。然而，他们提供了一种可能，即通过接触生命共同体来寻求答案。从这次接触，或是在文化断裂并遗忘后的再次接触开始，我们才能更加成熟地理解世界上深层次的美丽。

生态之美并非感官上的刺激。对于生命历程的理解，往往颠覆了这些肤浅的感受。火烧的迹地实际蕴含着令人期待已久的重生；我们脚下的微生物群落，可能比山上落日的壮观景象更加丰富美丽；在腐烂的浮渣中，我们可能会发现黏糊糊的“崇高”……而这一切，就是生态美学。我们需要与生命群落的特定部分建立持续而具体的关系，并以此来获得感知美的能力。人类在生物网络的群落中，有着各种角色，例如观察者、狩猎者、伐木者、务农者、消费者、歌谣人，或是有害生物及共生细菌的宿主。生态美学，并不是一个让人倒退远观的荒野，而是不论哪个维度，都包含了人类的世界。

在这样的生态美学中，我们建立了关于自己归属的道德观。如果某种关于生命生态的客观道德真理存在，而且超越了人类神经，那么它一定是存在于构成了生命网络的关系之中。当我们在这个网络中，觉醒过来并参与其中的时候，我们就能开始听到，什么是协调统一的，什么是分崩离析的；什么是美的，什么是好的。这种理解脱胎于持续而具象的关系，在成熟的生态美学意义上得到体现，并在生命网络中产生伦理辨析。我们或多或少地超越了身体和物种的个体性。这种超越来自于生命过程的现实真相，对于神明是否参与其中，则仍然是不可知的。

艾瑞斯·梅铎（Iris Murdoch）基于柏拉图的观点写道，美的体验是一种“无我”经历。谈及这样的经历，她的第一个例子是她目击到一只飞行的红隼。虽然她声称人类和红隼的生命终极并无意义，但她还是认为，我们对于红隼之美丽的感受“显然是一件好事”，是美德和道德的起点。她没有把这些理念在生态语境中进一步阐述，也没有强调与红隼的持续关系可能有助于我们深刻感知鸟类美感的能力。然而，距离她家不远处，约翰·亚力克·贝克（J. A. Baker）进行了这样一场现实与文学的实验。当贝克持续观察着游隼，就此融入鸟类的生命时，他确实消除了“自我”。梅铎和贝克的体验，被融合放大，存在于关系中的“美”和来自于亲身体验的“伦理”之间的关系，就此浮现。迟早我们会抛开“自我”，进入鸟类、树木、寄生虫，乃至土壤的世界，我们就此超越了物种和个体，向构成我们赖以存在的群落打开心扉。

虚无主义者和其他流派认为，“美”只是人类感官偏好蒸腾出的虚无缥缈的云雾。大卫·休谟（Hume）写道：“美并不存在于事物本身，它仅仅存在于观察者的心目中，每个人对美的感知都不尽相同。”但是，让我们停下来，想想数学家们。他们所谓的美，是孜孜以求的精确的客观真理，即便不是真理本身，也会尽力去接近。我们相信，数学能让飞机在空中飞行，能够找到新的亚原子关系，也能让屋顶撑在我们的头顶上方……航空学、物理学和建筑学都是由数学法则的特定分支发展出的。在此之前，数学上的美学判断，早已经在多年的实践中得出了。数学家以“美”为标杆。他们用简洁优雅的准则，来判断自己是否方向正确。为了看出这种优雅，长期训练和经验积累必不可少。只有当一个人深刻地考虑着数学问题时，才可以看出这样的美丽。不支持有神论和神秘主义的量子物理学创始人保罗·狄拉克（Paul Dirac）曾经谈到“在方程式中找到美感”，他把它作为追求真知灼见的有效方法。他声称，比起严格遵循实验结果，物理方程的数学美在很多情况下更具有参考价值。理查德·费曼（Richard Feynman）则写道，我们之所以能对物理学的未知领域做出预测，是因为“大自然简洁而伟大的美”会通过数学显现出来。数学是发现“世界上最深刻的美”的方法。费曼的观点，也呼应了开普勒（Kepler）和其他早期数学家，他们将重要方程称为珍贵的金银珠宝。

因此，数学为我们提供了一个范例，我们用脱胎于深刻关系的美感，作为发现超越人类心智的真理之指引。在生物网络之中，我们也可以如此。如果一个人几十年来熟稔于草原、城市或森林的声音，那他一定能分辨出此地何时失去了一直延续的节奏。通过持续的观察，交织复杂的声音在我们耳中妍媸毕现。不断地通过切身体验来达到“无我”是必要的，因为许多生命的真相只存在于超脱于自我的关系中。这是一个漫不经心的游客所难以察觉的，更别说一个人想当然地试图应用抽象的伦理图式，在会议室里闭门造车。甚至休谟都会赞同这点：“敏锐的感官，细致的感情，以实践来提升，以比较来完善，并且摒弃一切偏见，这些都是批评家所应当具有的宝贵品格；无论在什么地方，只要能找到这样的人，他们的共同判断就是品位和美感的标准。”这种共同判断还必须包括诸多物种的体验，我们需要通过“无我”的实践来感知它们。

这种观点打破了人类和其他物种群落之间的壁垒。如果成熟的美学判断来自于生态系统中的广泛联系，那么其他物种必然也和人类一样，具备了这样的能力。此外，我们可以对宇宙中的任何一分子所造成的变化，做出伦理评价，不论是人类、火山、蓝山鸲，还是雨水。如果在生命和地质的混沌之间有着客观的伦理内涵，那么，不论人类站在哪一边评价，它都依旧是客观存在。大规模的灭绝本身就是一件坏事，地球最终将被不断膨胀的太阳吞噬也是如此。但是，如果道德是存在于人类神经系统的主观幻想，而不是独立存在，那么，这种说法就是荒谬的。

毫无疑问，在一只渡鸦、一个细菌，或者一棵西黄松的世界里，它们的感受和我是截然不同的。生命体之间，处理各自感官信息的方式也不尽相同。但这种差异并不一定阻碍它们的审美和道德判断。美是关系网络的属性，可以通过各种各样巧妙设计的“耳朵”听到。

渡鸦体内的“中央处理器”、神经系统和大脑，与人类相似。它们也跟人类一样，生活在一个类似人类文化的承载了思想和智慧的社群网络之中。因此，渡鸦的生态美学与人类所感，多少有些关联。我们不知道，渡鸦是否能区分表层与深刻的美，也不知道这对它们世界中的是非观意味着什么。但在生物学意义上，没有什么可以阻止它们建立这样的联结。“简约性”意味着相似的神经系统可能产生相似的结果。

细菌不是在单个的细胞中处理信息，而是通过“同胞”间的彼此互动。当信号在细胞间传递，每个细胞的表面在化学活动和细胞群间的交谈中，变得活跃起来。细菌的智能几乎完全被外化，存在于由成千上万种细胞所组成的群落中的化学和基因的联结之中。这些联结关系被环境变化所吸引、锤炼、理顺、强化或折断。细菌群在这场化学谈话中，发声、窃听，相互操纵。生物学家把这种网络化的决策叫作“群体感应机制”（quorum sensing）。但这种决策，不是对单一议程的同意或反对。恰恰相反，这场对话，内涵丰富而持续不断，会使得群落的化学反应和行为发生微妙的变化。细菌网络可以被称为具有审美概念，并做出伦理判断吗？反正与我们熟知的人类大脑中的方式不同，细菌的美学观和道德观将是分散而奇特的。但也许不影响其真实性？

西黄松结合着内在和外在的智性来感知、整合、衡量以及判断世界。它的每一片枝叶和根系都与细菌、真菌相连。而西黄松也拥有本身的激素、电子和化学网络。树木的沟通过程比动物神经网络要慢得多，它们分散在枝条和根系之中，而非连接到大脑。像细菌一样，它们生活在一个我们完全陌生的世界之中。不过，树木是整合小能手，它们能够无我地把细胞连接到土壤、天空和成千上万的物种之中。因为树木不可移动，为了生存，它们必须比那些能够到处溜达的动物更了解它们在地球上的生态位。树木是生物界的柏拉图。从它们的《对话录》可知，它们是世界上最能感知到美和善，并进行美学和道德判断的生物。

柏拉图通过美来寻求超脱于人类政治和社会混乱的不变真理，而生态的美学和道德则产生于生命共同体内部的关系。它们依赖于背景环境，但当这个网络的各分支做出相似的判断时，一种趋近于普适的真理开始显现。

风中飒飒的松树，跨越时代和文化传达着信息。这些常青树的呼啸、耳语、哀歌、叹息，在东西方伟大的绘画、戏剧、诗歌和小说中，都有体现。宋朝画家马麟在画面*中描绘了一个文人斜靠在一棵虬曲的松树上，如画题所说，静静地聆听松风。他极目远眺，神情专注而疑惑，身边的书童眼神清澈。七百多年以后，我们依然倚靠在松树上，试图去理解我们听到的松声。

《雪国》中的岛村，在水壶中听到了松林间的声音，他的生命在毫无意义的虚空中喧豗。松声和女人在松间穿梭的脚步声，让他遁世而走。我们也听到了那远远近近的树木之声，其中有一个女孩子的脚步声。与女孩和她的家人一样，我们可以拒绝与岛村一同飞离尘世，而转身奔向树木，聆听它们的声音。在这个生态网络的伦理观中，最重要的实践就是反复聆听。

如果继续参与到树木的生命中，穿着粉色裤子的女孩儿，将能够理解那些看似不协调的始新世红杉和现代西黄松所表达的内涵。马麟画里的书童站在一旁，但比他的主人看得更加清晰。和他一样，小女

* 《静听松风图》。

孩敞开的感觉也可以引导我们。她的话语不仅产生于她本身的存在，也脱胎于她从生命网络中所采拾的所有无我体验。

插曲：槭树

I. 希瓦尼，田纳西州

35°1′46.0″ N, 85°55′05.5″ W

II. 芝加哥， 伊利诺伊州

41°52′46.6″ N, 87°37′35.7″ W

槭树 I 号

我站在屋顶脊线上伸出胳膊，碰到了槭树的树枝。这棵槭树的树干距离前门有两米。我一手握着槭树枝条，另一只手拿着一个巴掌大小的方形铝框，双脚稳稳地站立在屋顶瓦片上。我把长着纤薄树皮的树枝轻轻放在金属支架里，并把它扶正到中间的位置。铝框上有一个小小的容器，里面有一根液压柱塞，我把液压板盖在细枝上。容器中，有一个松松的弹簧把柱塞推抵到树枝上。弹簧的压力很小，像呼吸一样轻柔，所以，树枝还是能肆意地生长。不过，树枝就算只膨胀或收缩头发丝直径几分之一的距离，柱塞臂也会把这个运动传递给容器中的传感器。树皮，现在正抵着触觉敏锐的机械指尖，计算机屏幕上的图形显示着“指尖”所感。每十五分钟就会进行一次测量，全年不断。现在是冬天，树光秃秃的，空中没有树叶需要汲取树枝中的水分。所以，枝条和金属板相互静止着，图线是平直的。只因框架金属在晴日寒夜的胀缩，或是在松鼠跑过的时候，才会波动。

槭树 II 号

“拿着这两块枫木，告诉我，哪一块更好听！”琴师把两块木材塞给我。每一块木材都约莫跟一本厚书一样重。木块凿成楔形，粗糙的表面磨蹭着我的手。它们将会被琴师制作成小提琴背板。我抱着这两块木材，现在，它们都沉默着。我受到琴师的指导，用指尖压住木材，开始聆听。

槭树 I 号

四月的第一周。灰黄色的花朵，笼罩了槭树的树冠。几乎每一根枝条尖上，都垂丝般地挂满了胡椒大小的“铃铛”。西风袭来，扬起了铃声和花粉烟雾。我用传感器观测这根细枝，它的末端悬挂着十多根花柄，每一朵花里都有六根晃动着的花蕊。细枝所生长的树枝上，有三百根相似的枝条。而这棵槭树上，则有五十根这样的树枝。因此，树上有着一百多万根花丝。

昆虫对这点再清楚不过了。成千上万的黄褐色的黄蜂和黑绿色的蜜蜂在花蕊上穿梭，嗡嗡的声音，只有当我爬到树梢时才听得到。

根据传感器所示，枝条直径基本恒定。但在阳光温暖的早晨，图线会急速下降，下午则回升——这暗示了水分向枝端花朵的流动。

槭树 II 号

“我左手边的这块更好。”但是理性分析又让我对自己的话表示怀疑，我没感受到任何差别。你看这些木头块，它们根本就是一样的。我手上的皮肤，却选择出了更好的那块木材。当我的手开始摩挲着移动，振动传入槭树木块中，皮肤感受到了反射波的应答。左手边的这块木材的音色，感觉更加清晰。

槭树 I 号

四月的第二周。上周的花蕊变成褐色并开始掉落，堵塞了屋顶的排水沟，像是一团纠结的毛线。鼠耳般大小的小叶，在爆开的芽鳞中舒展出来。枝条伸展，几张小叶从枝梢探出头来。一对对的叶芽，也从枝轴上抽出。

枝条上的传感器，记录到一阵不规则的颤动。夜间，枝条有时能膨胀二十微米（相当于书页厚度的十分之一），白天则会急剧收缩。这个节奏摇摆不定，十分不规则。天气阴沉的时候，枝条会恢复冬天般的安静。

叶片大小，每日倍增。

槭树II号

“拿起它们，分别敲一下，然后再听听。不，不是那样。用左手拿住木块的右上角，用你的手腕晃动它。现在，敲一下左下角。用你的指肚敲击。指节听不到声音。”于是，我的手指表皮之下的触觉受体被唤醒了。

当低频振动从我的皮肤中穿过，会触碰到梅斯纳小体（Meissne's corpuscle）的顶端。每个小体是一个尖锥状的细胞组织，外面覆盖着一层薄膜。在薄膜里面，神经在层层细胞中曲折穿过。这些小体就位于皮肤之下，最轻微的触碰都能被它们感知到。当振动波传来，这些神经就被点燃激活。同样的振动，也会刺激到我指纹隆起线和手指背面的毛囊里的默氏细胞（Merkel cell）。只需一点点的压力使我的皮肤位移，哪怕只是千分之一毫米，圆盘状的默氏细胞就开始歌唱。高频振动会引发另一组感受器，它们是顶部洋葱状的巴氏小体（Pacinian corpuscle），位于我手指皮肤的更深处。每个洋葱状的小体，含有十多层呈同心圆排布的薄膜。一根神经，就位于小体的中央，等待一个突然发生或是深压带来的触碰。就在皮肤之下，纺锤状的卢氏小体（Ruffini corpuscle）横展在皮肤内，感受着滑动和持续的压力。所有这些灯泡状、盘状或纺锤状的感受器之间，一根根游离的神经蛇行其中，寻觅着手指的声音。

就像佳肴美酒之于味蕾，词汇之于头脑一样，各个维度下，许许多多等待着的听众能够听到触觉。这个受体细胞群将听到的一切包裹在我的神经系统中，在那里编织成纤维从我的内耳流过。此刻，我的大脑正通过皮肤和耳膜，尽力品味、名状这两块槭树木块。两者触感相同，声音相同。至少，当我聆听我的手指和耳朵时，我的意识这么告诉我。两者没有差别，可哪儿又有些不一样。第一块木材的声音更加明亮外向，紧实而干脆。第二块很相似，但是更加有颗粒感，更加浑浊。

槭树 I 号

四月的第三周。一只玫红丽唐纳雀（summer tanager）在最高枝条的树叶间，捡拾着毛毛虫。在一阵阵叶间探索的间隔里，这只鸟儿用歌声震动了空气。未成熟的槭树果实，像是微型的翅果“直升机”，正在枝梢上晃动，饱满而有光泽。它们将会在今年晚些时候落下。槭树的叶子已经长到最大。昆虫口器，早就切碎、啃咬和刺穿了很多的叶片。

四月初沉默的微风，此刻找到了槭树的声音，发出沙子流泻般的声音。在细枝上，有另一种声音，振荡频率只有树叶的千万分之一。像是一根脉动着的主动脉，这根枝条的细胞会在夜间充满水，枝条因此膨胀。清晨，太阳开始把叶片中的水分蒸发出来，枝条就会回缩，像是饮料被吸干后而凹陷的吸管。这种回缩会持续一个上午，到中午的时候，枝条会比日出之前细上四十微米。大多数日子里，根系在中午的时候就已经吮吸、清除、耗尽了土壤中的水分。水分的向上移动停滞了。下午，为了保持防止叶片中的水分散逸到空气中，叶片上的气孔关闭，枝条的收缩得到缓解。当夜幕降临，水分再一次回到根系和茎干之中。枝条的直径又扩张了。在这些节奏中，枝条每天都扩张直径、新生以及伸展细胞。阳光下，经过一周的蓬勃生长，图上的午间波谷数值已经高于七天前黎明时分的峰值。

槭树 II 号

工作台上放着挖勺、指刨以及凿子。制琴师从一刨床的木屑中，拿出两片木材，用作小提琴背板和面板。背板散发着槭木素坯的甜味。面板的气味则带有浑浊的酸味，像是干燥的云杉。比起刚才两块木楔的分量，这两块木材像是羊皮纸一样轻薄。但羊皮纸是声音的泥沼，与清亮的小提琴截然相反。

小提琴背板和面板取材于槭树木片，纤薄而精致。它们对于小提琴，就好像天空之于鸟儿。我的拇指和食指的指尖正为这些声音节拍的速度和力度所惊诧。制琴师给予这些树的是日本木匠口中的“第二生命”，这生命将与树木的生命一样绵长而富有意义。

槭树 I 号

整个夏天，森林都随着枝条中水流的节律而跳动。通过槭树上的传感器，我听到了心跳的变化。有些树枝上的细枝，因为被树冠荫蔽或处于下层，而显得死气沉沉。它们脉搏微弱，在金属探头下，一天下来几无变化。在向阳的枝干上，它们收缩和舒张，循环往复，这是森林次声波的歌声。

槭树 II 号

“这是我父亲制作的最后一把琴。还没有完工。我把它留在这。你拿着。”当制琴师跟我说话的时候，背板和面板苏醒了，回应着我们的每个音节。木材弯曲的皮肤，用颤抖回应着空气的爱抚。

第三乐章

弗里氏杨

丹佛，科罗拉多州

39°45′16.6″ N, 105°00′28.8″ W

一棵幼小的弗里氏杨站立在丹佛市中心的溪岸边，高度只到我的胸口，十几根拇指粗的枝条从树干旁逸斜出。它生长在一堆乱石的缝隙里，根系的一部分被河沙掩埋。树旁的水泥人行道上，设立着一个市政垃圾桶。树的另一边，则是一段一米宽的沙砾路，通向水流湍急、浅浅的樱桃溪（Cherry Creek），溪水将汇入更宽更深的南普拉特河（South Platte River）。这棵树位于溪流内凹堆积岸的沙石沉积之中。人行步道和水流之间，是一条狭窄的植被带，上面灌木似的柳树，伴生着弗里氏杨。许久之前的一场春季洪水，让柳树折腰，它们和弗里氏杨一样，向下游倾斜。塑料袋和柳条被困在杨枝的腋下。

一个温暖的下午，每分钟就有一两辆自行车经过，自行车链条嗡嗡地响着，而杨树叶片在风中噼啪作响。跑步者在多沙的混凝土上刮擦出一阵阵敲击的节拍。童车嘎吱嘎吱地推过。蜉蝣从河水的表面腾飞起来，被啾啾而鸣的家燕和美洲燕捕捉。鸟儿疾飞到第十五街大桥的幽深处。在那里，它们将泥巢构建在金属支架上。在水中，几十个孩子尖叫着、呼号着、呐喊着。一个年轻人跳到南普拉特河里，在水面上发出“扑通”一声。他在水中沉浮，然后游向岸边，黑色长发甩出了一串水珠。黑人、拉丁人、白人和亚洲人的孩子们浮在浅滩上，在动物形状的塑料充气泳圈中不停踩水。弗里氏杨树下的石头上，坐着一对浑身都是文身的夫妇，他们看着这景象，分享着可乐，开怀大笑。他们的宠物狗被裹在黄色救生衣里，却不肯游泳。弗里氏杨在一阵阵猛烈的大风中左右摇摆。

夏末，在这样一个晴朗的工作日，汇流公园（Confluence Park）里至少有 150 人。这座公园因为处于南普拉特河和樱桃溪合流处而得名，但这里交汇的不仅仅是水。

樱桃溪的名字，来自于阿拉帕霍语（Arapaho）中苦樱桃的名字“*bíino ni*”。如今那条铺好的人行道那儿，就曾生长着不少苦樱桃。南普拉特名字则是由法国猎人和商人取的，意思是下游内布拉斯加（Nebraska）州境内平缓的水流。阿拉帕霍语的名字更好地表达了河流的声音和视觉特点。发音里，元音与辅音的激荡，“niinéniiniicíihéhe”是对于河流更生动的阐述。阿拉帕霍的步道曾在这里交会，河滩上曾有成千上万的人安营扎寨。白种人入侵之前，这些社群早已存在于此，但确切规模不得而知。阿拉帕霍人很快被殖民者驱走，再后来就是 1864 年桑德克里克屠杀*。原住民此后迁往俄克拉何马州，印第安人在这里存在的痕迹就此被抹去了。今天，曾经的阿拉帕霍，在街名、历史符号和墙面艺术中被反复提及，但失去的土地和权力却没能恢复如初。不过，河滩上依旧有人“安营扎寨”。几十个无家可归的人，睡在柳丛里的硬纸板上。一家户外娱乐店俯瞰着公园，店里的广告牌上写着：“我们喜欢到户外去玩，我们亲身体会到优质户外用品的重要性。”

通过南普拉特河及岸边小路，19 世纪的殖民者们到达了丹佛。他们在河流交汇处建造房屋，一如当年的阿拉帕霍人。许多人在汇流处，在河边空旷沙地上，竖立起房屋和商业建筑。洪水不断地冲刷着河岸，淹没了这些无名的纪念碑。当雷雨袭击了上游，或是冰雪突然融化，溪流会变成河流的怒吼。好几次，下游的市政厅、丹佛最早的几座桥梁、三千磅的《落基山新闻报》印刷机器……都被滔滔洪流带走。数十条生命因此流逝。几十年来，来自东部的移民在流域上不断重建，直到 20 世纪上半叶，上游的水坝削减了洪水的活力，法规也禁止人们靠近河床建筑房屋。今天，汇流公园是一个“丫”字形的水库，地势低于周边的公寓楼和商店，可以抵挡罕有的、水坝无法拦截的两米高的大浪。在大多数的日子里，也就是水位较低的时候，公园的设计有时会产生一些意想不到的音响效果。虽然 25 号州际公路距离公园步行不到十分

* 1864 年 11 月 29 日清晨，一支由约翰 · 齐文顿（John Chivington）率领的联邦骑兵团突袭了宿营在桑德克里克（Sand Creek）的上千名印第安人。该事件震惊了美国，美国国会曾对此加以谴责和调查。后来，在 1867 年，长期生活在科罗拉多东部平原的切尼（Cheyenne）和阿拉巴和（Araoaho）印第安人在美国联邦和地方政府的武力威胁下，同意美国政府的安排，搬迁到俄克拉何马的保留地居住。

钟的路程，城市中最繁华的街道也将公园划分为南北两块，但轮胎和发动机的喧嚣却很少在这处盆地中响起。汇流公园在城市中心开辟了一块空间，这里有潺潺的水流、嬉闹的孩童，还有弗里氏杨与鸟类的声音。在这里，城市是掺杂着汽笛的低音。在纷繁的节奏、噪声和音调中，河流切入了自己的声音。水坝发出深沉的低音，如同华丽优雅的音符，重复不断的动物和植物的声音则在稳重的水坝声中渐渐安宁。

弗里氏杨依赖于喜怒无常的洪水。洪水冲刷着河边的高地，为弗里氏杨的种子留下了潮湿的沙土。被“棉花”包裹的种子，需要水和风来传播。只有在裸露的土地上，种子才能发芽生长。已经长有植被的地方，对于这些微粒般的种子并不友好，它们难以竞争过原有的草木。当河水的水位下降，幼苗蠕动着把根扎进裸露的沙地，追逐着下降的水位。树苗同时也会拔高，但汲水才是首要的。几周后，幼苗可能会长得像手指一样高，但根系长度得有手臂深。如果它们无法跟上不断下降的地下水，树苗就会在干旱的河岸上凋零。如果种子在水位很低的时候发芽，它们通常会被接下来的洪水冲走。所以，只有那些在洪水刚刚退去之时生长的种子，才能长成成熟的树木。

丹佛修建第一批水坝的初衷是防洪。水坝改变了河流脉动。洪水的间隔，不可预测，有时候会隔上好几年。水坝让我们把从不规则的洪流变成了可以调控的、平稳的水流，只有在泄洪时，水位才会升高。堤坝下游的河滨森林，弗里氏杨常常难见踪影，能够适应这种新的水文节奏的欧亚柽柳（Eurasian tamarisk）取代了它们的位置。汇流公园一带，也没有几棵弗里氏杨树苗。河流边上，全然环绕着草坪和水泥人行道。再高的水位，也没法从这里带走弗里氏杨的幼苗了。不过，在那些没有人工干预的河岸上，植被丛生，乱石散落，旧的秩序依然被沿用着。弗里氏杨幼苗发现这里足够湿润，地势较高，可以安心扎根。公园管理者也施以援手，在休息区草坪边缘种植了弗里氏杨幼苗。人类的计划，取代了河水的力量。

我在公园里待到快要宵禁。在这里，禁止过夜露营或在夜间游荡。即便如此，流浪汉们自有主意。一个英俊的青年把他的酒杯、瓶子和书本都装进皮背包里，然后骑上他的钛质公路自行车离开了。水上“摔跤运动员”，三个穿着墨西哥国旗 T 恤的十几岁男孩，在岸上甩干身上的水，推搡一番之后，趿拉着夹脚拖鞋，嗒嗒地走上了通往桥梁的水泥斜坡。一个穿着裙子、大呼小叫的婴儿，坐在一块樱桃溪旋流中的岩石上，母亲哄着她再拍一张照片。一个老人，咕哝着放下卷起的裤腿，站起身来，把那件一整天用来遮阳的白 T 恤甩在肩膀上。在草地上溜达的蟒蛇，被放进猫笼里关起来了。一个肌肉发达、留着山羊胡子的男人轻轻地拎起这个笼子，走向公交车站。桥上，一群嗞嗞叫着的昆虫围着安全灯，灯光扑闪不定。一群野鸭走出了它们的沙洲，在弗里氏杨下梳理着羽毛，呱呱地叫着。接着，我听到了沿岸沼泽里传出“哇”的一声。那是夜鹭飞掠过樱桃溪，并降落在南普拉特河心石岛的乱石之中。一会儿，它又从岩石边缘缓行而出，长长的脚趾涉入水面。它向下凝视，羽毛在路灯的照耀下，反射出银色光辉。我蹲在弗里氏杨之下，隐藏着仔细观察夜鹭，没有惊动鸟儿们。

在接下来的两年里，我逐渐明白，其实我不需要隐藏。夜鹭对于人类漠不关心，我的进退无措只是多此一举。沿着樱桃溪，往来疾驰的自行车呼呼作响，孩童在南普拉特河的岩石附近咿呀喧闹。这些声音都没能拉回这只鸟儿的目光，它睁着红色的圆眼睛，像鱼叉一样注视水面的动静。鸟儿根本不怕人，这里是位于丹佛市中心的加拉帕戈斯群岛（Galapagos）。安妮·狄勒德（Annie Dillard）将加拉帕戈斯岛上的动物容易被接近的特性，称为“太古蒙昧”。当它们看到她的时候，给出的欢迎态度，“怕是和当年动物看到亚当时”一样。这只是因为这些岛屿上的动物，来自一个尚未被外来人类玷污的世界。然而，丹佛的夜鹭推翻了这种说辞。这些伊甸园般的纯洁品质，非但可以存在于人类生活的地方，甚至可以存在于城市心脏*之中。

那年冬天，当我再次来到这棵弗里氏杨树下，我看到城市上空犹如笼罩着穹顶般的烟雾。在这样寒冷而晴朗的日子里，数百万转动的轮胎犹如一个个香炉，把路面融雪盐的微粒抛向空中。空中的废气、臭氧与盐粒一起，生成了城市上空的污染云朵。从远处看，丹佛像是将烟熏火燎的祭品放在落基山脚下。明亮彩色的汽车漆面，都因为覆盖着粉末而统一变成了棕褐色。树干也染上了土锈般的褐色，像是鼹鼠和矿渣的颜色。

丹佛的道路用盐来自犹他。在那儿，一个古老的海床，通过好几公里长、像房屋一样高的隧道，把它的宝藏运送出来。冬季，丹佛的公路管理人员一般会在每英里的车道上，撒掉九千公斤（即十美吨）来自犹他的粉碎岩盐。市中心，工人们会喷洒氯化镁溶液，来减少空气中的粉尘。二十年前，雾霾还要更厚。撒下的盐粒和沙子是今天体积的三倍。呼吸的过程仿佛是一场地质学的体验，湿润的肺泡因盘桓在空中的岩石粉尘而污浊。现在，道路管理人员使用融雪盐的效率更高。

* 指闹市区。

但即使是今天，盐的堆积也时常使得电线短路。19世纪，人们赞颂科罗拉多有 “永远辉煌”的阳光和“怡人健康”的空气。可如今人们对于轮胎在沥青路上保持速度和安全的追求，让这一切都难觅其踪了。

冰雪和雨水确实能扫清街道和空气，但是，这是以水流浊度为代价的。南普拉特河和樱桃溪发炎了，太多的盐分、沙子和淤泥通过径流汇入其中，这片水域仿佛是城市的痰液。当冬天的积雪融化，弗里氏杨跟前总是如同自来水一样清澈的水流，会变得肮脏浑浊。丹佛的水域，暂时变成了“矿场废水”。

弗里氏杨，分布在北美大陆中心平原的一个不规则的椭圆地带之中，跟海岸相距数百公里之遥。干旱的土壤，让树木已经适应了定期的盐分泛滥。微雨和干燥的循环，会从深层土壤中析出盐分。每一场雨水都会使土壤中的盐分溶解，然后，太阳引起的水分蒸发和土壤颗粒的毛细现象共同作用，让这些溶质向上移动。大雨的浸泡会把盐分冲走，但弗里氏杨分布区大多没有充沛的雨水。因此，西部弗里氏杨的祖先们，那些幸存者，把这些对付盐渍土的经验知识，代代相传，延续至今。弗里氏杨无法与菜棕的广泛适应性相媲美，但弗里氏杨的细胞也可以将盐分隔绝到特定区域，并分泌防御性的化学物质来缓冲盐分的脱水作用。弗里氏杨的根系还能直接穿过表层盐渍土，扎根于更深的水层。根系也会融入耐盐真菌的网络，弗里氏杨从它的真菌伙伴那里汲取水分、营养物质和化学防御物质。与西黄松一样，地面上的枝条是弗里氏杨最微小的部分，它只是地下群落竖起的旗杆而已。

河流和小溪中的动物也同样遗传了各自祖先的耐盐能力。但这也是有限度的。如果融雪盐中的氯、镁或钠的浓度过高，鱼类和水生昆虫就会生病或死亡。被滚滚波涛裹挟而来的沙泥，会掩盖水中的枯叶，窒息藻类，就此埋藏了水生群落赖以生存的食物。在这些水域中，鳟鱼备受关注，而它们的生命其实依赖于取食藻类和树叶的昆虫。丹佛公路管理人员部分考虑到这些后续的生物效应，也选择了不同的盐来铺路。比起现在使用的犹他矿盐和氯化镁溶液，原先的砂盐混合物会导致更多的颗粒和盐分被冲进水道。丹佛的目标是让城市里的每一条水道都有鱼类繁衍生存。如今，人们已经能在丹佛的一些水域中抛钓竿，这部分要归功于思虑周详的公路管理。其他溪流的情况还需要进一步努力。现在，美洲鲇鱼（bullhead）、鲶鱼（catfish）、鳑鱼（shiner）、鲢鱼（chub）、日鲈（sunfish）、雅罗鱼（dace）、短鲫（suckers），甚至一些鳟鱼（trout），都已经可以在樱桃溪和南普拉特河的交汇处生存。与几十年前不同的是，现在我们能常常看到站在流水之中摆动鱼线的垂钓者。

随着河流和小溪水质的逐步改善，城市树木开始面对新的危险。研究弗里氏杨的第一年初冬，我走到原本生长着弗里氏杨的南普拉特河边，只看到孤独站立的市政垃圾桶，所有的树干都不见了。我翻遍了柳丛，只发现脚踝高的树桩。每个斜斜的切口上，都有几道铅笔粗细的蚀槽。这些被截肢的弗里氏杨下方，散落着一圈木屑。几棵柳树的枝干也被咬坏了。河狸砍伐了树干，并把它们拖到自己在南普拉特河下游的居所。城市工人则继续了这些啮齿动物的工作，他们用修枝剪清理掉了那些被河狸无视的细小树枝。

可是，第二年夏天，弗里氏杨比前一年更高了，重新长出的树干超过两米。十月，河狸再度归来，为严冬做储备。它们又把树铲平了。

而下一个春天，弗里氏杨又重新发芽。这些啮齿动物的牙齿，像凿子一样锋利，它们粗暴地管理着林地。大多数人类伐木工都不会赞同这种激烈而频繁的循环砍伐。不过，弗里氏杨似乎总能在这场游戏中保持领先，每年长得更高一点。只要河狸一放松，树木就会迅速长大，破坏和撕裂路面。如果弗里氏杨一直如此肆意生长，那么，公园管理人员就会移除它们。从这个角度来说，河狸的频繁造访，反而使弗里氏杨存活得更久。

我与工作人员们攀谈，这些人负责扫除步道上的积雪，清空市政垃圾桶，处理游客的垃圾。他们向我证实了，河狸确实生活在丹佛的许多小溪和河流中。泰德·罗伊（Ted Roy）已经为城市工作了二十多年，他陶醉于向我罗列他在周边曾看到的动物：河狸、郊狼、麝鼠、狐狸、鹰、蛇、熊，以及像企鹅一样的鸟——大概是夜鹭。最让他高兴的是，他在工作期间看到城市发生了如此多的变化。如今丹佛的水道拥有了更多的野生动物、更好的设施，也吸引了更多的人到此参观。罗伊先生驾驶着一辆装满垃圾袋的市政卡车，他是这条河流记忆和智慧的一部分。他在驾驶室里机智诙谐的谈话和狂笑，是河流智性的声音，将贝克的《游隼》翻译成了城市生活。

为了更好地了解丹佛的弗里氏杨，我沿着南普拉特河，上溯超过一百公里，来到山间的十一英里峡谷（Eleven Mile Canyon）。在这个夏日的午后，一只年幼的美洲河乌（American dipper）站在河流上游一块花岗岩巨石上，重复尖叫。亲鸟像蟾蜍一样从湍流中爬出，抖着羽毛，洒开水银般的水珠，然后把一大堆的蜉蝣稚虫塞进幼鸟嗷嗷待哺的嘴中。亲鸟还来不及回到溪流，并下潜到河流底部再次觅食之前，幼鸟又重新开始乞食。河乌有着铁钩一样的脚和鳍状的翅膀。南普拉特河迅疾地穿过有着10亿年历史的花岗岩。这条年轻的河流，像是从它年迈的父母那儿夺路而逃，它奔流着、撞击着、咆哮着，巨大的声音盖过了西黄松和柳树。只听见那只河乌的亚成鸟对着河流叫嚷，高亢的音符盖过了水声的咆哮。

夏末，到处欣欣向荣，山坡上的草地一直延伸到水边。一只黑尾鹿（mule deer）正在和它的小鹿一起吃草，现在，小鹿们已经很健壮了，看不到幼年的淡黄斑点。一只秋沙鸭（merganser duck）带着一窝幼雏，栖息在砾石滩下的水流涟漪旁。穗实饱满的小草，在山径两边抬头列队，峡壁上的松树被球果压弯。空气中满是河流和松树的气息，只听见鸟鸣、浪涛和风声。啊，还有群山。在这里，约翰·缪尔（John Muir）说道，"沐浴在明亮的河水中，漫步在草地上，与穹顶谈话，和松树玩耍"，我们最终会忘却身心中那"最后一团城市的阴霾"。

在更平静的河流，有些人正在飞蝇垂钓。一些人站在公共水域，另一些人则是站在那些反光金属板之中，告示牌上写着："私人水域"，"禁止进入"，"禁止停车"。垂钓者们抛掷着鱼饵，穿着做工精良、既防紫外线又透气的衣服物，手臂都遮了起来。他们的背心有很多口袋，里面装着飞蝇盒、镊子、伸缩扣、止血钳、钉结工具，还有飞蝇助浮干粉、前导线和拉饵盘。垂钓者们的宽边帽子很耐用，还可以折叠。凉鞋或涉水鞋使他们能够像水禽一样在凹凸不平的河底站稳。

我猜，每一个垂钓者的装备，差不多都要一千美元。我的衣服没那么昂贵，但我背包里的声音捕鱼和光诱的电子设备，也差不多有这个价。我们都有空闲的时间，能够远离工作和家庭，能够承担门票和汽油钱，有足够可靠的汽车，能从平原爬到峡谷。我们都是就业几十年的男性，在银行里都有储蓄。还有，正如早在20世纪的塔-内西斯·科特斯（Ta-Nehisi Coates）对美国种族状况的精辟总结那样，我们都认为自己是白人。以前，我们表面上一团和气，事实上却被区分成不同的类群："天主教徒、科西嘉人、威尔士人、门诺派教徒和犹太人。"可是现在，我们这些通过出生继承了特权的白人"公爵"（就像莎翁剧中的那位一样），一起来到林中溪边。在这里，我们能"不受干扰，/ 去聆听树木的言语，阅读小溪的文字，/ 思索石头的教诲，看到万物的美好"。

不过，同样的树木和石头，也有着不同的语言、文字和教诲。

朱迪·贝尔克（Judy Belk）描写她和家人在美国西部旷野驾车旅行时，曾回忆儿子第一次听到旅行计划时的反应。对他来说，"四个从奥克兰来的黑人"想在蒙大拿公路上旅行，是"疯了"。他的反应就是卡洛琳·芬尼（Carolyn Finney）所谓的"地理恐惧（geographies of fear）"。美国的历史，加上种族不平等的现状，导致只有一小部分人能够在户外感到健康安逸。作为一个年长的白人，当我接近树林、河流，以及那些穿着制服、可能还佩带着枪支的护林人员的时候，心情可能与一个黑人少年截然不同。"永远不要穿着卫衣观鸟。"这是J.德鲁·朗汉（J. Drew Lanham）的"黑人观鸟九大原则"的其中一条。

很多人在森林、小溪和山脉中消失。这是我们看不见的森林，听不到的森林。人迹罕至的溪流，可能是白人杀人之后抛尸的地方，树上可能挂满了比莉·哈乐黛（Billie Holiday）的"奇异水果"。所谓的"户外"——田野、森林和绿地，承载着人们的记忆，但它们同时也是人们饱受暴力威胁之地。当国家公园管理局的比尔·格沃特尼（Bill Gwaltney）告诉家人，他想要做一个护林者时，他的父亲对此的反应只有一句警告：“那片树林里有很多树，绳子也很便宜。”父亲的几个朋友都曾被吊死。记者和登山家詹姆斯·爱德华·米尔斯（James Edward Mills）把这些过去和现在的危险遗留下来的效应称为“社会集体记忆中形成的文化障碍”。正因为如此，据他报道，他经常是参加那些户外娱乐会议和活动的唯一的黑人。

造成地理恐惧的不仅仅是种族歧视和暴力。最近的一项调查中发现，科学家们开展户外研究的地点，是“极不安全的野外环境”，有26%的女性和6%的男性科学家曾在这些地方遭受到性侵犯。《小红帽》或多或少描绘了地理暴力和地理恐惧的画面。这个故事也强化了父权主义的文化内涵：女孩啊，为了安全起见，不要到森林中溜达。不然还得靠另一个男人把你从坏人那儿救回来。谢丽尔·石翠德（Cheryl Strayed）之所以能走完太平洋山脊步道（Pacific Crest Trail），一定程度上是依靠告诉“自己一个完全不同的故事……我可以用意志为自己赋予力量”。泰瑞·谭步思特·威廉斯（Terry Tempest Williams）曾这样回忆她在山上所经历的人类暴行，形容那需要“超越自我调节”，她写道，要让年轻的女性抵御并重塑地理恐惧，即“那些发生在树林里的一切”，依靠的不是王子的嘴唇，而是“我们自己的嘴唇所讲出的话语”。

南普拉特河，只是流经十一英里峡谷中的河道之一。这里还有好几条其他的河。

美国国家森林和国家公园的文化地理结构（创造了地理吸引和地

理恐惧），打一开始就具有排他性。这些机构所秉承的自然哲学，陶醉于白人和男性至上的幻想中。国家公园的主要倡导者缪尔，称赞“勇敢、具有男子气概、干净”的登山者，要比那些处于“拥挤的城镇中，在疾病和犯罪中霉变、瑟缩的人”要优等。缪尔认为，一个意志坚强的白人男子，“很容易就能比半打的北美印第安人、黑白混血儿或黑人的后裔采集到更多的棉花”。缪尔印象中的印第安人，是“黑眼睛、黑头发、不快乐的野蛮人”，他们“在这干净的荒野中”，过着“异常肮脏和不规则的生活”。国家森林的创始人季福德·平肖（Gifford Pinchot）是优生运动的狂热支持者。他将不同“种类”的人比作树木，“松树和铁杉，橡树和槭树”，每种人“种”都生活在“特定的地区内，遵循着特定的、通用的、经久不衰的种族习惯”。

奥尔多·利奥波德（Aldo Leopold）以荷马时代的希腊奴隶制为例，证明人类社会的道德已经过于成熟，但对他所处时代的种族不公，他却闪烁其词，沉默以对。甚至对于1925年，吉姆·克劳*的鼎盛时期，里奥帕德也这样写道，荒野必须被“隔离并保存”。当时政府的政策强行同化印第安人，使他们接受白人文化，即使在那个时候，里奥帕德还写道，当年清教徒们登陆的时候，都未禁止任何人“进入荒野”。

纽约的美国自然博物馆的入口处，也记录了这些态度。入口竖立的西奥多·罗斯福总统的骑马铜像，尺寸是真实大小的两倍。这尊雕像明显地表达出白人的优越感。上方的总统衣着考究，黑人和印第安人骑手却半裸着。他们两人的头部，只到罗斯福的臀部那么高。

* 指吉姆·克劳法（Jim Crow laws）。泛指1876年至1965年间美国南部各州以及边境各州对有色人种（主要针对非洲裔美国人，但同时也包含其他族群）实行种族隔离制度的法律。

那么，《黑人自驾格林指南》（*Negro Motorist Green Book*）这本旨在帮助黑人旅客在种族隔离的美国度假时能够避免“困难”的出版物，很少会提到公园和森林，而是列出城市里的私人住宅、旅馆和餐馆，也就不奇怪了。“格林”（绿色）是出版商的名字，而不是推荐目的地的颜色。1949 年的印行本中，距离环境爱好者们的宠儿——约塞米蒂国家公园（Yosemite）最近的“安全”酒店，已经在六十英里开外。事实上，在白人接管这些地区，并把它们变成国家公园之前，黑人骑兵“布法罗士兵”（Buffalo Soldier）才是约塞米蒂谷和其他西部景区的维护者和看管人。

科罗拉多中土铁道（Colorado Midland Railway），这条翻越群山的铁轨，穿越了十一英里峡谷，把游客们从科罗拉多泉市带到此地。当我们翻阅百年前的照片，会发现火车上全然是白色的面孔，偶尔才有一两个黑人铁路工。南普拉特河或许是一条年轻的河流，但它底下的河道却是由古老的文化“花岗岩”构成的。

那年晚些时候我返回丹佛。十二月的清晨，我在披霜被雪的南普拉特河岸上散步。我的靴底踩到沙砾缝间的霜冻，发出嘎吱嘎吱像是研磨胡椒的声音。水边，冰架在粼粼河水之上探出，乳白色的同心圆圈告诉我们它在夜间的生长动态。我走得太近，踩碎了一小块冰架，发出的声音像是碎裂的玻璃，惊吓到了游弋在汇流处的绿头鸭（mallard）、赤膀鸭（gadwall）和棕胁秋沙鸭（hooded merganser）。接着鸽子被惊飞了。上百只鸽子惊慌失措，从桥上栖息处脱缰而起，发出了一阵阵口哨般的嘶嘶声。一只成年的白头海雕优哉游哉地扇动着自己黑色的翅膀。它对空中盘旋的傻鸽子不感兴趣，而是扭头紧盯着拦河坝下游的平静水面。它没有看到鱼，便沿着河湾继续飞翔。当它飞越过高高的桥梁支柱时，我听到了它猛地一拍，翅膀发出了“飒”的一声。

海鸥和加拿大雁也同样沿着南普拉特河飞行。海鸥和海雕一样，贪婪地盯着有鱼类活动的水域。加拿大雁则把视线放在更远的目标上，望着远方。灌溉洒水器所喷出的水是加拿大雁的摩西*。水流从山上引下，沿着管道和水库而来，为加拿大雁开辟了一片乐土。丹佛一半的水，被用来浇灌景观植物。在阳光充沛的西部平原，丹佛市内草坪和郊区那些造景优美的办公区域，变成了雁鸭梦寐以求的乐园。那里，有蓄满的水，有成千上万顷肥美滋润的草坪，还有能够隐匿鸟巢的灌木丛。天空常有雁群经过，特别是冬天，成群的“居民”** 和冬季“游客”*** 沿着河流和小溪寻找进食的机会。

人类再一次跟随了河流的脚步。城市里有超过 130 公里的步道和自行车道，大部分依水而建。丹佛为人们与城市动物提供了共同活动的空间。汇流之地，让人们有了舒适而便捷的场所，人们在这里通勤、玩耍或放松身心。而他们也往往变成了河流的拥护者。

当人类的活动范围跟其他物种相重叠，比如鹰隼、蜉蝣、大雁、麝鼠等，我们开始重新意识到，我们身处怎样一个生命社群之中，而我们的建筑环境往往让我们忽视了这一点。河流交汇，活动趋同，我们所谓的归属感不再是抽象的，而是通过生命的共舞来呈现。然而，

* 指救世主。

** 指留鸟。

*** 指候鸟。

编舞的不是个体，而是众多的关系。河流不再是没有生命的水分子通道，它就是生命。我仿佛听见亚马孙的萨拉亚库社会活动家说：“河流是活的，它们会唱歌。这是我们的政治信仰。”

人类是这生命群落的一部分。南普拉特河和樱桃溪流经了上游的堤坝和其他各类设施。关乎丹佛水域的电子数据表和管理计划，影响着河流中的每一滴水。可是，人类的这种种操作是否就驯服了河流，让它失去了野性？答案是否定的。书写水域管理计划的手、市政文件或电脑屏幕上出现的文字，还有那些设计了水坝的工程师，以及南普拉特河在市区的河段……都和被联邦政府“封锁”的上游保护区一样，充满野性，属于大自然。我们也是自然。两者不可分割。

我们要确信这点，否则又会陷入二元论的世界观中。南普拉特河就是由这种观念创造出的产物。这条河，滥觞于山上的国家公园、森林和荒野之中。对一些人来说，这些地方是人们能够逃离俗世、亲近大自然的神圣场所，是奄奄一息的生态系统最后的庇护所。对于那些在联邦政府颁布保护区条例之前就被驱逐并禁止重返的原住民和其他民族来说，这里，也是天涯归途。科马克·麦卡锡（Cormac McCarthy）的《长路》（后来改编为电影《末日危途》）发生在他们每一个人身上，这是通往他乡的“血泪之路”（Trails of Tears）。1964年制定的《荒野保护法》（*Wilderness Act*）提出，土地应该保存“自然”“原生”状态，使得“地球和生物不用受制于人”。这是将“人类”排除在“自然”生命社群之外的观点，世界其他地方的原住民社区已经看到了它的后果。萨拉亚库人反对厄瓜多尔建立国家公园，因为他们知道这个想法将通往残局。他们更喜欢“活生生的森林”。在那里，人们对生命的理解包括了人类本身，而知识则来源于人们与其他物种的众多关系。

人烟稀少的群山，是南普拉特河的源头。此后，河水流入城市。在那里，它遇到了我们的自然哲学的另一个表现：倾倒废水的管道。当我们相信二元性的时候，我们就创造出了世界的二元性。如果我们认为城市是非自然的，随之而来的结论便是城市中的河水已经降低了它原来的“自然”属性。那么被束缚的水流就可以用来当作垃圾桶。这一行为带来的必然结果，就是人烟较少、受到保护的“自然”区域，也会成为工业垃圾场。到了20世纪60年代，这座国家公园的下游，也就是南普拉特河丹佛段，已经因为城市的快速发展而塞满了工业废物、报废汽车，以及一堆堆的垃圾。工厂将未经处理的废水直接排放到河流中。

一旦划分出自然和非自然的界线，这种观念就会被自身强化。荒野和粗犷发展之间发生的冲突，变得令人震惊。人们对于“荒野”的需求似乎不断增长，与此同时，其余的景观似乎越来越不“自然”。在这样一个世界里，环保主义者们厌弃城市，而人烟稀少的公园、森林保护区，以及那些被划出的荒野，却备受称赞。随着景观的二元性日益突显，我们越来越难以察觉到，人类也属于这个世界。

对城市的敌意，在环境、农业和科学领域根深蒂固。托马斯·杰斐逊（Thomas Jefferson）写道：“大城市的暴民已经对政府造成太多影响，如同人体上的溃疡。”在他看来，只有那些居住在乡野的白人农民，才拥有美德。缪尔逃离了“与愚蠢的小镇楼梯和死气沉沉的人行道的接触”，逃往自然。奥尔多·里奥帕德口中的“土地”，包括了“土壤、水流、植物和动物”，但没有包含人类。事实上，对于里奥帕德来说，“人为变化与进化演变，两者的秩序是截然不同的”，还会导致疾病般的组织解体。在学术界，直到最近的二十年前，依然没什么生态学家对城市生态这一主题感兴趣；尽管生态学这门学科的名称来源于“okologie”，这个德语单词是19世纪的生物学家艾伦斯特·赫克尔（Ernst Haeckel）化用古希腊的“oikos-logia”一词而来，意为“对我们的居所的研究”。直到1997年，美国国家科学基金会才把城市地区纳入到长期生态研究项目中。即使在今天，大多数生物研究站也都远离城镇地区。

有些人认为，自然是“它们”，是一个会被人类玷污的独立区域——这是对人类天性的否定。用混凝土铺就的人行道，从涂料厂排放的废水，以及规划丹佛发展的城市文件……都是灵长类动物在心智进化后，试图操纵自己所处的环境所为，这与弗里氏杨树叶的喋喋不休、河乌幼鸟对亲鸟的呼唤，或者美洲燕的巢穴一样，都是野性而自然的。

这些自然现象是否都是明智的、美丽的、正义的，或是美好的，则是另一个问题。这些谜题最好由理解“人类即是自然”的人来解决。缪尔说他与“大自然同行”。当代许多环保团体使用的语言与缪尔遥相呼应，将自然外化于我们。“大自然的回报是什么？”美国自然保护协会（Nature Conservancy）自然保护局问道，“就像一个明智的投资，大自然会给我们分红。”英国皇家鸟类保护协会（Royal Society for the Protection of Birds），这个欧洲最大的环保组织承诺，机构的宗旨是“给大自然一个家”。教育工作者们也警告说，如果我们花费太多时间，不能选择站在“正确”的一边，我们将会因此得病，即所谓的“大自然缺失症”。然而，在达尔文之后，我们应当跳脱出缪尔思想的桎梏，从群落的网络关系中理解我们的内在天性，在自然中前行。自然不会产生红利，它本身就包含了所有物种的经济。大自然不需要家，它本身就是家。我们不可能因为自然缺失而得病，我们本身就是自然，即使我们没有意识到这种天性。当我们能够意识到人类属于这个世界的时候，美与善的分辨能力就出现了，它源于与生命社群连接的人类思想，而不是人类单纯地从自然之外，向内窥视。

现在是八月的中午，虽然公园里有树荫，但大多数人还是露天活动。我没有西部人那么耐晒，皮肤发红的我躲在弗里氏杨的树荫下。两年来，这棵树被河狸修剪了两次，并一次次发出新芽。现在，它的根部冒出了十四根枝条，其中五根高达两米，形成的树荫足够容纳一人。

我从所坐之处仰视，目光穿过一堆黄绿色的杨叶。每一片叶子，都悬挂在带状的叶柄上。叶片和叶柄相互垂直，叶子移动时，就左右摇摆。其他树种的宽阔叶片会上下弹跳，像是用手抚摸小狗的脑袋。弗里氏杨与它们不同，它的树叶摇曳着，好像擦窗户一般。它的堂兄弟白杨，做着同样的擦拭动作，但幅度更大。一阵微风扫过，弗里氏杨坚硬的叶缘互相击打，噼啪作响。强风则会让这些蜡质叶片互相敲击，发出拍巴掌般的声响。

这声音来自一棵正在快速拔高的弗里氏杨。尽管天气炎热，空气干燥，但噼啪作响的叶片，显示了它们并不缺水。此时的我开始感到口渴，并感到乏力，可弗里氏杨的叶片饱含水分，拍打声中彰显着湿润带来的活力。现在它的根系可能已经长到十多米长了，深扎在泥土中，穿过各个土层，以确保找到连续且丰富的供水。弗里氏杨生长的方式，十分接近于温室里的水培植物。大多数时候，晴朗的阳光照耀着它。根系周围的水，使它们始终保持湿润。来自河流及表层土壤的淋溶水，包括从草地流走的肥料养分，缓慢地滴灌着。在养分如此充足的条件下，弗里氏杨就应该尽可能多地晒太阳，最大化地把能量流传给细胞。弗里氏杨的叶片摆动可以实现这个目标。高处枝条的运动，使得树梢的叶片从太阳的炙烤中挣脱出来，喘息片刻，同时在摇曳中为下方叶片打开了光子*的供应通道。于是，整棵树都被阳光滋养了。

一年一度，汇流公园的弗里氏杨会从河狸的砍伐中恢复生机，这显示出它们的生命力。难怪为了培植速生树种来获取生物质燃料的遗传学者们会偏爱弗里氏杨，以及其他几种杨树。河边的弗里氏杨也是很多动物的最爱，以叶片为食的昆虫、筑巢的鸟类、寻求树荫的哺乳动物，均在此列。如果没有弗里氏杨，河岸将不再是能够维持当地生物群落的热点区域。如果上游水坝不能模仿那些适合弗里氏杨幼苗生长的水文模式，许多物种必然会减少或消失。幸运的是，水坝管理策略正在非常缓慢地改变，不再只关注人类的需求。

午后的阳光，把热量吹向公园。我身后的金属垃圾桶开始“熟化”，释放出一阵阵垃圾的气味。尽管食物、土壤和森林的气味在全球各地各不相同，但公共垃圾桶的气味却很一致。它们有着烂苹果的粗犷基调，夹杂着粪便的气味，那是从讲究的科罗拉多的狗袋里飘出来的。垃圾箱底部生长的微生物所发出的刺激气味，是城市的叠层石。弗里氏杨通过叶片的气孔，以及绿色枝干的柔软皮肤上的白色缝隙，吸入了这种混合气体。没人知道弗里氏杨对此感受如何，但是，必然会有一些

* 阳光的能量。

气味分子和细胞结合，唤醒了植物的奇特“思维”。我对气味的反应却很明确，这种天气啊，是时候该离开，去游个泳了。

我下水后立刻明白，与水的融合需要时间。樱桃溪温暖宜人，但当我触到南普拉特河的水流时，却倒吸了一口冷气。向下游游了几分钟，两种水流才融为一体。我的皮肤感受到了科罗拉多的水文。我之前研究过地图，但当我浸泡在水中时，才上到了最真实的一课。南普拉特河水来自于群山，有着令人休克的寒意。水流被水坝拦住后会升温，但冷水会下沉，所以从水库下层流出的水，依然保持了低温。冷水含氧量丰富，昆虫和鱼类都很喜欢这里，它们在河流中茁壮成长。樱桃溪则源于卡斯尔伍德峡谷（Castlewood Canyon）的平原，它是从干燥的大地上流出的小小水流。小溪沿着浅浅的溪床，流经丹佛城市和郊区的大部分地区。它的源头和流经范围，都布满了炙热的岩石和晒得发烫的混凝土。在汇流公园，孩子们总是选择在溪边戏水，把双脚浸泡在温暖的水中。

我的膝盖和肘部擦伤了，这是河流给我上的第二课。南普拉特河的河床上堆积着上游冲下的乱石。当我的四肢在水中滑动踢打时，水中的石头让我疼痛不已。足够大胆的年轻人会在没有泳圈或独木舟的情况下，跑到上游的急流中玩耍。这确实特别有趣。但当他们结束浮水，游回岸边的时候，就不那么有趣了，一路上都布满了岩石。他们对河流的咒骂，折射出河流保留的野性。在那些人类用来蓄水的河中，水流趋缓，泥沙下沉，给流水雕刻的岩石盖上淤泥。南普拉特河可不是这样，所以才会有蜉蝣从汇流公园水面腾起。蜉蝣的稚虫最喜欢的多岩石的栖息地，在这段河流中并不少见。

樱桃溪则覆满泥沙。樱桃溪的支流在田野和峡谷中的缓慢侵蚀，带来了一些沙子，但大部分泥沙都源于城市建筑时的土壤流失。当我游完泳，走回到弗里氏杨那儿的时候，我踩到了几堆泥土。它们可能是城市街道维修、商业区的整地清理，或是几十个住宅区的建筑残渣。

如果是昨天，我可不愿意踏进樱桃溪。东边下的雷雨把它变成了一条浑浊而咆哮的湍流。今天，巨浪在溪床上留下了扇形皱褶和曲线标记，一座座长度约莫一米的沙丘就交叉着躺在水底。泥沙上聚集了大量的活细胞。城市暴雨排水管中的污水，汇入樱桃溪，携带了大肠杆菌——它们是温暖的人类肠道的居民。丹佛环境卫生署监测这些粪便细菌的浓度，并将结果标示在地图上。大肠杆菌会随着雨水从街道和下水道汇入天然水体。虽然一般说来，大肠杆菌本身并无危害，但它们易于监测，可以作为其他病原体的指示物。我只要在网上点击一下，就能知道这里是否适合游泳。那场暴雨冲刷了城市之后，电脑屏幕上的樱桃溪被标上一个红色图钉，意为水中的细菌浓度已经超过了戏水的安全限度。当暴雨渐歇，径流减弱，这个标记就消失了。南普拉特河有时也会浓度超标，这取决于城市降雨量和当时排水的条件。现如今，这两条河流长年都可下水，更不用说那些能穿着泳衣的日子。相比过去的河流水质，这已经有了天翻地覆的变化。

随着河流对人类和非人类生命更加友好，大肠杆菌的新来源也出现了。上百只加拿大雁在汇流公园上游游荡。每天，它们活跃的泄殖腔就能产生超过十公斤的鹅粪。它们体形巨大，还需要不停地在草地上觅食来保持生理活动，因此它们的内脏连着的尾部，总是肆意排泄着。更何况有时还远不止上百只。除此以外，罗伊名单上的所有野生动物，都为此做出了自己的“贡献”。

流浪汉们也加入了加拿大雁的队伍。南普拉特河边浓密的柳丛，给游荡的人们提供了过夜的好地方。他们的生活可不受污水管道的限制。有些人确实无家可归，有些人却喜欢以天为盖的流浪，不爱居住在城市夹缝中。对丹佛的很多人来说，河流及汇流公园极具吸引力。这里没有纳管于市政污水处理厂的厕所，可河边的灌木丛就足够满足需要。不管人们有多么小心，雨后的水质都会受到影响。

自从曾经的阿拉帕霍人和最早的东部移民开始，这条河就是一个安营扎寨之地。日落时分，年轻的旅行者就聚集在弗里氏杨北边的小山坡上，他们互相寒暄，分享并计划晚上的活动。早上，在第十五街桥下，一个花白胡子的人告诉我，他“多年来，始终在路上”。他在河流中擦身、洗衣服，以此开启每一天。我曾在河岸上与许多旅行者交谈过，他和其中的绝大多数一样，很乐意分享他的一些故事，但不愿意讲出他的旅行计划和栖身之所。谨慎，是为了保护自己。弗里氏杨树下，一对穿着时髦亮丽的年轻情侣，在更高的河岸上扎营，他们看上去和其他十七岁的孩子也没什么两样。他们说这条河很好，比镇上许多地方安全得多。但是，在任何一个地方盘桓太久，都会引来强盗。地理恐惧沿着山上的河流向下游延伸，在城市中呈现出新的形式。

冬天，我们很容易点出露宿人数。弗里氏杨的叶子凋零了，落下的枯叶，还有那南普拉特河沿岸硬纸板上的“扎营点”，历历可见。事实上，露营禁令早已颁发，警察应该督促人们遵守法规。不过，丹佛的政策一直摇摆不定。河边的流动厕所，可以让水质保持良好状态，但同时也吸引了更多的人来公园露宿。于是，厕所被拆除了，政府希望就此减弱公园对人们的吸引力。2012 年全市明令，露宿时，“除了衣服以外，任何遮盖或保护”都被禁止。这项法规宣布了公园露宿是违反法律的，却没能有力地执行。一项对丹佛无家可归者的调查发现，尽管收容所的床位数增加，依旧有四分之三的露宿者因缺乏空位而被拒之门外。冬季，接受调查的受访者中有三分之一的人说，他们只穿着衣服睡觉，不盖其他物品，试图用这种方式规避城市禁令。丹佛的冬天，露天睡觉一定很艰难，但它符合法律。现在，丹佛的河狸和其他啮齿动物的处境，反而比河岸的人们更好。城市竟然不如伊甸园，这可真是“奇景”。

20 世纪 70 年代初，乔・苏美克（Joe Shoemaker）对“必须离开城市才能发现自然”的想法并不买账。他和朋友们驾驶船只，计划沿着南普拉特河，游览丹佛的水域。他们的船只刚刚接触到水面的时候，就有一辆垃圾车开到岸边。乔制止了垃圾车把垃圾倾倒到河中。在接下来的四十年中，他投入了大量的时间奔走呼号，提倡“把河流还给人民”。他与那些对河流怀有同样梦想的同行者一起，参照着美学，不关注于优美景点的保护，而是致力于修补河流周围的陋怖之处，并在这些地方重建河流的生命群落。汇流公园就是其中之一。

丹佛的绿道基金会（Greenway Foundation）如今继续着这项工作。基金会的非正式座右铭“好坏得行动”（Make Shit Happen）的缩写“MSH”，被印刷在办公设备上，甚至出现在文身里。虽然基金会所考虑的并非仅是大肠杆菌，但多亏了他们的各项工作，河道中的细菌数量正在降低。诚然，坏事总会发生。他们和市政官员沟通，与政府结盟，为河滨项目筹款，管理青年教育和实习计划，并与下游水域所有者和上游水坝业主进行会议沟通，还通过公共活动和媒体来宣传河流……而所有这些工作，都基于“人与河不可分割”的观点。如果人们承认这点并采取行动，好事才会发生。美丑是这项工作的判断依据。

乔·苏美克是科罗拉多州的共和党参议员，同时也是州联合预算委员会和参议院拨款委员会的主席。作为MSH的骨干，他并不赞成个人英雄主义，而是认为应该通过人类社会网络的运作，来改变河流流域的现状。他坚持认为，公园就应该向大众开放，即便是在那些不太吸引人的城镇区域，这才是社会公正的愿景。除了人类社会的正义，他也深深知道政治生态中的互惠互利。人们不仅仅是在河流周围休憩，河流也成为人们的一部分。用政治术语来说，他为河流建立了一个充满活力的选区。从生态学角度来说，人类政治活动是河流动力学的一部分，河流也是人类存在的一部分。加强两者的联系，才能保证这个社群网络的生存，并在未来保持活力，即使个体死亡了，公园或水坝都消失了，它也能持续存在。2012年，表彰乔·苏美克的生活工作的公共庆典活动，在汇流公园举行。州内政要和苏美克的朋友，就站在被河狸啮咬的弗里氏杨前面的人行道上，把他们的声音加入到河流的故事之中。

苏美克和绿道基金会，在这条路上并不孤单。其他的公益团体、地方机构和当地企业，都是河流拥趸。河流的声音也并非全由政治推动。工程师们开始苦苦思索修复老旧的雨污管道的最佳方式，地质学家们开始规划有净化作用的滞水湿地，生物学家们开始管理污水处理厂的微生物群落，教师们则把学生带到水边……这一切都默默进行着，使河流一直生机勃勃。

认为人类社区存在于大自然之外，这是一个谬论。汇流公园就是最好的证明。从灵长类动物的头脑所诞生的城市政策，影响着所有的生命。人类、细菌、河狸和弗里氏杨都在这樱桃溪和南普拉特河汇流处交汇。19 世纪，市政厅被河水冲走了。现在，市政厅位于较高的干燥地面，也成了河流的汇合关系网络的一部分。

一个八月的下午，巴士载着残疾儿童和六位皮划艇教练到达汇流公园。他们走向南普拉特河中的急流瀑布和漩涡水池，这里的水文是工程师们在设计公园时特意建成这样的。孩子们一个接一个地进入河中，在教练指导下划艇。一个七岁的非洲裔孩子，用他的义肢跳入船内。当他前倾身子的时候，船头打起了浪花。原本他还微蹙着眉头，这一下，他惊讶着，嘴巴变成惊喜的“O”形，随即高兴得咧嘴大笑。当他被另一个教练从船中抱起时，他还与他的独木舟教练击掌。男孩子跑到樱桃溪的沙滩上，仔细地寻找石头缝隙中的贝壳，这是公园里孩子们最喜欢的活动。连缪尔都可能因此驻足微笑，就像苏美克所说的那样，“当覆满霜雪的群山召唤之时”，我们不再“命定般地在城镇的阴影中蝇营狗苟”。

晚些时候，一个拉丁裔家庭在弗里氏杨附近的草丛上，摊开他们的毯子，拿出袋装的野餐。母亲安排祖父母和孩子们坐下，并开始分发食物。两个女孩大口大口地吃掉三明治，然后从人群中跑开，开始在樱桃溪边上愉悦而忘我地搭建一座沙堡。她们窃窃私语，把一根弗里氏杨的枝条和一朵从柳丛中采下的小向日葵，放在城堡的塔楼之上。

豆梨

曼哈顿

40°47′18.6″ N, 73°58′35.7″ W

对于一个陌生人来说，如果要破开曼哈顿社会的铁板，那么，去“窃听”一棵树，可能是一种办法。这是一个澄净寒冷的四月早晨，我站在第八十六街和百老汇大道交叉口，用一小片可去除的蜡，把传感器贴到梨树的树皮上。这个传感器，是一只电子耳朵。它的尺寸和颜色都跟黑豆一样。一条蓝色的电线，穿过差不多两本书大小的数据处理器，然后连接到我的笔记本电脑上。耳机帮助人类听到了树木的声音。电线的这一端，是我的耳朵；另一端则是一棵行道树，它被种在人行道上的开口中，这个树穴也没比树基大多少。树干有一个人那么宽，树枝可达到街边公寓的三楼。树木伸展着枝条，树冠遮盖着人行道以及百老汇大道上的一条车道。

人潮向着这棵被连接了电线的树木涌动，他们在这里驻足。人们

聚集交谈，眼神接触。他们一开始好奇于我的那些新奇的小设备，但不一会儿，他们的注意力就都转移到树上去了。起初，他们询问了树种的名称，然后一群陌生人就开始谈论各自的快乐与忧愁。“这棵树春天开花的时候，可好看了。”“这里的盐分太厉害了。”“夏天，树枝在这里投下怡人的阴凉。”“市政正在种植更多的树木。”接着，有人谈论起了树木的亲密关系。“树木和人一样。它需要与生俱来的刺激，甚至包括那些可怕的噪声。”最后，一个扎马尾辫的白人男子开始拿出证据，高谈阔论“9·11”阴谋论。人潮散开了。我骗他说我会去网上拜读他的大作，然后我支开他，让他离开这条种满树木的百老汇大街。我开始用蓝线倾听树木，并刻意避开别人的目光。

树皮上贴着的传感器，能过滤掉空气中的波动，记录木质部的声波振动。人类的声音会轻轻地搔着树皮表面，在录音文件中留下不真切的印记。我们的语言会消失在树皮的海绵状组织中。更有力的声音，才能穿过它的躯体，最终进入树木声音的世界。铁轨，位于地面以下两层楼梯之处，第七大道快速列车在树木东侧十步的地下通道中穿梭，反复震动着。当它开过的时候，车轮撞击在轨道上所发出的砰砰声，对于所有乘客来说都十分熟悉。声音沿着根系，流向并振动树木，几分之一秒后，街道栅栏也发出了声音。声波在混凝土和木材中的传播速度比空气中快十倍。在空气中，不论是巨响、尖叫还是战栗的声波，每秒钟穿行的距离都差不多有一个街区那么长。而铺路的建材里，同样声音的速度超过每秒钟三公里，几乎是一个中央公园的长度。在道路的花岗岩镶边中，声速会再次加倍。声音在这些介质中的运动，不但速度提升，能量衰减也很小。当我坐在梨树下的低矮护栏上时，当地铁经过时发出震颤，我的臀部和脊柱都能感受到金属传来的振动，而空气中的能量则只能搅动内耳里最细的毛发。

这些运动已经变成了树的一部分。城市的喧嚣已经刻在梨树心里。当植物被摇动时，它会长出更多的根，投入更多的精力来稳住自己。变得更硬的根系，让它们更能抵抗摇摆和弯折。更多的纤维素和木质素让纵向的强度也增加了。因此，比起那些乡野表亲，城市树木更紧密地附着在地上。由于振动，树干变得更加粗壮。在树木内部，组成木材的细胞越来越致密，细胞壁也更加结实。尼采的格言说："我从生命的战争中学到，杀不死我的，必将让我更强大。"也许我们可以跳出个体主义，重新看待这句话。从生命的关系中，我们理解了：我从生命的网络中学到，杀不死我的，必将成为我的一部分。外部的振动，使得树木弯曲瑟缩，但在这个过程中，树木也内化了振动。树木是植物的生命、大地的颤动和风的吹拂之间对话的具体表现。

一辆载着啤酒的卡车停在树前，它的柴油机不停地抽动，巨大的声波好像让我的肠道和咽喉都在蠕动反流。我摸了摸树皮，手掌下感受到了轻微的几乎察觉不到的震颤。司机猛地打开货仓的金属门时发出的巨大响声，像是用搓衣板打了我的脑袋。我眨了眨眼睛，我的视线在波纹般的混响阴影下，波动了一毫秒。

卡车发动机的低频声音，可以不受阻碍地通过树叶，像海水汹涌着流经海草。那些高频的声音，比如，街头萨克斯艺人卖力的即兴表演，送货车在红灯前急刹车的噪声，一个女人对着麦克风高声大笑，还有激动的燕子发出的高亢音符……这些都会通过一厘米长的、跟梨叶差不多大小或更小的声波，向外传递。成千上万的叶片，是上了蜡釉的反射器，它们像穹顶一般笼罩着人行道，城市的高音被叶片反射保留，而低频的声音则会溜走。音色也会有微妙变化。当我踩上混凝土板时，树下发出的声音轻盈明亮，可当我走到两棵行道树之间时，声音则褪去了亮色。它飞舞着，像是进入了空旷的空间，就在这曼哈顿中心的几步之遥，我们跟着声音穿过森林和峡谷。比起耳朵，我的皮肤能够更好地感受到这些轻微的声音。

像梨树一样，我们的整个身体都有“听觉”。倾听，不仅仅是来自耳朵的感觉。在我的耳道上，纤毛束好似漂浮在海水*中，植根于细胞表面，每一束纤毛都能把高高低低的空气振动转化成神经信号的闪烁。纤毛束把这种纤颤性流动翻译成电荷，再传递给大脑。振动也会通过许多方式到达大脑。中耳的听小骨，用杠杆撬动着耳膜。包裹着内耳的颞骨，随着传进传出的声音而振动。我们的头盖骨像是盘状的天线接收器，也像是一面鼓。嘴巴是湿湿的号角，喉咙和脊骨是下半身振动的通道。躯干如果是南瓜，里面的一半就是瓜瓤——我们的脏器；另一半则是空的——我们的肺。皮肤覆盖着脸部和耳朵，顺着耳道往下爬。耳环是触角，刺探着身体丢失掉的频率。在我们意识到声音之前，神经交缠着聊天，决定着把什么讯号送到意识之中。舌头的味觉、情绪、脚底神经和皮肤上的毛发，都调制着我们的感觉。我们所感受到的，是身体同絮絮叨叨的世界一齐对话的结果。

城市的声音，让我更加清醒地意识到这点：感觉不是沿着单一的轴发生的刺激和反应，而是整体意识的展现。从豆梨树往北三十步，一个小贩在嗞嗞作响的铁板上烤着肉类和配菜，他的食物一定是又咸

* 指淋巴液。

又辣的。在大街上的喧闹中，只有强烈的味觉刺激，才能让我们稍稍有点感觉。只有在安静的环境下，调味品才会变得柔和而微妙。在曼哈顿声音此起彼伏的餐馆中，味觉一定间接地受到了损害。在如同工厂流水装配线一般吵闹的餐桌上，甜的、辣的、咸的，都不一定能吃出味道，更不用说水果和绿叶菜的呢喃了。

我们的皮肤也会影响我们听到的东西。疾驰而过的卡车带来猛烈的抖振风，尾迹使树枝摇摆不定，我们对声波的解释也可能会出现乱码。实验表明，我们在头脑中所体验到的“听觉”，一部分来自我们的耳朵，另一部分则来自我们身体的其他部分，特别是空气在皮肤上的运动。空气无声地掠过我们，改变了我们大脑的感知。当空气吹过皮肤上的触觉感受器时，我们会把完全的咽喉音听成送气音。我们把“嗒嗒”听成“啪啪”，“焦油（tar）”听成“酒吧（bar）”，“进餐（dine）”听成“松树（pine）”。如果这些词汇是在耳边轻轻说出的，这种敏感也许并不令人惊讶。然而，就算不是我们的脸，我们的手也能体验到空气的涌动。吹拂在我们皮肤上的空气，改变了我们听到的事物。所以，当川流不息的车辆搅动了人行道的空气，或者当建筑物使向下的气流偏转到行人身上时，这些城市的物理过程，会融入我们对世界的感知，改变我们听到的声音。所谓的外在环境，其实跟我们内心的体验和意识之间没有明显的界线。

情感、思想、判断，这些内在的感觉会融入外部刺激中。音乐的高低和类型会改变我们对食物和葡萄酒的看法。低音会让我们的舌头感到苦涩，欢快活泼的曲调则对应着美味佳肴。柴可夫斯基圆舞曲在味觉上唤起了细腻复杂的感觉，这种感觉在合成播放器演奏摇滚乐时不会出现。当城市的声音从我们所谓的不适当的背景中（比如在公园而不是街道）出现时，即便声音振幅本身没有什么差异，我们也会认为它们更加嘈杂。所以，“噪声”不仅来自于卡车引擎，也来自我们的内心对于是否“相宜”的判断。

在车辆喧闹、机器轰鸣的环境中，人们的声音越来越大，越来越高，元音也会拉长。我们用更大的能量去说话，用更加强有力的肺和面部肌肉表达自己。无独有偶。鸟儿在交通噪声中，会把歌声啼得更加高亢，以期压过城市的隆隆声。它们必须叫得更响亮，才能被听到。那些无法适应的物种，将失去声学网络，与种群隔绝，从而消失。梨树上最经常听到的是椋鸟的唠叨。它们尖声叫嚷、嘁喳说笑，盖过了马路上黏滞的噪音泥潭，进入一个无人侵占的声学领域。

其他新兴的产物，也加入了城市的声音，迷惑了这里的许多物种。电线和发射机填满了城市，它们发出的电磁辐射，比乡村更加强烈。这种噪音扰乱了鸟类的罗盘，它们在无线电波的薄雾中，不知道该何去何从。柴油烟雾会黏着、扭曲花粉的芳香物质，让蜜蜂无法找到花朵。飞蛾无法跟随城市的气味找到伴侣。树叶的微生物居民也似乎找不到彼此，无法相互交谈，这些都降低了城市中的生物多样性。只有少数物种能够在这个全新世界中走出自己的道路。豆梨就是其中之一，它利用人类对它的喜爱，在城市中繁衍生息。

晚上十点，满月的银光洒满了豆梨枝头的花朵。光线是间接的。峡谷一般的街道里，窗户反射月光，把月华照耀到花瓣上。月亮本身就是一块玻璃，接收来自太阳的光芒。光线倾洒在花朵上，越往下便越暗淡。下方的街道上，一家店面透出琥珀色的光，夹杂着来自报摊的霓虹灯中的一缕红色，一起迎接着月光。太阳变成煤炭，点亮了灯泡，照耀着花瓣。百老汇大道此刻是一条充满“阳光”*的步道。东南的几个街区，整条街道都是闪耀着银光的梨花隧道。曼哈顿犹如中国清代画家恽寿平笔下的水墨画上，那月光晕染着花朵的笔触。

到了早上，这些17世纪的中国意象，就此消散。啤酒卡车在路边停靠着。燃烧缸驱动着活塞杆，发出的声音让千万朵白色梨花不住地摇动。

豆梨能在曼哈顿大街上出现，归功于沙门氏菌的近亲——梨火疫病菌（*Erwinia amylovora*）。这种细菌原产于北美洲，喜欢寄生在蔷薇科植物上。蔷薇科家族包括苹果、黑莓、山楂和梨。当殖民者把西洋梨带到北美洲时，欧文氏菌（火疫病菌）开始肆虐袭击这个天真无知的外来者。像蜂巢里的蜜蜂一样，欧文氏菌的细胞不断交换彼此的信息，利用集体知识来决定何时分泌化学物质，对植物进行攻击，或对其他细菌采取防御。20世纪初，这种细菌来势汹汹，“烧焦”了美国的果园。因为染病后的梨树，叶子枯黑，枝条扭曲，故而欧文氏菌得到一个俗名——火疫病。林果作物的损失接近90%。1916年，美国植物产业局（U.S. Bureau of Plant Industry）局长委托荷兰裔植物学家、探险家弗兰克·梅耶（Frank Meyer），从中国“尽可能收集”梨树品种。农学家们希望通过杂交亚洲与欧洲的梨树，能为美国的果园培育出一些能够抵抗疾病的新品种。于是，梅耶将一包包的种子送回美国，豆梨也在列，它的英文名是为了纪念一位早期的欧洲探险家——加力（Galley）。梅耶说，豆梨能够“奇迹”般地适应中国各种恶劣的土

* 能量来自于太阳。

壤并茁壮成长。不过，梅耶本人从未在美国的土地上见到这些树，在他乘船前往另一个采集点的时候，溺死于长江。然而如今，他引入的树木遗产，却遍布美洲大陆。

如植物育种专家所希望的那样，一些豆梨变种能够对抗火疫病，故而它们现在被用作许多其他梨树的砧木。在实验果园中，有几种梨树在春天里特别美丽，这些其华灼灼的白色花瓣吸引了20世纪50年代园艺家的目光。当时郊区扩张，人们需要快速成长又适合观赏的树木。一个来自南京的叫作“布莱得福（Bradford）”（以马里兰州植物培育者命名）的品种，脱颖而出，然后被嫁接克隆。从这棵树开始，数百万街道、住宅区和工业园开始种上这棵树的后代。当植物学家想起20世纪六七十年代，想到的不是穿着扎染衣服的“爱之夏”，而是单色的无性繁殖的“布莱得福”。

曼哈顿，曾是德拉瓦人（Lenape）口中的“多山岛屿”。那时候，橡树、山核桃和松树生长在如今的第八十六街和百老汇大道的交叉口。向东几十步，一条水流蜿蜒穿过被德拉瓦人焚烧过的草甸。艾瑞克·桑德森（Eric Sanderson）搜集了该地区的老地图和相关文献，我是从他那里知道了这些历史。他引用了17世纪30年代荷兰人约翰·德拉特（Johann de Laet）、大卫·皮尔逊·德瓦斯（David Pieterszoon de Vries）和尼古拉斯·凡·瓦塞纳（Nicholas van Wassenaer）所述，这里曾是一个有着“大量的雄鹿和雌鹿，很多狐狸，很多狼，和数量众多的河狸”的岛屿，上面“树木高大”，“鸟儿的鸣叫充盈着树林。人们几乎难以在这喧闹叫嚷嘈杂之中通行”。将近四百年后，我观察了另一个荷兰人弗兰克·梅耶所带来的梨树，持续几十个小时后，我没在花朵之间看到一只蜜蜂。在其他树林中，那些总是伴人出现的蚊蚋，在这里竟然缺席了。我看到了五种鸟：欧椋鸟、欧麻雀、欧岩鸽，以及一只穿过了建筑物的峡谷上空的红尾鵟，和一只苇莺。苇莺在树上蹦跶了两秒，然后飞过第八十六街，冲向江滨公园。

非人类生命的多样性正在锐减。这就是昔日“曼哈塔”这座沿海岛屿，变成“新阿姆斯特丹”，再变成“纽约”的变化过程。这一生物随着城市兴盛而消亡的路径，在全球范围内屡见不鲜。平均来说，城市中的原生鸟类只有周围乡村的 8%。植物则稍微好一点，四分之一的乡土物种能被保留在城市地区。伴随着原生生物多样性的缩减，同质化也随之出现。世界上 96% 的城市中有原产于欧洲的早熟禾（*Pao annua*）。这种低矮的草本植物是多种禾本科植物杂交演化而来的。杂交的过程，让这种小草继承了诸多亲本的遗传馈赠，它们适应城市，成为人类在全球城市传播时敏捷的追随者。鸟类群落也主要由少数全球性的物种组成。我在梨树上看到鸽子、家麻雀和八哥，世界上至少 80% 的城市能看到它们。

这种情况似乎为许多环保主义者的反城市主义增添了更多证据。然而，城市仅占世界表面的 3%，却为一半人口提供了住处。这种集约化是高效的。纽约居民向大气排放的人均二氧化碳，不到全美平均排放量的三分之一。不像亚特兰大和凤凰城这样不断拓展的城市，过去三十年，纽约的交通运输的碳排放其实没有增长。丹佛有大量的草坪，肆意挥霍着水资源，可它用科罗拉多州供水量的 2%，养活了四分之一的人口。因此，乡村生物多样性之所以很高，只能是因为城市的存在。如果全世界的城市居民都搬到乡下去，当地的鸟类和植物就不会过得这么好了。森林将会倒下，水流将会淤塞，二氧化碳浓度将会猛增。这可不是无端推测。几十年来，城市居民逃到郊区和远郊周边的结果，就是砍伐殆尽的森林和猛增的二氧化碳排放量。所以不要去悲叹全球城市中的生物正在减少，不如把它看作被紧缩的城市背景下，鸟类和植物多样性正在向乡村扩张。

在城市中心，即使 80% 的土地被建筑物和道路占据，物种们也能生存，有时还颇为兴盛。两只河狸一直蹲在纽约市旗上，那是曾经的荷兰毛皮贸易的象征。二百年来，寂寞的河流没有河狸造访。现在，动物都回到了丹佛，它们被清洁的水源和布朗克斯河（Bronx River）的新鲜植被所吸引。从豆梨往东走几个街区，就是中央公园。现在正是鸟类春迁季节，几分钟里，我就看到了三十一种鸟，其中大部分出现在原生树种的区域。有些种类是留鸟，其他候鸟则利用公园绿地，沿着海岸向北迁徙，朝北寒林的冷杉飞去。当年那些“喧闹叫嚷嘈杂”的声音，还没有完全从曼哈顿的森林中消失。

多亏了上一代规划者，纽约 20% 的陆地表面被树木覆盖。几乎每棵树都是人工种植的。1904 年，为了修建城市的最初二十八个地铁站之一——第八十六街地铁站，百老汇大道被开凿出来，此后再被填上。在这个挖掘过程中，只有一棵树幸存了下来，它当时就站在离现在这棵豆梨不远的地方。1920 年奥瑟·霍斯金（Arthur Hosking）所拍摄的街景照片太模糊了，不能准确地看出当时的精确位置，但黑白照片记录了当时的街景，百老汇大道和人行道上只有几棵小树苗，一些街区仅有一两棵树，那曾是植物的沙漠。在接下来的几十年里，人们在城市中大量种植树木，进行绿化。不过，在过去的三十年中，植被覆盖率又降低了。绿地被建筑物占据，种植的树木也不多。于是2007年，纽约市和纽约重建计划组织（New York Restoration Project）共同发起“纽约市百万树木计划”（Million Trees NYC project），通过种植养护至少一百万棵树苗，以期扭转植被衰退的颓势。到了2015年冬季，种植一百万棵树的目标已经实现了，但是减缓绿地损失总量的长期目标仍然前途未卜。

“布莱得福”豆梨不在“纽约市百万树木计划”之列。这个品种已经失去了宠爱，至少园艺家们已经不喜欢它了。从母株那儿遗传来的特性，导致所有的后代枝条先天不足，十分脆弱。它们会在冰雪的重量下咔咔作响，即使那些因为地铁噪声而长得格外粗壮的个体也不例外。因此“布莱得福”豆梨比大多数其他树，更需要园艺家的悉心照料，他们又要修复树枝的损伤，又要把健康的枝条塑造成更结实的形态，减少脆弱、尖锐的分枝。后来实践证明，栽培这些20世纪60年代的明星树种，十分耗费精力。更何况，它来自另一个大陆，这不符合我们现在对于生态价值的评估。乡土树种具有更丰富的群落，它们招待了更多的食叶逐花昆虫。而这种多样性又为掠食者提供了食物，招引了蜘蛛、胡蜂，以及鸟类，就此提高了生物多样性。当地的动物还没对豆梨的化学防御演化出对策，豆梨因此得到了庇护。梨叶整洁而完整，没有被毛毛虫或潜叶虫咀嚼的痕迹。我们一度把它看作是观赏树木的优点，现在却成了生态缺点。“布莱得福”豆梨在城市之外的表现，进一步损害了它的名声。豆梨不能自花授粉，但当它的花粉或胚珠与其他豆梨变种结合，会结出带有卵石花纹的果实，极易繁殖传播。在梅耶从中国引进豆梨的一百年之后，派他去采集豆梨的政府，将豆梨列为入侵物种。

人类对豆梨的优待偏好，已经发生了转变。这样的案例也不少见。欧亚女贞，曾作为绿篱植物在18、19世纪美国庭院中大量种植，被政府植物学家和民间园艺人士极度褒扬。这些外来的女贞，现在已经覆盖了美国数百万英亩的森林。大多数现代生态学家和园艺家都把它视为毒草。柳穿鱼，一种开着漂亮黄花的草本，原产于欧洲，曾作为药用和观赏植物来到美洲。这个物种蔓延开来，走向河边、草地和整个大陆，有时候它成片生长，能覆盖数千亩的土地。数以百计的其他物种的经历也很相似，它们曾经备受推崇，如今却被弃如敝屣。我们歌颂那些曾被先人鄙视忽略的乡土物种，我们压制入侵物种，认为它们不属于这里。人们定性一个物种，都是基于实用主义，而这又对应着时代的不断变化。我们不再喜爱具有火炭病抗性的豆梨、造篱植物女贞，或是曾经药用的数百种其他外来植物。如果火炭病再次席卷美国果园，金属篱笆依旧稀缺珍贵，药店尽数关门……我们曾经争论的物种归属的故事，又会被改写。人类的头脑既疯狂又多变，总是根据我们需求的发展，去延伸、改变我们所处的生命网络。

深夜，交通缓解了。人行道上的人群变得稀疏，上西区（Upper West Side）街上高租金公寓里的人们锁上了大门。豆梨现在迎送着那些睡不着觉的人和那些睡得着但是无处可去的人，还有那些必须继续赶路的人。一个女人裹在一件脏脏的大衣里，她坐在树边的栏杆上，头向前倾，不住咳嗽。下午，火车通过，在这里扬起灰尘，孩子们也被呛得边笑边咳嗽，而她不同。这个女人的咳嗽，是从她布满皱纹的脸上，从她干裂的嘴唇发出的。她拿着烟蒂吸着，肩膀隆起颤抖，液体在她残破的肺里抽搐。这声音让人揪心，引起一阵恐惧的震颤。不知怎的，我的耳朵和大脑理解了肺水肿的痛苦。

雪茄的蓝色烟雾进入肺部，与此同时，城市的空气也已经被污染破坏。我们每次呼吸的气体，都来自纽约市近二百万辆汽车的排气管，来自每年冬天燃烧十亿加仑燃料油的烟囱。在上西区和城中其他租金较高的区域，一些最古老和最负盛名的建筑物中，居民是通过燃烧柏油污泥来取暖的。这是一种低品级的燃油。这些烟囱排出的气体，可与19世纪"老雾都"的烟囱一较高低。在过去的十年中，最脏的油料已被淘汰，因此减少了四分之一的烟尘和四分之三能形成酸雨的二氧化硫。现在，即使这是五十年来纽约空气最干净的时期，上西区依然是空气污染地图上的一个热点，遥遥领先。

后来，咳嗽的女人继续赶路。开始下雨了。站在树下，几分钟内我都没淋到雨，这是因为雨水附着在树叶上，一开始会沿着树枝流向树干。跟亚马孙的雨不同，我只听到了树叶发出几下咔嗒声，其他的声音都被轮胎碾轧抛溅的水声和旋转的轮胎声所掩盖了。甚至是伴随着雨水的隆隆雷声，也被轮胎声盖过，直到一道惊雷在头上炸响，才真切了些。既然耳朵关闭了，皮肤就再次成为雨水传感器。只有当树冠饱和时，我的脸才开始感受到树叶滴落的雨水，冰冷刺激。三步开外的露天人行道，雨量远大于树下。叶片的表面能捕获水，树叶变更了雨水的路径。有些水附着在树表面，永远不会到达地面。大部分被树木截获的雨水，流向树皮，然后滑落到树根下的泥土中。这里的水大多被多孔的泥土吸收，而不是流淌到不透水的街道上，或流向排水沟。

树木的截留和雨水转移有着良好的后续效应。纽约路面上，一半以上的雨水会流入排水管，这些管道也被用作污水管道。一场大雨，会让污水处理设施不堪重负，吐出那些来不及处理的污水，直接排入河流。树木可以缓冲暴雨的径流，减小了雨污混流溢流量（combined sewer overflow），减轻了流域污染。树木和周围的土壤，还有新的滞洪池一起发挥着作用，暴风雨引起污水流入河流的比例，已经从1980年的70%降低到今天的20%。哈德逊河中的鱼类，也因此或多或少地受到百老汇大道的土壤和树木的影响。

我的手摸着树皮，感到一股冰冷的液体在手掌的压力下渗了出来。雨水不断从树皮上的皲裂流下来，像是微缩后垂直放置的辫状河流。气泡掠过这些水道。我收回了手，手上有一层脏脏的水雾。我本想靠在树上休息，却弄了一手灰浆。我把手伸到雨中，几分钟内，雨水滂沱，冲走了污垢。树的基部，也有一层泡沫堆积在像盐沼般黑暗的水洼里。排水沟也变黑了，城市的剥落物把它变得浑浊朦胧。树木拦截的不只是水。雨继续下，树皮上出现了斑驳的绿宝石光泽。树皮表面被冲刷干净了，藻类群落再次笼罩在临街的光晕中。

燃烧会产生微粒和尘埃，这些颗粒污染物会落在树皮和树叶上。雨水来临的时候，这些厚厚的灰尘结壳就被冲刷到地面上。在干燥刮风的日子，堆积的碎屑会再次被抛撒到空气中，如同一个抖动的真空吸尘器袋。不过，总体来说，树木还是能起到净化作用的。夏天，叶子通过气孔吸入烟尘和污染物颗粒，增强了这种效果。这些化学物质溶解在叶子湿润的内部，并被同化而进入植物细胞中。

不是所有的树木可以在这种需要吞咽毒药的环境中存活，但中国贫瘠土壤中锤炼出的豆梨，对这样的严酷环境有着充分的准备。在树木细胞内部，化学物质能够与金属镉、铜、钠和汞结合，并产生无害物质。遗传学家把产生此类化学物质的 DNA 设计裁剪到细菌中，发现培养出的细胞能够降解金属溶液的毒性。如果这种创新可以应用于实验室之外，那么，通过细胞内隐藏的基因，豆梨或许能帮助我们清理工业废料。树木内部的化学物质不仅有助于树木在城市的空气污染中生存，也让它能够更好地抵抗融雪盐对根部的侵蚀。冬天，邻近公寓楼的门卫以及市政卡车，都会在百老汇大道上撒盐融雪。比起那些更娇嫩的树种（比如槭树），豆梨游刃有余。就像生长在西部的弗里氏杨一样，在中国的土壤中生活许多世代而获得的能力，使得豆梨能在融雪盐的淋溶下茁壮成长。

统算起来，纽约目前大概有五百万棵树，除了四万吨以上的二氧化碳外，它们每年还能去除大约两千吨的空气污染物。在最佳的夏季条件下，在树冠较厚的地区，树木每小时可去除某些污染物的 10%。但是，气候条件很少如此理想，更何况新的污染源源源不断。一年下来，树木大概可以清除城市空气污染物的 0.5%——这是一个削峰填谷的平均值。比起那些生活在树木稀少，甚至没有树木的环境下的人，人们在绿化设施良好的社区中，呼吸更畅。那个女人浑浊而充斥着痰液的咳嗽，可能是因为她吞吐的雪茄，可能是因为汽车排气管的烟雾，也可能是因为她在 20 世纪 60 年代的童年时居住在没有树木的地方。

人类肺腔和树叶内部，都是生物碳的捕集器，彼此相连，又与城市相连。城外的垃圾填埋场，集中并封存了大型的垃圾，可我们还是沐浴在垃圾云雾里，居住在无数的垃圾微粒之中。哮喘住院率与树木稀缺程度的地图相吻合。纽约市公园及文娱局的城市植树规划现在就以这些指标为依据，纽约市公园局重新在这些街区内种植树木。这次，政府主动出击，与以前居民打电话请求种植树木的方式形成了鲜明的对比。以前的种植模式，会让树木茂盛的地方更加葱郁，而那些没有树木的街道，依旧被人忽视。现在，城市兼顾了两种方法，不但响应居民的要求，更在人们最需要的地方进行更多涵盖整个街区的种植，打造城市森林冠层。我们甚至不需要通过二氧化硫探测器来感受这些变化。当我们从树下走出，然后进入露天，会感受到街道声音纹理的变化，空气的味道也是如此。一块绿化丰富的街区，空气中会有少量的沙拉和泥土的味道。那是从树叶的气孔中飘移出、从树干底部的泥土里散逸出的气味分子。当我们在其间呼吸时，我们品尝到了森林的气息。在那些没有树木的街区，空气则是棕色的，带着淡淡的酸味，还混着发动机、水槽污垢和沥青的气味。当我们从挤满公共汽车的主路走到公园时，这种对比最为强烈。在茂密的林间空地和开放草坪上，我们的口腔被叶片蒸馏出的精油塞满了。

植树造林是建立城市森林的第一步，但即使把树苗种在最适宜的土壤中，也不能保证树木的成活。树苗可能因为交通事故、肆意破坏公物的行为、过度干旱、污染过盛、狗大便太多、人行道清洗造成的土壤损耗等而夭折——树苗要面对城市中成千上万的箭矢和投石。在工业区和空地附近，40% 的植物将无法挨过十年。树种具有不同的耐受性，豆梨是纽约街道上最容易生长的树木，存活率比最柔弱的法国梧桐高出 30%。不过，树木与人类群落的关系，比种间差异更加紧要。一旦树苗进入到人类社会网络中，生存率会大幅提高。邻居种植的树，能比匿名者种下的树木活得更长。如果树上挂着一块标识牌，列出它的所有需要，比如水、覆盖物、松软的土壤，以及周边不能有垃圾等等，它的生存概率就会跃至近100%。行道树就是如此，它理所当然地具有了人格，成为街区的一分子，受到关注和爱护。一棵被赋予了身份和历史的树，比起一棵由市政工程安排种下、没有背景故事、没有人类同伴的树，活得更长。

城市居民和树木的心理纽带，往往很紧密。在我和纽约市民的交谈过程中，发现他们和树木的牵系与亚马孙的瓦拉尼人，并无二致——同样深厚，带有强烈的个人情感。当他们不经意间谈及曼哈顿街头被建筑工地破坏的树，他们所表现出的愤怒，不亚于当亚马孙的瓦拉尼人谈起因为开路而砍掉的吉贝。与树木生活在一起的人，都能深深体会到这些创伤，他们的生命早就被紧紧地包含在了树木本身的命运之中。不论是在纽约市区还是郊野，关于树木未来的对话，会拉近陌生人之间的距离，产生新的活力和联系。树木，特别是那些与人类比邻而居的树木，是人类对于感受"无我"的桥梁。在纽约的公寓前，树叶的沙沙声和春天树木卓然的绿色生机，都让人想起森林里的过往。当这样的"桥梁"减少，树木显得弥足珍贵，它们能让城市居民感受到大自然，能让他们更理解那些生活在森林和果园里的人，并知晓树木与人类生存休戚相关。

不过，对于树木的关爱，并不是普世的。人类与树木的关系的多样性，显而易见地呈现于树干周围的土壤中。一个膝盖高的金属围栏，保护着这棵豆梨，与绝大多数树木护栏一样，它是由人行道后面的公寓楼的业主提供的。有时会有彩叶草、秋海棠种在树穴里，项链般地点缀着树根基部，簇拥在人行道上。这两种植物都原产于东亚，一年一度开花。豆梨以一种意想不到的方式 “回家”了。在一年中的大部分时间，土地是一块画布，城市用“点彩画”的方式来装饰它。仲夏的一天，我在这里一共数出了六个烟头、九块口香糖（两块还被压在树皮裂缝中）、一个插着鲜艳吸管的葡萄汁罐、一条破碎的橡胶带、一卷报纸和一个蓝色的塑料瓶盖。

在豆梨南面，那里街区的树木就没有公寓的工作人员照料了，反而有一家杂货店，每天用水枪冲洗混凝土人行道。一棵银杏树的上部根系因此在一个没有土壤的坑穴中悬空挥舞。在东北边的街区，有人拆了牛奶纸箱，用粗糙的一面为一棵树做了护栏。边上还有一块手写的标牌：请勿让狗在此大小便。文字下面还画了三道线。另一块护栏是由居民从五金店买来的栅栏，覆土上还盖了一层大理石碎块。在豆梨北边有五棵树，小贩们把推车停靠在不加围护的树木边上。饥饿的人们的脚步，把树木周围的泥土踩得跟人行道一样坚硬。不远处，第八十六街的公寓正在装修，两年来，脚手架遮蔽了树木的水分和阳光。到了十二月，虚弱的树木又被绑上灯泡，接到树旁人行道下面的电线上。东边几个街区靠近博物馆和中央公园，这里的泥土已经被翻松了，随着季节更替而变化，有时簇拥着笔直的紫色郁金香，有时点缀着一团团缅因州的冷杉树枝。如果行道树是超越人类社区的门户，树木栏杆和树穴就是一扇扇窗户。透过它们，我们能看到人的多样性。

树木围栏的作用，就是为了保护根系和枝干，使它们免受车辆和行人的践踏。但是，有时人类也要提防树木。如果树木没有好好修剪，有时候突然断裂的枝干，会给站在下面的人带来灾难性的后果。在我造访这棵豆梨的第二年，几根发育不良的枝条，在春天的花期后，终于长出了叶片。树叶、树枝表面都有蜷虬的棕色结痂。这棵豆梨没能抵抗住火疫病，细菌通过花朵进入，然后侵入嫩枝和树叶。聚集在邻近公寓楼入口的门卫和他的朋友告诉我，他们对此有多么担心，如果街区里损失这样一棵树，会使他们十分难过。与此同时，死树的枝条也会打到路人。后来，晚些时候，修枝专家们来砍掉了枯枝。这是一个技术活儿，位置和角度的切割都要刚刚好，伤口才能愈合。

尽管有树枝掉落的危险，可纽约市对这些奄奄一息的树枝的处理政策，却始终反复无常。2010 年，该市“修剪”了树木修剪预算。第二年，树木砸伤行人的诉讼案件数量激增，纽约市政花了数百万美元来处理这些案件。有一个坐在长凳上的人被树枝砸到重伤，该案件的赔偿金比前一年“修剪”预算还多了两倍。纽约市意识到：在纽约，一棵树的倒下，不仅仅是被听到而已，如果有一个精通法律的人站在下面，那可就麻烦了。2013 年，政府恢复了树木维护资金。如今，在第八十六街和百老汇大道的豆梨树下散步的人，都是这一法规的受益者。豆梨枯萎的枝条也因此被砍掉。比起其他地方，在城市森林中，我们更应该意识到，我们如果想从这些木本表亲那儿获得好处，也必须投桃报李，悉心照料它们的每一根树枝。

早高峰时间到了，人行道变成了摩肩接踵、熙熙攘攘的河流。河流的声音是来自不同鞋底的声音——男式皮革底鞋发出马蹄一样的声音，摇摆的时髦女郎发出咄咄声，跑步者发出的嚓嚓声，狗趾甲发出的嘀嗒声，以及疲倦的路人趿拉着鞋底的声音。第八十六街地铁站入口，犹如河流底部的坑洞，一口口吞下人潮，然后向外冒出更多泡泡。城市公交车从站台轰鸣而过，通勤者的“尾迹”很快消散在人行道上。

在第八十六街和百老汇大道交叉口，交汇的车流动荡地合并着。交通信号灯设置着路口的节奏。豆梨安安静静地站在这人潮涌动中，紧靠在“河岸”上，像一池平静的水。人们只需要一转身，就能跳出人潮激流。他们在树的旁边，享受这树木和护栏阻隔出来的一方静谧。在冬天的地面上，也能窥见这种节奏。树下的雪地之上，偶尔散落的脚步，像花瓣飘落。相邻的人行道则被脚步踩成泥浆，那些脚步都沿着一个方向移动。弗里氏杨在丹佛河岸上创造了生命栖息场所，和它一样，这棵豆梨也为人们在周围环境中开辟出更多的可能性。

豆梨树周围的静止的空间，有着性别和种族意味，不是所有人都会在这里驻足。我看到的几十个人中，有四分之三是女性，种族和阶级各异。至于男性，则没有一个是白人，除非算上我。可在树前行色匆匆的人群中，不乏白人。在树旁静静的池水边，有人打着电话，有人点燃并吞吐着香烟，有人整理着包袋和雨伞，有人站着休息，有人摊开报纸，坐在栏杆上。

在纽约，如果没有“正当的理由”妨碍行人通行，甚至“故意造成公众不便”，会违反纽约州刑法，可能会被送到雷克岛（Rikers Island）监狱，判以 15 天监禁。不过，大多数人都只是缴纳罚款，或是从事社区服务相抵。当然了，要是你在城市里，在人行道上走着或站着阻挡他人，依照法律，警察可以随时拦下你。这么说来，行道树永远在阻挠人们通行，它们都好像哈华德・内梅罗夫（Howard Nemerov）所观察的那样，对意图和目的保持着“彻底的沉默”。同样，那些走神的人类是常常有藐视法规的嫌疑。漫无目的地汇入人群是妨碍秩序的行为，随停随走是违反法律的行为，站在行道树下则算是微型的颠覆行为——这也是那些穿着考究的男人很少步入豆梨树树荫的原因。把自身融入城市节奏和规则中的，并非只有树木。

当我走出树荫，我发现我的存在，无意间把这场小型的“颠覆”变成了“挑衅”。一个白人男性站在人行道上，创造了另一种形式的性别空间。我背靠一个店面，手里拿着笔记本，现在，我是一根被杵进河岸的木桩，占据了人行道可用宽度的10%。在我这样做的几分钟内，一到五个男人加入了我，他们就站在一米之外，吃着街边的食物，或者打着电话。我的“同伴”中没有女人，尽是男人，基本上又都是白人。我这样做了三次（有两次是为了清醒一下，一次是为了做我的实验）。我意识到我制造了一个令人讨厌的空间，影响远远超过了10%的范围，给公共步道上的人们造成了不便。我的体积固定在人行道上，这是一种消极的“男性碰撞”，就跟那些在人行道上不肯向女人让路，甚至以身体接触冒犯的人一样。工会组织从业者贝斯·贝思劳（Beth Breslaw）曾试着像男人一样走路，在纽约城中如冰上曲棍球一般粗鲁直接，横冲直撞。当她走路的时候，几乎所有的男人都拒绝让开，即便是让出一小片“他们”的空间也不肯。我从靠墙站立的经历中，也学到了一些东西。后来我把记笔记的地点转移到商店门口或者地铁出口边的角落，只要我手里拿着笔记本，人们就不会关注我。当我一脸茫然地站立的时候，即便此地并没有很多行人往来，也会有其他人站过来。但如果是在树下，不管我是站是坐，我的存在都没有侵占其他人的空间。那么，至少在曼哈顿这样车水马龙的地方，这棵树构建的平静空间，似乎或多或少地摆脱了人行道的一般规则。不过，如果我用一个其他的身份站在别的地方，恐怕就不能如此太平。

行道树使得人们的行为更具多样性，尤其是在一个没有“百万长凳”项目的城市里。在这里，人们往往只能选择前进。如果纽约的道路是一条沟渠，那么树木就为这条河流提供了河湾和支流。在一个人类多样性极高、权力结构失衡和竞争空间拥挤的城市里，不管行道树是否“有意”，它们都有着社会和文化功能。人们需要学会在纽约街头行走的潜规则，作家珍妮·波顿（Jane Borden）曾说：“纽约是一个介词式的生活。这里没有修饰语，所以不存在行动。”树木改变了街道的语法，让沉默的句子发声。

树木也改变天气——人行道上的天气，乃至整个城市的更大尺度上的天气，从而带给了人们不同的体验。七月下旬的一个下午，我在树下的人行道上放了一个温度计，现在是八十华氏度，二十七摄氏度。几步之遥，没有树荫的地表温度是九十六华氏度，三十六摄氏度。豆梨树用它的身体蓄意阻挠，不但在水平的人类活动中创造了喘息的空间，同时也在垂直的光路上创造了新空间。人行道上的小贩都清楚地知道这一点。一个小报摊和一个童书摊位，都在豆梨树下摆开。几十步开外，另外三个小贩站在大太阳下，可他们的伞的宽度和深度，都无法媲美于豆梨树冠。报摊小贩证实了温度计的结论：在曼哈顿的夏天，树荫很受欢迎。

童书书摊的主人斯坦利·贝西亚（Stanley Bethea）说，为了逃离夏季最热的天气，他会在城外的夏令营里工作，但在其余的日子里，他会在这里卖书，树木保护他，为他阻挡八小时工作时的酷暑。但与附近的报摊小贩不同，贝西亚先生更关注豆梨花朵的美，而不是有没有树荫。对他而言，花开是快乐的源泉，花落会带来悲伤。在炎热的天气里，树叶可以遮蔽太阳，但是四月长出的叶片，就意味着花期的终结。贝西亚先生告诉我，豆梨叶片的出现，带走了美丽的花朵，他对此感到怨恨。因为对于花树的热爱，他对城中的树木何时开花的物候日历了如指掌。有时候，他会走过许多街区去看一棵盛开的花树。百老汇大道商场边宽阔道路中的环岛上有些什么花，每一朵花什么时候会开放，他都如数家珍。他的名片上印着的照片，就是他站在商场边的花树下，微笑着。纽约市公园局和百老汇林荫大道委员会（一个规划和种植植物的非营利社区团体），在城市中培育出美丽的植物条带。沿着这些绿色的生命线，城市的声音、气味和行走活动变得舒适宜人，炙热的人行道得到安抚。季节在花开花落中度量，四季在光阴更迭中轮替。

还是七月的这一天，当夜幕降临，我返回了这棵豆梨，就着树叶底反射出的珍珠般的光线，读取温度计。树下人行道的温度又下降了几度，现在是七十七华氏度，二十五摄氏度。露天温度略高，八十华氏度，二十七摄氏度，但总比下午凉爽得多。混凝土和沥青正在释放热量，像电加热器一样将它们的能量注入一个房间。只是七月的纽约实在不需要这些辐射加热器。道路和建筑物像是无所遮蔽的礁石，它们用灼热的表面烘烤着已经出汗的城市。这是“城市热岛效应”，城市温度比周边区域高出几度。纽约夏季的平均温度比郊区高四摄氏度，即三十九华氏度。树木，阻止了阳光的热量到达地面，叶片的蒸腾作用也会散发出水蒸气，以降低空气温度，从而减缓热岛效应的影响。像在一块敷在前额上的湿手帕，树木舒缓了发烧的城市。而粗糙的树冠，加剧了上层空气紊流，有时也增加了城市的热量。如果一个树木不多的城市被森林环绕,那么城外的对流将比城内剧烈。在这种情况下,对流运动无法将热量释放到更高的大气中。停滞的热层会使城市过热。美国东北部的波士顿、费城以及亚特兰大等城市的大部分时间，都在这样的“高温灯”下炙烤着。城市中的树木通过种种方式减少了城市的热量。每年夏天，纽约的树木能为城市节省下一千一百万美元的制冷费。

对于一个来自乡村小镇的游客来说，曼哈顿似乎充满了人类的孤独。与他人目光相接、点头示意或是擦身而过时说一声“早上好”的寒暄，往往反而导致这些人感到紧张并加快步伐。那些适用于其他地方和其他文化的人类之间的非正式社会纽带，在这里被切断了。然后，个体被释放出来，我们独来独往，但我们是否喜欢或谴责这种现象，取决于每个人的气质和调性。对于外来者来说，这就是城市的诱惑和悲伤；对于树木而言，它们的生物群落同样元气大伤，它们在城市弥漫的孤独中，失去了与社群的连接。但基于我三年多来对豆梨的观察，我认为这些对于曼哈顿的第一印象，对于外来者甚至对一些居民来说可能确有其事，但如果我们将城市考虑成整体，这判断则毫无依据。

人们好奇于我给树木戴上耳机，那时的人行道上充满了无害的好奇心，我的第一次无意间的实验，就聆听到人类社会的沉默之墙中的声音。曾经，人们沸腾而热情，絮絮叨叨地诉说，自由地交流故事和观点。这个社会交换的纽带节点，从无到有，就好像一个创世之神触及了这片人行道。社交聊天隐藏于擦肩而过的沉默中。然后，一个男人开始了精神错乱的咆哮。咔嗒一声，思想之间的连接消逝了，和它的出现一样迅速。由此可见，豆梨下的人际关系网络强大而开放，但是它的免疫系统敏感脆弱。只有人们在接收到正确的信号时，才能与他人建立连接，否则他们就会立马撤走。这些规则，也同样控制着树根、细菌和真菌之间的对话。在土壤的生物群落中，只有选择性地联系才是明智的。这样的网络，一旦形成，就能发挥出强大的效应。

杂耍般的行为可能吸引人们集聚，但他们之间不会产生持久的联系。当我几周后乃至几年后回来时，我发现，长期的联系也在悄然建立。那条人行道上的人们开始向我打招呼。一些人同我握手，许多人嘘寒问暖。这样的连接有着很强的空间特质。在交叉路口的西北侧，也就是在豆梨生长的地方，我颇为知名；但是在东南角，我对于行人来说，就是一个陌生人。没有人搭理我，只有五只鸽子在我到来时，振翅离开。我的造访很不规律，有时我会在几个月后返回，有时继续通宵守夜，有时在不同的时间段站上几个小时。这样参差不齐的出勤率，让我和人们的联系十分松散。

一个地方存在着多种社群，随时间、季节、月份而变化。上午七点半的通勤者，下午两点半带着孩子散步的人，半夜咳嗽和乞烟的人，星期六的早晨匆匆赶去犹太教会堂礼拜的人，星期六晚上的酒徒，夏日黎明的慢跑者，还有冬天下午遛狗的人……在这社会土壤的每一层，人们都被紧密联结；而人们也跨越不同的阶层，产生交集。在我乡下老家，集市上的人们彼此相遇、问候、闲聊、交换眼神，然后走到附近的树下，压低声音深谈，接着大笑、流泪、拥抱，最后继续前行。但在成千上万的路人中，这样体现社交网络的举动，很容易被周遭的活动所掩盖，因此难以察觉。

起初看起来冷漠无情的城市，实际上是成千上万个社群的共存。

我原以为街道上的噪声，是个体自说自话的嘈杂。但我听到的其实是成千上万股紧绷的关系，同时发出的声音。乡村集市大概是热闹的，但这种交谈只能从有限的人际网络中产生。想要参与其中，可不太容易。市场中往往缺少残疾人和贫困人口的声音，证明了这种联系的壁垒。他们地处偏僻，远在数英里土路之外，他们住在破旧的房屋之中，他们开着报废的汽车，只有暗色的画眉与之为伍。乡村，用一种城市无法做到的方式，把穷人和伤者隐藏起来。

纵观这个世界，随着人类移民规模日益扩大，人类社会网络的丰富性，上升到一种数学家称之为“超线性”的模式。当城市人口增加一倍时，人与人之间的联系增加不止一倍。不仅如此，我们与他人交流的时间也在猛增。连接的可能性也日益频繁。纽约、费城和波士顿的存档影片显示出，与 1980 年相比，现在人们在城市公共空间花费的时间更多了，出现在这些区域的女性也变多了。人们大多在独处时使用手机，所以，对电子产品的依赖其实没有影响到人际关系，反而进一步增加了人际沟通。城市吸引越来越多的人进入社会关系。当人和人建立的联结被强化，随之而来的互动、创造力和行动力，也会随着人口的增加而加速。人均指标中，工资、研究和创新领域的工作岗位、专利数量、暴力犯罪发生率和传染病率都对应着城市规模的扩张而增加。和雨林一样，城市越发复杂，合作和冲突也越发彰显活力。这种社会变化与城市的物理发展模式形成鲜明对比。随着人数的增加，公共基础设施建设反而减速了。城市规模的逐渐扩大，土地可利用面积与人口规模的比例，却日益降低。这种情况也彰显在城市的其他特征中，比如道路和公用管网长度，或是硬化的土地面积。这些物理特征和社会趋势朝着不同的方向发展。城市规模扩大，社会联系加快，物理需求则减少，但它们都是同一个故事的一部分。紧凑而繁杂的环境，增加了人与人之间联系的机会。就像豆梨树的木材和我们的肺部都会受到环境的影响一样，我们生活的人际社交，也是环境的直接产物。

城市，使我们更接近大自然。我们是被连接在一起的动物，聚集在我们创造的事物周围，聆听彼此的歌声。其他物种居住在城市中，通过与人类的关系来获得生命和回报。我们针对城市开展的社会网络统计分析，尚未包含非人类。然而，映照在豆梨花花瓣上的月光，街心环岛上花树绽放的时令，春迁经过公园的莺莺……和丰富的人类关系一样，它们都是城市社会生活的一部分。纽约人对行道树的炽热依恋，证明了树与人的关系网络的生命力。这种能量，源于城市编织和连接的力量，其存在的原因，正是缪尔所说的“发霉且瑟缩的拥挤城镇”。

橄榄树

耶路撒冷，以色列

31°46′54.6″ N, 35°13′49.0″ E

一只虎斑猫，一只橘猫，还有一只黑色的大公猫，躺在橄榄树下，宣示着它们的领地。它们互相攻击着，号叫着，在被踩坏的泥地上翻滚。周五，阿克萨清真寺（Al-Aqsa mosque）的祷告者们，在数小时前便已散去。人群从耶路撒冷旧城的城墙上的大马士革门（Damascus Gate）涌出，城墙边的人群，一下从数千人减少到了几十人。街上摊贩们都在橄榄树的低矮护墙下叫卖着，他们一箱箱的鞋子、黄瓜、桑葚、皮带、李子和咖啡机，盖住了主路上的每块石板。此时人群已经不再拥挤，小贩们的声音格外引人注目，他们的叫嚷声从高高的石头门那儿飘荡过来："Ashara, ashara，十个谢克尔*！" 几个配了枪械的士兵还站在广场四周，但今天下午站岗的几十名黑衣的安保人员已经

* 谢克尔，以色列官方货币。

离开了，他们的装甲车和戴着面罩的马也回了军营。太阳西沉的时候，在柔和西风的抚慰下，热量与尘土被吹散了。橄榄树的树枝回应着风，像是稻草扫帚的沙沙声。树木虬曲的树干，高达两米，然后分成了四根两三米长的树枝。浓密的圆顶形树冠，冠幅八米。橄榄树伫立在通往广场的宽阔的石质弧形楼梯内侧。烈日当空的时候，树叶投下的阴影，是广场上唯一的阴凉。三只猫正在树下打着滚，在草药贩子扔掉的鼠尾草和薄荷里蹭着皮毛，而这草药垫已经被游人踩得稀碎。

黑猫突然停止了轻松的嬉闹。它迅速翻身站起，偷偷溜开，悄悄走出了树荫，跳上了围着橄榄树的矮墙。我们没有听到或看到四周有什么动静，心想着它大概是瞥见了一只麻雀。紧接着，有两个男孩从挤满了公共汽车的街道上匆匆下了台阶，翻过警方所设的护栏，径直跑向虎斑猫和橘猫。那两只猫赶忙脚底抹油似的跑了，冲向了下面的广场，跟上它们的同伴。也许黑猫眼尖，早就看到了男孩们。男孩继续激动地跑着，躲闪过购物者和拄拐的老人，冲进了城门。

一进城门，孩子们跑过石板街，下坡朝着老城的穆斯林区那边去了。这些猫则选择了一条不同的路线，它们进入了路面下方的废墟。那里隐藏着这座昔日罗马城市的过往，以及曾经的街道和溪流。如今的耶路撒冷，比这些废墟高上一层多楼。对于猫科动物来说，铁栅栏可无法阻挡它们进入这里。那些古老石头墙里的缝隙，就是它们的入口。猫可以藏身于城市的这些石头记忆之中。

大马士革门是一个筑有雉堞的要塞，它建于 1537 年，那是奥斯曼帝国（Ottoman Empire）的苏丹*——苏莱曼一世（Süleyman I）的时代，

* 某些伊斯兰国家统治者的称号。

虽然大马士革门看上去已经足够古老，但它埋藏和覆盖着的地下空间，则诞生于公元初始。这些更古老的遗存原本只能在6世纪的地图上看到。直到20世纪30年代，英国人在用挖掘机清理大马士革门前的广场的时候，才发现了一个掩埋于地下的罗马城市。20世纪70年代末，以色列人首次派遣考古学家发掘遗址，开始修复广场。现代城市之下，他们发掘出了埋藏的大门、瞭望塔和街道。在新发现的一间房间里，放着一台7世纪的橄榄油榨油机，阿拉伯或拜占庭商人用残留的罗马柱制作了这台机器。发掘工作完成后，城市规划师们在大门前重建了广场。1984年竣工后，一批橄榄树被移植到广场上部的各个入口，并用矮墙围护。三只猫方才就是从其中一棵橄榄树那儿跑开的。橄榄树被移栽到这里的时候，树龄大概就有三十岁了，现在，它们已经超过了六十岁。今天，几个保存较好的古罗马遗迹向公众开放，另外几座可以透过松动的铁门钻过去偷看。但剩下的绝大多数都已经倒塌，未曾清理，还有的则是禁止参观。尽管人类无法到达这里，可在这里的所有空间中，猫都能找到入口。我在地下探险时，它们恶臭的粪便和打架的尖叫声，始终包围着我。

在耶路撒冷地下，空气常年湿润。在夏天的耶路撒冷，这可令人难以置信。我坐在门外的橄榄树下，太阳的暴晒几乎使人焦干。几个星期以来，这棵树得到的唯一的水分，是那些早起的街头小贩的尿液。曼哈顿的狗对树木的馈赠过于“慷慨”，过多的盐分会损坏树根，与豆梨面对的情况不同，这些微弱的水流可是橄榄树的甘霖。摊贩扔掉的植物原料正在腐烂，今年晚些时候，等到雨水到来，橄榄树还能从剩菜残果中获取额外的氮。不过，现在地表的泥土极度干燥，宛若压实的尘土。

橄榄树能适应严酷的地中海气候。厚厚的蜡质叶片，紧紧关闭了气孔。这棵橄榄树依靠着这一点存活了下来，它在夏天最炎热的时候进入了休眠。夏日来临，为了逃离阳光的烘烤，大马士革门前的这棵橄榄树的叶片改变了形状，沿着叶片中脉向内卷曲成管状，然后向着叶柄弯曲，树木就此保护了多气孔的叶片下表面。叶片下表面的银色来自于成千上万透明细胞的闪烁，每个细胞都被一根细丝支撑着，看上去好像一把把小伞。小伞们使得气孔释放的水蒸气能够维持在叶片表面，制造出一层薄薄的湿气，相较于不受保护的表面，这能延长气孔打开的时间。

大多数橄榄树的根系都散布在上层土壤，橄榄树因此能够喝到那些来不及渗入泥土深处的短暂雨水。但是，如果土壤结构和降雨模式发生变化，橄榄树的根系也会随着新环境改变。在灌溉果园里，树根都聚集在灌溉管道四周，很少伸到地面一米以下。在松软、干燥的土壤中，树木可能会长出五六根粗壮的主根，主根系朝着四面八方延伸，有时能达到六米的深度。事实上，所有树木的根都会因循环境做出相应的改变，而橄榄树更加深谙此道。它的根系动态，从树干上就能看出来。一条条肌肉般的隆脊和深深的裂痕组成了老树树干表面的凹槽。每根隆脊都连接到一条主根。如果一条主根找到了水源，经过几十年后，它所连接的枝条和树干就会长大。反之，如果这条树根枯死了或是它周围水分的分布发生了变化，那么，与之相关的地上部分也会枯萎。每一棵树龄在几十岁以上的橄榄树，都是由几个这样部分的独立"段落"组成，每个"段落"都是根系和相关枝条的集合。大马士革门边上的这棵橄榄树亦是如此，它的树干由两个较大的主“段落”构成，两条细细的隆脊交叉纠缠着向上延伸。对于那些生活了几个世纪，甚至几千年的古老树木而言，最初的“段落”往往会消失，它们是空心的。如今我们所看到的，是这些树木的树干生长，枝叶萌发，取代了更早的部分。橄榄树的长寿，源于它对环境改变的应对能力，同时它也为这种随机应变的能力付出了代价。它们只能在阳光充足的地方生长，而在荫翳树林或多云气候里，树木会因为缺乏能量而枯萎。

我跟着猫，来到了地下。现在，我就在那棵橄榄树的十几米之下，树木根系无法触及之处。走在罗马士兵铺就的石板上，我听到了石渠中的淙淙水声。有些水渠是粗糙的石槽，更多的则凿痕平整。从城墙外引来的水，流入市场和神殿地下的储水池。水流滋养了圣殿山（Temple Mount）的引水渠和池塘，橄榄树就长在这些水流的正上方。这条地下运河，只不过是耶路撒冷的水源一隅。事实上，众多的管道和蓄水池，把耶路撒冷方圆几十公里的水都引到这里来了。有些水渠是罗马时代的产物，有些是在罗马人的基础上建造的，少数诞生于更久远的年代。罗马帝国之后，每一代当政者都使用或调整了原先的水路，有些政权还增添了水渠。供水，是每一个朝代的日夜长考。耶路撒冷古老破旧，却风景如画，这座城市的发展历程，也像是一棵橄榄树，看不见的供水系统支撑着看得见的城市，同时，系统必须不断修改调整，才能保证城市的生存。可这，往往要付出巨大的代价。

公元1世纪，根据罗马犹太学者弗莱维厄斯·约瑟夫斯（Flavius Josephus）的记载，当时朱代*的统治者庞修斯·彼拉多（Pontius

* 古代罗马所统治的巴勒斯坦南部。

Pilate），使用公共资金来“建造水渠，以此截流水源，将水引入耶路撒冷”。但彼拉多错误地判断了水流的政治意义，“成千上万的人聚集起来反对他，要求他放弃推进这样的计划”。此后的暴乱中，彼拉多的士兵“没有遵照彼拉多的命令，无差别地大肆打压人群，殃及池鱼”。自他以后，在耶路撒冷执政，就意味着得充分关注与这些涓涓细流相关的事务，谨慎处理。或许，在他之前就是如此，只是当时还没有确切的文书记录。

这些猫生活在耶路撒冷，这个城市在不同的时代，分别被拜占庭（Byzantine）、伊斯兰王朝（Caliphate）、十字军、马穆鲁克（Mamluk）、奥斯曼帝国（Ottoman）、约旦、英国、以色列以及其他六七个政权统治过。千年以来，政治改革、宗教革命、暴动、杀戮的混战声、呼喊声，把这些猫赶到地下。石板下倒是很安全，猫的爪子被水流弄湿了。而这些水流，才是这耶路撒冷最坚挺的政治角色，从未曾更迭。

我跟踪三只猫进入地下的前一天，橄榄树上挂满了医疗设备和荧光安全背心。巴勒斯坦医护人员把这棵树作为一个储备站，为即将到来的5月15日巴勒斯坦“灾难日”（May 15 Nakba Day）的游行做好准备。一年一度的抗议会引发暴力冲突。而今年，即2014年，由于以色列定居点扩张、各方不时发生的暴力事件以及以色列、西岸*和加沙政府之间的僵局，使得局势高度紧张。可能发生的冲突使记者们聚集于此。他们在橄榄树树荫下徘徊，头盔和防毒面具就系在录像机的带子上。在大马士革门内和广场西侧，六十个防暴警察站着待命，他们中的绝大多数都荷枪实弹，有几个人斜背着子弹带，或是扛着霰弹筒

* 特指约旦河西岸。

和防暴弹*。这里的白天十分炎热，制服还不通风。故此，他们身后堆着好多塑料瓶装的水。

走在抗议者最前面的是孩子们，他们手里拿着钥匙和手写标语。钥匙是“返回家园”的象征，巴勒斯坦人要求拿回那些在1948年以色列建国时被夺走的房屋和村庄。某些人赢得了解放战争，得以重返家园，这也意味着另一群人失去了家园、村庄和农场。祖父母辈与孩子们站在一起。有些人拿着旧居的钥匙，而那里现在住着陌生人。一个居住在耶路撒冷东部的无国籍人士说：“上班时候，我每每会开车经过我从前的家。他们占据了我们的房屋，如今我一无所有，甚至没有公民身份。”许多人只带了钥匙形的吊坠或钥匙扣等象征性的物件。

除了项链或钥匙圈之外，人们还携带着象征巴勒斯坦国的“汉达拉”（Handala）金属制品。汉达拉是一个赤脚的孩子，头上长着许多尖刺，像个梨仙人掌。这一形象由巴勒斯坦漫画家纳吉·阿里（Naji Al-Ali）所设计，代表了仙人掌的坚定不屈、植根大地，以及面对困难时的不言放弃。对于以色列人来说，这种仙人掌象征了“sabra”，也就是土生土长的、出生在以色列的犹太人——外表带刺，内心柔软。漫画家卡里尔·伽多士（Kariel Gardosh）为以色列人创造了自己的卡通人物——和蔼又勇敢的舒立克（Srulik）。对于以色列人和巴勒斯坦人来说，梨仙人掌是重要的意象，象征着他们归属于这块土地。然而，这种植物本身是一种外来植物，它原产于墨西哥和美国西南部。如今，

* 防暴弹也叫橡皮子弹，主要用于防暴驱散，是一种动能打击失能弹药。弹头是用有一定硬度的橡皮制成，具有缓冲作用，能够使弹药在近距离发射时，只对目标的表面产生伤害，而不会穿透目标本身，因而杀伤力较小，但精准度较高。

在田野边或巴勒斯坦旧村废墟中，梨仙人掌随处可见。它就这样默默地站立着，每一个和我交谈的农民都告诉我，没听过它发出清晰的声音。而人们把自己的呼声投射到它的刺和刺座上，用漫画讽刺形象来发声抗议。

孩子们离开后，又有上百人聚集起来，背对着广场上的挡土墙。安保部队调配过来，堵上了广场的各个出口。人们张开横幅，上面写着："回家！""整个巴勒斯坦都是我们的！""前进！"还有几个人在口袋和背包里放着巴勒斯坦国旗。一个女人用打火机点燃了一面小小的以色列国旗，冒出了灼热的黑烟。三名少年试图带着巴勒斯坦国旗通过大门，以色列的安保人员用强有力的臂膀，击退了他们。人群中发出鼓掌的声音，有节奏地随着脚步移动。他们吟唱着"神是至高无上的！回家的权利是神圣的！"拍手的速度越来越快，人群喊得更响了。

人群叫嚷唱和了三十分钟，然后一个警察用扩音器命令他们解散。几分钟之内，武装人员就冲到了人群当中，冲向了他们想要对付的两个男人，摁住了他们的头并把他们制伏，然后拖到街上的装甲车里。示威者见状便移动到楼梯上。一个男孩被扭着手臂拖到栅栏那边，他一直尖叫着。一个穿着黑色衣服的老妇人，被涌过来的安保人员推倒。"无差别地大肆打压人群，殃及池鱼。"她站了起来，然后一瘸一拐地走出了大马士革门。

几分钟后，一个二十来岁的巴勒斯坦人向安保人员扔了一个水瓶盖。他们立即做出了反应。投掷物品，就是暴动。安保队伍瞄准目标，冲进了人群。巴勒斯坦医护人员跑过来，想把受伤倒下的人拉开，一名以色列安保队员却推开了他。医护人员的头撞在石头上，昏了过去。

还有几队集结在广场边的安保队员，冲进广场，驱散人群。五六个少女重新聚集起来，她们哂笑着这些士兵。士兵追上她们，抓住她们的手腕，女孩们却挣脱了，继续嚣叫着。一个士兵忍不住了，脸上显露出极度的愤怒。当他正要用橡皮子弹向一个女孩射击时，他的同伴们把他拉了回去，把他的手从扳机上掰开，大喊着抱住他，平复他的怒气。女孩则冷笑了一下，又大声叫喊。

这一天，没有人死亡或重伤。但在其他的日子里，刺伤和枪击的声音冲击着橄榄树，从枝叶间穿过。每隔几个月，都有运送尸体的担架经过，它们被抬到街上，里面有经过大马士革门时被刺死的以色列人，也有发动攻击后被射死的巴勒斯坦袭击者。大马士革门区域是耶路撒冷冲突的中心，在这个广场上，旧城穆斯林区的许多问题都在这里爆发揭露，故而这棵橄榄树也会偶尔出现在报纸和电视报道中。然而，它并非只是旁观者。橄榄树和这个地区人们的命运是联系在一起的，早在犹太教、伊斯兰教和这个地区的任何现代民族到来之前，橄榄树就与这里的人们形成了互惠关系。

灾难日抗议活动后不到一小时，大马士革门前的市场就又恢复了。在这一切之下，地下水渠依旧淙淙流淌。士兵们回到了西耶路撒冷，那里有着灌溉草坪、水上公园和各式喷泉。而游行者们，带着他们那些没能用上的旧钥匙，穿过以色列设立的隔离墙，返回到了西岸城镇和难民营中。五十年来，西岸一直处于军事统治之下，直到奥斯陆协议（Oslo Accords）之后，才有了一些有限的地方自治权。毗邻巴勒斯坦村庄和农场的几个以色列定居点被围墙和警卫保护着。在数公里之外就能将这些定居点与周围村庄区分开来。在巴方村庄，黑色蓄水池布满屋顶。以方屋顶上很少出现这些设备（或是被棕榈树遮挡住了），即便是有，也仅作为太阳能设备来使用，而不是为了生存。以色列人修建的沟渠，与彼拉多时代引发暴乱的水渠一样，保证了供水，可这些管道却绕过了巴勒斯坦的城镇和村庄。巴勒斯坦的屋顶水塔，是为了应对不时之需，以期缓冲军事和政治冲突所带来的供水紧缩，也可能是应对全年的供水紧张，当以色列定居点内水分充足的时候，巴勒斯坦人却不得不被供水配额所限制。

在耶路撒冷以北，在安全隔离墙的以色列这边，一座橄榄园就坐落在米吉多顿，这里是《圣经·启示录》所说的“世界末日之时善恶对决的最终战场”*。《圣经》上说，这片土地上聚集了各方最后的军队，“充满了声响、雷鸣、闪电……列国的城市倒塌了……各海岛都逃离了，众山也不见了”。这里，有着“末日”意味的橄榄油，对于某些人特别受用。橄榄种植园里，许多橄榄树都挂着标牌，上面写着得克萨斯的福音派认养人的名字：“晨星电视网，为塔克（Tuck）夫妇种植。”这些关注世界末日的美国人能够平摊掉果园的一些成本，给以色列农民带来好处。

2014年底，当我来到这里的时候，适逢十一月橄榄收获期，此间唯一的“声响与雷鸣”是一阵阵迁徙的鹤鸣声、农民操作农机时的说话声，还有那上百万橄榄哗啦啦地从收割机掉落到料斗中的喧哗声。这片土地几千年来，都笼罩着这种农耕的声音。希腊语单词“世界末日”（*armageddon*），来自于希伯来语的“har Megiddo”，意为米吉多顿

* 米吉多顿是基督教《圣经》所述世界末日之时善恶对决的最终战场，出现在《新约·启示录》的异兆中。

山（the hill of Megiddon）。透过橄榄枝条看去，现在的米吉多顿山是仰卧于沙地上的起伏丘陵。这座静谧的山丘尘封了城邦九千年的历史，它曾是农业、商业和政治中心。像耶路撒冷一样，米吉多顿之下的岩石被掏空、钻孔、修葺。米吉多顿从这些供水系统中获得了生命和力量，手工开凿的沟渠甚至与一人等高。

现在，米吉多顿脚下，铺开了数千米的塑料管，它们延续了当年石匠的工作。黑色的水管，串起了一排排的橄榄树。水管躺在黑色肥沃的土壤中，依偎在橄榄树干旁，它们与树木行列间那些供车行驶的宽阔通道还有一点距离。每根管子上，都有一个个铅笔芯大小的小洞。这些看起来简单的形状，隐藏着复杂的结构。经营这个农场的年轻人列昂·韦伯斯特（Leon Webster），从橄榄收获拖拉机上走下来，告诉我灌溉管道的工作原理。他打开一段废弃的管子，露出了管子内壁，内壁上面每隔一段就有一个固定的塑料盒，每个小盒子都能调节水的流量。当每段的控制阀打开时，水滴以可控速率从每个小孔中流出。计量好的流量，浸润着橄榄树浅浅的根系。

20世纪50年代，以色列人发明了这种能够调节流量的塑料盒和滴灌接头。加上澳大利亚和欧洲的灌溉管道，这些新型灌溉装置帮助了这个国家的农民们，他们让炎热干旱的土地和沙漠“灿然生花”——《以赛亚书》（*Isaiah*）曾经这么说过，这句话也出现在以色列的国家独立宣言中。这些灌溉用水一部分来自水库，一部分是稀释后的污水，有些地方甚至使用渗出的咸水灌溉。在米吉多顿，橄榄树林的管道中的水，是来自集体农场和监狱的污水。在这里，只有冬天的几个月才会降水，所以连那些被其他地区嫌弃的污水，都被视为珍宝。“需求是良师”，这句古老的欧洲格言，在我和以色列农民或橄榄从业者的对话中，被反复提及。

滴灌技术不仅给橄榄树带来了水分，而且也改变了树木本身。米吉多顿的橄榄树没有大马士革门的那些橄榄树那般虬曲，也不像那些依赖于雨水灌溉的阶地树木一样布满裂纹。这里的橄榄是新品种，它们长得快，产油多。像房子一样高、由摘葡萄机改装的采摘机，跨坐在一排排橄榄之上，吼叫着穿行。从枝条上脱下的一粒粒橄榄，就这样掉到了料斗里。此处土壤潮湿，树木可能会因为机器的摇晃而被连根拔起，不过，受损的橄榄很快就会被新的树苗替代。采收机的喂入口大约两米高，一米宽，树木不能超过这个范围。树木之间的距离仅有一臂，树冠常常重叠起来，像是树篱一般。以色列男子拉比·希蒙（Lavi Shimon）是这种方法的先驱，他曾在国际会议上提出，他可以紧靠着灌溉水管，像种葡萄一样紧密种植橄榄。那个时候，他还遭到了与会者的嘲笑。现在，几十年过去了，他所开创的种植方法已经远播到了西班牙和澳大利亚。

橄榄树如此适应于充沛的水分供应，这也算是植物界的奇特案例了，它在物种演化中显得与众不同。大多数干旱地区的植物，一旦得到额外的水分，都会旺盛生长、开出花朵，表达出感激之情。但它们的反应幅度通常是有限的。所有植物的输水管、叶片，以及进行光合作用的化学物质都已经适应了环境。特定的水热条件定向驯化了植物。一朵在林荫下演进的野花，会在更加充分的光照中受益，从而长得更好，但它永远无法和那些在大草原阳光下演化而来的表亲相提并论。给沙漠植物供水，确实能缓解根系的干渴，但是如果把它移植到潮湿的土壤中，由于这类植物早已适应了干旱的环境，它所能处理的水分还是有限的。橄榄树则不同，它没有被这个规则所限制。它们生长于干旱地区，但对湿润的土壤，同样得心应手。

如今，橄榄树几乎只生长在地中海一带的干燥区域，但其实它们一度分布广泛。大约在6500年前，橄榄树还未被人类栽种，那时它们就已经在地中海周边生长了几十万年了。后来，冰河时代冲击了这个地区，时间长达数万年，中间隔着较为温暖的间冰期。最为寒冷的时候，橄榄树依然在沿海那些尚未冰封的地方坚持着，零星分布在向阳山坡和溪流山川沿岸。而在温暖的时期，橄榄树在采食它果实的林鸽的帮助下，不断扩张分布范围。那时，一部分橄榄树分布在干旱的丘陵，但也有很多的橄榄树和柳树之类的喜湿植物一起长在河边栖地。与弗里氏杨和豆梨一样，橄榄树祖先的演化经历为后代做好了城市生活的准备，橄榄树的代际经验使得它们能够完全适应现代农业技术。20世纪下半叶，当田间出现了滴灌管网之际，橄榄根系也可以在湿润的土壤中茁壮生长。

如今，橄榄之所以被挤在干旱地区，完全是因为人类的活动。我们为渴水的植物保留了湿润的土地。比如那些柑橘、谷物和蔬菜等，它们不耐旱的特性，反而让它们获得了水分充沛的土壤。橄榄树的根系、枝条以及叶子的耐旱性都是其他植物难以匹敌的。于是，我们就把橄榄树种在那些有着明显的干湿交替的地方。人类对于橄榄油的渴求，也促使橄榄变成了那里的优势种。

以色列农民现在能够生产大量的橄榄和橄榄油。这强大的生产能力，不仅来自于橄榄树本身的特性，也得益于成熟的滴灌技术、充足的燃料（用以制作塑料和驱动水泵），以及一个组织得当、能够有效获取和分配水源的强大国家。尽管如此，许多种植橄榄的以色列农民依然维生艰难。奇怪的是，在这样一个以橄榄油为重要象征的宗教国家，以色列橄榄种植者面临的最大挑战竟然是文化。以色列这个国家，很大程度上是通过近年来不断的移民进入而形成的，它的许多国民来自于地中海东部以外地区，橄榄油对于他们的厨房，可不太有吸引力。欧盟的农业补贴则雪上加霜，以色列超市货架上摆满了定价低廉的欧洲橄榄油，当地农民无法与之竞争。

平均来说，以色列犹太人每年每人消耗大约两公斤橄榄油，仅占阿拉伯邻国使用量的四分之一。当橄榄油销售疲软时，农民离开了土地，开发商和地方政府把废弃的橄榄园变成了住宅。虽然以色列的法律保护着橄榄树，但无人管理的种植园杂草丛生，容易着火。只需要一把烈火，就能杀死橄榄树，消弭了法律对土地的保护。而火柴，显然不难获得。所以，以色列的研究人员和政府官员，除了要与橄榄树害虫搏斗、开发新的树木品种之外，还必须让以色列犹太人重新接受橄榄油。他们不但建立了质量认证系统，还举办营销活动，宣传橄榄油的美味和对健康的好处。或许，这种种方式能够让摩西的“橄榄之地”继续保留，可摩西却不卖橄榄油。橄榄油委员会的首席执行官阿迪·纳里（Adi Naali）告诉我，尽管“世界末日”的说辞能吸引来美国的钱财，可即便是诉诸《圣经》，依然不能把橄榄油带进以色列家庭。

在大马士革门前，橄榄树下的泥土里伸出一截铁管，末端连着一段塑胶管。春季、夏季和初冬，我曾几十次来到这里，却从来没看到过水管口流出水来。这棵树依靠雨水或是小贩和游客洒在地上的水分过活。可它好像很适应这大马士革门前人群拥挤的生活。一缕缕新茎上覆满了深绿细长的叶子，从这棵树布满裂纹的石灰色老树皮上悬挂下来。现在是十一月，每根下垂的枝条上，都密密生长着几十颗黑色的橄榄。

“噗”，果实掉落在被细雨打湿的步道石上，先前掉落在地上的果实，已经被踩成了污渍。所有够得到的果实，都被人类的双手光顾了，只有那些最高树枝上的橄榄，才会熟透脱落。它们饱满紧致的果皮撞到地上的声音，听起来像是吉贝树冠中满蓄的大颗雨滴。我用手帕包了一把橄榄，把它们带回到我居住的阁楼宿舍。第二天，当公鸡试图用叫声盖过宣礼师时，我把橄榄果实的果肉磨碎了。我把果实压成一团果泥，手指被染成了紫色。果泥表面漂着一层粉红色的油脂浮渣，这是成熟橄榄果皮中花青素的残留。我尝出了油的气味，它在鼻腔中显出油脂腐臭的味道，还混着些许酸味，在酸腐气味之外，还有些胆汁苦味。

我扔掉了这些捣碎的东西，却得到了关于橄榄树的认识。数百个橄榄的果核，滚落在大马士革门前的树根处。几分钟内，我就能从树上摘下可供我一餐的橄榄。不过，里面有些果实已经过分成熟。即使供水不足，表土中的根系还被石头挡住，橄榄树的产量依然惊人。人猿和人类祖先早在数十万年甚至上百万年前就开始采食橄榄，他们留下的果核，后来被以色列考古学家发掘。从那时开始，橄榄树就是一种高产的作物，它能让地中海地区贫瘠的石山长出高能量的食物。一碗橄榄油含有的能量是同等重量肉的两倍，而生产橄榄油所需的劳力和水，都比畜牧业要少。像是中石器时代苏格兰地区的榛子一般，橄榄果实使得这片土地更适合人类的生存。到了铜器时代，地中海西部的农民发现，可以通过嫁接或者扦插的方式繁育这种多产的树木。后来，希腊人就将优良品种嫁接到强健的砧木上。一些橄榄树的遗传学研究表明，不管生长在野外还是果园里，地中海地区几乎所有的橄榄树，都是栽培品种。未经人类接手、育种的树木，并不多见。人类和橄榄树之间良好而稳定的联结已经存在了几千年。

在水源、灌溉管道和资金短缺的地方，农民们遵循旧法种植和收获橄榄。为了了解这些方法，我从耶路撒冷乘巴士一路向北，到杰宁市（Jenin）附近去参观橄榄树林和油坊。杰宁市与米吉多顿隔墙相望。在那里，我和巴勒斯坦农民待在一起。雨水，是他们唯一的水源。橄榄树屹立在满是岩石的土壤里，树木之间都相隔数米。几棵基部超过一米的树，大概是千年前种下的。园内绝大多数的橄榄树都有人的胸膛那么粗，它们的树龄都在几十年或百年之间。这些树大多是苏力（Souri），这个品种十分适应漫长无雨的夏天和浅浅的土壤。农民们把最老的那几棵树叫作鲁米（Rumi），意为“罗马人”，这些古树大概就是他们所种。农民们告诉我，他们尝试过种植新品种，但由于没有灌溉系统，这些新潮的园艺品种会很快枯萎。在水分稀缺的地方，农民所坚持种植的橄榄品种，其祖先已经在干旱的山坡上繁衍生息了许多世代，这样的环境对它们而言，简直驾轻就熟。DNA 早就为干旱的环境做好了准备。

我们手工采摘橄榄，把果实放到树下铺好的油布上。一辆 20 世纪 50 年代的拖拉机，拉着拖车上的橄榄果实离开了田野。驴子站在邻近的田地里，不断为工人运来饮用水，并把一袋袋橄榄运回家中、运向油坊。在田里，像我这样没有经验的游客，采摘橄榄的声音时断时续。农民和他们的家人的手法显然更为纯熟。他们的手指在树枝上工作时，橄榄果实就好像冰雹一样不断地落在油布上，听上去像是打击乐似的。每棵树，都被人们的交谈声笼罩着。通过我粗浅的阿拉伯语，以及同伴的流利翻译，我听懂了他们谈话的片段。梯子上的人正在争论如何用最好的方式修剪每棵树，或是烹煮一只羊，还有如何在当地橄榄油坊中尽可能地多榨出油。因为男性客人在场，女人们几乎不说话。但是，当我们这些外国人走开的时候，她们欢声笑语、闲扯家常的声音，就透过橄榄枝条传过来了。

在收获期间，每棵树都是人类谈天说地的纽带，这些故事包括了人、树、土地，以及它们之间的关系。当一块地采收结束的时候，这里早就飞出了成千上万的词句，传到了彼此耳中。土地的部分记忆、连接和节奏，都就此留在了人类的意识里。橄榄树不仅仅产油，它还深化了人类之间的关系，创造了生态社群中的故事。大马士革门附近的橄榄树和曼哈顿的豆梨树一样，它们都为人们提供了交换信息和商品的树荫。不同的是，在曼哈顿，会有更多的人参与其中，树木的周围每天都发生着成千上万的联结，但城市中的接触也更为短暂。而在巴勒斯坦的橄榄种植园里，家庭之间的谈话更为深入，友人之间的联结也更加紧密。

隔离墙那端，橄榄的采收、除草和种植大多依靠机器或是泰国“客工”——他们已然代替了曾经在此收获、锄地和挖掘的巴勒斯坦人和犹太农民。跟其他的工业化国家一样，树木和如今的以色列社会网络，已经几无联系。很少有以色列人从事农业生产的工作，95% 的以色列集体农场依靠外国劳工。现在几乎没有工人会说希伯来语了。诞生在“以色列土地”（Eretz Yisrael）* 上的农业知识，如今却活在泰语的思维中。以色列农业部甚至制定项目，鼓励以色列人去农场工作。在那里，以色列人开始向外国人学习自己的土地上孕育出的知识。

我在米吉多顿的行程，就如在西欧或美国一般顺利，但当我踏上杰宁市的土地，才发现所经之地处处都有军事管制。此次行程，开始于 2014 年加沙冲突之前，我待在橄榄园的时期，恰是各方冲突最猛烈之时。八月停火之后，我又在那儿盘桓数月。任何时候，从以色列越过“边境”（这个词不被以色列政治家所认可，但在士兵中使用频繁）进入西岸，都意味着在检查岗前的柴油烟雾中缓慢挪动几小时，在自动武器的枪口下，拿出身份证明，以及在颠簸破碎的路面上行驶。在这样一个社会中，不论是财政经济还是物流补给，都不足以支撑基础设施的维护。战事吃紧的时候，交通拥堵时间更长，士兵态度更粗暴。但即使是较为和平的时期，检查站也标示着以色列军队在西岸不容置疑的权威。在铁丝拒马网和隔离墙的另一边，是更平坦的道路和更快捷的通行站。这些，专为以色列人通往定居点而建。因为我走的是巴勒斯坦人走的路线，所以，在以色列这边开车仅用两分钟的路程，却足足花了我两个半小时。我坐在车流中，等待着士兵来检查公共巴士，我看到耶路撒冷通往拉马拉的道路两边的围墙上，喷涂着橄榄树的图像。这些图像不同于我在耶路撒冷的众多宗教场所和旅游景点所能看到的画面，它们并不是圣经故事中所提及的田园风光，而是悲伤的女人抱着连根拔起的橄榄树的场面。在过去的几十年里，在长期的战争和袭击中，《申

* 犹太教的“以色列土地”，传统上将其作为神赐予的土地、唯一的圣地、民族独立的中心。

命记》“不破坏树木”的禁令，早已被人们淡忘。

所有与我交谈的巴勒斯坦农民，都因为以色列军队、隔离墙和以色列定居点而失去了他们的橄榄树。许多人的土地，被隔离墙或定居点的栅栏一分为二。他们向我展示了手机中拍摄的以色列人砍伐橄榄树、枪杀和殴打巴勒斯坦人，还有纵火焚烧果园的照片。农民们抱怨士兵，说军方只允许他们在隔离墙后的橄榄林中稍留片刻。有些务农的家庭，甚至只有他们的祖父辈才被允许前往橄榄园劳作。然而，每公顷土地需要三百到四百小时的劳动，人们必须亲手管理、收获橄榄。这些“滞留”在另一边的果树因为得不到足够的照料而渐渐枯萎。在许多隔离墙的入口处，巴勒斯坦人的工具和水瓶都被没收了。农民们不得已从那些占据他们家园的以色列人那儿买水喝。

只需要几年，树木与人之间的联系就会被打破。橄榄园荒草离离，易于着火。树木也无人修剪。平均下来，被隔离在墙后的西岸橄榄园减产了 75%。而三年无人耕作的土地可由国家收回。如果土地被认定为关乎国家安全，则由军队接管。此外，如果以色列政府对巴勒斯坦政治家的行为感到不满，他们会让非法的定居点合法化。就这样，一寸寸土地逐渐被西岸吞噬，它的人民则被推搡进拥挤的保留地中。希望式微。一个农夫，沿着铁丝网，从“错误的那边”走回来，他口中念叨着：“我已经不能再惨了，不管我们怎么说怎么做，都没有什么分别。”以前，他乘坐着拖拉机在橄榄田中穿梭，而现在，他只能费力地牵着一头老毛驴。

煽动者不费吹灰之力，就把这种挫折感转变为政治或军事行动。在杰宁市的难民营中，处处都是狭窄的街道和匆忙建造的混凝土房屋。

墙上唯一张贴的海报就是那些在对以战斗中牺牲或是自杀袭击而亡的巴勒斯坦人的肖像。在难民营边缘的自由剧场，一个年轻人告诉我，他们童年的唯一愿望是殉国。巴勒斯坦人声称，以色列所做的不仅仅是占领土地、殖民统治，更是摧毁了他们的思想，消灭了他们的梦想。

在以色列，也有太多的梦想因为暴力而折翼。加沙的哈马斯*频频向以色列平民发射导弹。在这样的一个小国家，头条新闻常常报道身边的自杀式炸弹袭击和刀具攻击的事件。以色列，这个从一开始就饱受欧洲种族灭绝之苦的民族，这个被敌对国家所包围的国家，不论是过去，还是可能的未来，都处于如此深沉而真实的覆灭阴影之下。我在加沙战争期间遇到的人们，几乎每个人都有近亲挚友参与到战争之中。在这片土地上，汽车收音机不是播放音乐或新闻，而是预报着导弹警报。不断的攻击和威胁，让建造围墙似乎不可避免。

以色列和在其军队控制下的土地，与亚马孙生态系统一样，都处于永无止境的、周而复始的冲突之中。而“良好和谐的生活”，则前路迷茫。

我在杰宁市附近遇到了一位收购橄榄油的美国商人。他是犹太人，他在以色列的几位近亲，也因巴勒斯坦自杀式炸弹袭击而丧生。他出现在杰宁市附近似乎令人费解，要知道，这里可是炸弹袭击者和武装人员的大本营。但他对我的问题的回答直截了当：他对过去不感兴趣，他只想找到符合未来需求的商品。他来到杰宁市，是为了购买迦南公平交易组织（Canaan Fair Trade）和巴勒斯坦公平交易协会（Palestinian Fair Trade Association）合作生产的橄榄油。

* Hamas，伊斯兰抵抗运动组织。

这些组织延伸了橄榄的意义，重新连接了原子化的社群，重塑了当地以农为本的人类社会网络。在19世纪之前，巴勒斯坦村庄一直使用“musha’a”的方式管理着农业用地，也就是根据每个家庭的耕作能力来分配土地。每过一两年，配额随着人类社群的变化而变化。但1858年颁布的奥斯曼土地法典（Ottoman Land Code of 1858），为了厘清税收结构，要求所有人登记名下的土地。后来英国人及以色列人延续了这种做法，并加以修改。巴勒斯坦公平交易协会恢复了沟通合作的古老精神，并以现代经济的方式加以呈现。通过整合资源，统一协作，农民们得以与买主谈下更高的价格、规划来年种植面积，并着力提高橄榄油品质。然后，迦南公平交易组织将农民合作社和欧美橄榄油市场对接起来。就像以色列商人试图打开本地市场一样，这些西岸农民和出口商也同样知道，只有吸引了人们的味觉，才能把树木和人留在这片土地上。

因此，这可能是地中海东部地区一个新的选择，它让人们能够逃离地理恐惧、自杀式袭击和安全隔离墙的恶性循环。在杰宁市，迦南公平交易组织的橄榄油坊的仓库附近，墙上没有死者的海报，油坊外墙上用阿拉伯文字写着：

	جذور	زيتون	الذوق	جمال	تعاون	ماء
（发音：	Juthur	Zaytoon	Adh-dhawq	Jamal	Ta’awon	Maa’）
（意思：	根	橄榄	味道	美好	合作	水）

写有乌加里特*楔形文字的泥片，被埋藏了3500年。如今，这些泥板在叙利亚被发掘出来，巴力**就通过古代的迦南抄书人，诉说“树木的语言”和“石头的低语”，那就是雨的声音。秋天的时候，他会腾云而起，化为雨滴。泥片上说，当下雨的时候，当土地接受了这些雨滴，战争就从地球上消失，爱，也将降临人间。

迦南人的祷词中有一句“愿巴力之雨降临大地”。这句古老的祝词，不但记录在泥片上，也写在植物的“楔形文字”中，那就是残留在土壤中的花粉痕迹。这些古代花粉的记录，可以追溯到数十万年前。它们揭示了气候变化的节奏和人类文化的发展、枯荣，息息相关。

耶路撒冷坐落在石灰岩山脊之上，西临地中海沿岸平原，东接死海和约旦。春天，当成千上万朵小小的白色橄榄花在枝头开放，黄色花粉紧抓着地中海的风，向东航行。在大马士革门，花粉从枝头掠过旧城的城墙，穿过汲沦谷（Kidron Valley），飘向橄榄山（Mount of Olives）。它越过隔离墙，经过巴勒斯坦村庄和以色列定居点，飘下山脉，穿过库姆兰会社***的洞穴。然后，花粉到达了海平面以下四百米的死海。接着，它们要么继续飘过湖水到达约旦，要么沉入湖底。每年，都有更多的花粉和尘埃到达这里，带着春天花开的记忆，散落在湖底。几千年来，湖底沉积物和被湖水捕获的花粉，就这样层层堆积，厚达数米。

死海正在下降。降雨量过少，上游过度灌溉，大量的盐场……这

* 指古代叙利亚的乌加里特城。

** Baal，古代迦南人信奉的司生化育之神。

*** Qumran，旧时在死海西岸的犹太教教团。

种种都导致了死海水位的变化。古代海底沉积物也慢慢暴露出来。就好像地质学家们在弗洛里森特页岩上所做的那样，他们钻探岩芯，层层分析沉积层，地质学家和生物学家就此重建了过去。这些分析和加利利海*地区的研究结果极其相似，有力地支持了他们对于死海近一千年情况的判断。

沉积物和花粉，揭示了巴力的重要地位。降水量的变化造就了死海及其冰河时代的前身利桑湖**。在过去的二十五万年里，湖水水位上升下降的范围可达数百米。有几百年的时间，水量充沛，也有几个百年几近干涸。花粉就随着雨量变化，或丰富或枯竭，反反复复。

这些循环则由地球另一端的力量所驱动着。

上个冰河时代末期，冰雪融水流入了大西洋，寒冷的海水阻拦了湿热空气进入地中海。于是，降雨停止了，死海也下降了，土地变为茫茫黄沙。当大西洋的寒流趋缓或滞留，地中海东部又下起了雨。在这个潮湿的时代，人们开始迁移。最早离开非洲的人族和人类，大多是在这些潮湿的冰期间歇来到地中海东岸和相邻的阿拉伯地区的。这些第一批的迁徙者和开拓者，可谓第一拨“背井离乡的犹太人”（diaspora），他们是如今欧洲、亚洲、澳大利亚和美洲许多原住民的祖先。

近古时代，驯化作物（特别是橄榄）的花粉记录，显示出该地区人类文明的消长。在6500年前的死海沉积物中，橄榄花粉含量突然增多，这与我们栽种橄榄的时间相吻合。大约4000年前，青铜时代早期

* 巴勒斯坦北部一多山地区。

** 死海是“利桑湖”的遗迹，当时其水域从加利利海北部一直延伸到阿拉瓦的哈兹瓦。

雨水充沛，橄榄繁盛。紧接着的近2000年，植物和气候情况基本平稳，略有波动，直到青铜时代晚期，情况才有了变化。从公元前1250年到前1100年，沉积物中几乎没有橄榄或其他地中海树木的花粉。然后，沉积物消失了。地质学家的泥芯中出现了一个空白时期，标志着有序积累的中断。当时，死海水位极低，花粉都掉落在风成沙丘上，而不是死海水中。一个世纪之后，当雨水再度归来，这片土地已经人烟稀少，树木稀疏。考古学家将这突如其来的文化剧变，称为"青铜文明时代大崩溃"（late Bronze Age collapse）。在这个时代，乌加里特文本每每谈及粮食运输，辄言"生死攸关"。同一时期，非洲东北部以及地中海东部地区的文士，也哀叹着饥荒。北方的融冰，怕是或多或少要为此承担责任。在地中海东部发生饥荒之前，格陵兰岛上的冰雪覆盖率达到了顶峰。后来，部分冰盖的融化，导致了世界另一端的干旱。

如今，格陵兰岛正经历又一次融化，这可能对中东农业的未来产生威胁。世界资源研究所（World Resources Institute）预测了未来几十年各国"水资源压力"。排名中，以色列和巴勒斯坦在农业用水、工业用水和居民用水三个方面都名列前茅。死海将再次经历上古时代的遭遇，届时，花粉将再次落在尘土上，而不是水中。

传说，以利亚*打败了其称为"迦南假先知"的巴力。但是巴力的手，依然在米吉多顿果园的灌溉管道里，在西岸橄榄树古老的耐旱基因中，发挥着作用。他的力量也体现在以色列定居点的灌溉设施，以及干旱的巴勒斯坦村庄中。军队禁止农民带水穿过隔离墙，也是假手巴力之力。在集市上我们也能听到他的名字。在巴以市场上，不需要灌溉而生长

* 《圣经》中耶和华的先知。按神的旨意审判以色列，施行神迹。

的蔬果被称为“巴力”，但在我有限的经验中，以及语言学家和历史学家巴塞明·拉德（Basem Ra’ad）更翔实的研究中，没有摊贩会承认自己和这个前亚伯拉罕神*之间有所牵连。

“愿巴力之雨降临大地。”这句带有生态意味的祈祷，也许同样是一种绝望。降雨量、花粉和人类社会命运之间的相互关系，似乎论证了宿命：“不管我们怎么说怎么做，都没有什么分别。”然而，花粉的记录却证明了，巴力的喜怒哀乐固然强大，但他并不能完全左右人类和树木的命运。大约三千年前的干旱时期，橄榄花粉的数量依然稳定，可见当时有一个鲜为人知的文明，已经成功掌握了旱地耕种。同样，希腊人、罗马人、拜占庭人出于对农作物的痴迷，凭借着优秀的灌溉技术，把从犹太高地上向东飘撒的稀薄花粉，变成了葡萄花粉“浓云”。橄榄油和葡萄酒的味道，加之得当的集中灌溉规划，驱动着山丘变成果园和葡萄园。气候，也在其中推波助澜。罗马时代的湖泊水位通常很高，这暗示着当时有充沛的雨水。但即使在干燥的时节，也有大量橄榄花粉从山上飘落。当年彼拉多在耶路撒冷修建的引水渠——罗马众多水源管理项目之一——正是人类和巴力之间关系的重新协商。相对应的是，气候良好的时代，橄榄花粉反而更少。

在青铜时代的几个雨量充足的时期，花粉水平零星下降，这是因为战争和政治动荡让人们无法管理橄榄树。然后，在约公元前750年到前550年的铁器时代晚期，犹大和以色列这两个繁荣王国的橄榄农业，因亚述人和巴比伦人的入侵而摧毁。人们向巴力祈愿，但如果社会背景动荡，那么农民和树木就无法互相依存，而我们也将无法从土

* 亚伯拉罕诸教，指信仰亚伯拉罕为始祖的三个世界性宗教：犹太教、基督教、伊斯兰教。

地上获得食物。

如同亚马孙的凤梨植物中的动物群落，北方的冷杉树的根系，曼哈顿的街道上的豆梨，黎凡特的橄榄树丛一样依赖于与其他物种的稳定关系，才具有长久的生命力。在橄榄网络中，最重要的物种是人类。切断人与树关系，就等同于杀死一棵树。青铜时代的战争、巴比伦的入侵和现代的隔离墙，都凌驾于巴力的慷慨馈赠之上。当人们和树木失去了给予彼此生命的牵连时，肥沃的土地就枯萎了。

战争和颠沛流离，不仅仅切断了人和土地的关联。人们逃离土地的同时，也抹杀了土地所承载的知识。因为工业而流离失所的亚马孙的瓦拉尼人，被殖民者驱逐和杀害的北美印第安人，被流放巴比伦的犹大王国居民，浩劫之后的巴勒斯坦人，甚至是和平时代因为利润微薄而导致的农业人口流失……所有这些都导致烙印在人类与其他物种联系之中的记忆，逐渐消失殆尽。流离失所的人们，可以书写出脑海中的东西，并加以保存，但是，那些需要通过持续的关系而产生的知识，在联系断裂的时候就会死去，留下的仅是一个缺乏智慧和生产力、缺少恢复能力和创造性的生命网络。

人类，在这些混乱和损失之中，传承，生活。然而，当我们建立新的关系时，将把生命重新缝合在一起，并增加生命网络的美丽和潜力。在厄瓜多尔，奥米尔基金会在退化的土地上重植森林，重构植物和人类的关系，他们继承了祖辈的知识，并将它们传承给成百上千的年轻人。奥米尔基金会的联合发起人特蕾莎·斯齐，这个舒阿尔族女人曾告诉我："把笔记本收起来。写下来的文字会死亡，只有你经历过的关系，才会存在。" 纽约市公园和文娱局号召附近的居民一起种树，人们感受到了与树木之间的切身联结，虽然远没有亚马孙森林中的联系那么丰富，这依旧给树木和人们带来了更好的生活。在北寒林里，不同政治立场的人们正在对话，他们把各自的生活经验汇聚到一起，形成了一个源于森林生活的思维网络。迦南公平交易组织、巴勒斯坦公平交易协会和以色列农业部，都试图建立关系网络，并鼓励对话网络，希望通过这种方式，让人们理解、记住并维系树木和人类的共同生命。

在警笛声中，一枚哈马斯的导弹飞过加沙的城墙，向耶路撒冷飞来。这枚炮弹只不过是自 2014 年 7 月双方冲突以来，互相投射的数千枚爆炸物之一。在大马士革门的橄榄树周围，警报声并没有影响到斋月后的市集。人们摩肩接踵，挤向遍布在广场上的摊位。这棵橄榄树上绑着绳子，在拥挤的市场摊位和走道上方，撑开了防水帆布顶棚。白天，顶棚给人们遮阴，晚上则防风挡沙。战争依旧如火如荼，隔离墙的岗哨检查站会耽误时间。因此，一个巴勒斯坦小贩告诉我，他们这些住在隔离墙另一侧的人，宁愿留在这里，在树下过夜。

为了展示他们的水果，小贩们把纸板箱堆叠起来，做了一张桌子。这些箱子上都标有以色列农业公司（它们的果园位于沿海地区，远离耶路撒冷和西岸的争议领土）的名称。就像米吉多顿的橄榄一样，集市上的李子和橘子同样生长在因滴灌而“灿然生花”的田野上。然而，在东耶路撒冷这里，可没有水用来灌溉农作物。以色列的供水政策，已经让成千上万的人用水困难。有些居民不得不购买瓶装水以供饮用。所以，除了当地的橄榄是用雨水灌溉的之外，市场上的每一种水果都是用“进口”的水灌溉的。

在日落前，来自卡塔尔慈善的人们，站在货车敞开的门前，向人群分发食物，这是对于穷困者提供的赛德盖*。像市集上的水果一样，每一盒食物都是由别处的水源灌溉出来的；彼拉多的引水渠维系着耶路撒冷的生命。日落之后的几分钟，人群就消失了，他们回家开始享用开斋盛宴。几个小贩仍然留在空荡荡的广场上，打开他们的餐盒。夜幕降临，一只黑色的大公猫，一只橘猫，还有一只虎斑猫，悄悄地溜出了城墙，静静地围在橄榄树裂开的树干边上。在那里，它们像它们几千年前的祖先那样，以市场小贩留下的一堆残羹剩饭为食，那是巴力慷慨馈赠的残渣。

* Sadaqah，伊斯兰教对于各种施舍的通称。

日本五针松

宫岛，日本

34°16′44.1″ N, 132°19′10.0″ E

华盛顿特区

38°54′44.7″ N, 76°58′08.8″ W

松柏在铁釜下熏烧，发出噼啪声。经年的烟火，熏黑了房间里的每一面墙。炭灰像钟乳石一样垂滴在天花板上，涂抹了那条钉在屋顶的缆绳，铁釜就挂在绳子上。墙壁和长凳都是木质的，散发着树脂味和烟火气。我弯腰通过低矮的门口，进入房间。门口有一块雕刻着“灵火堂”（Eternal Fire Hall）的匾额。灵火堂里供奉的，是弘法大师开始修行之际点燃的灵火，一千二百年来始终没有熄灭，之前提到过的广岛和平纪念公园里不灭的和平之火也是取自这里。跨过门槛之时，我看见空气在脚边涌动着，然后汇向了房间中央的火焰。灼烧着眼睛的浓雾，在铁壶四周旋流，曲折而返，又通过上半扇开着的门，涌出了没有烟囱的房间。火焰的气息从门口飘出，经过弧形的塔顶屋檐，飘散到山间空气中去了。

室内烟雾弥漫，连咳嗽和交谈都似乎笼罩在烟雾中，显得那样模糊。朝圣者和游客的眼睛瞄着火焰，一边干咳，一边端着茶碗。我们掀开了铁釜的盖子，这个像桶一样的金属罐发出一声低沉的回响。我们把碗伸进去，舀了一碗温水。在这里，水被传得神乎其神。据说喝上一口，就能百病全消。我们从海边向上爬了五百米，才到达山峰之上的神殿。此时，即便茶水没有他们说的那么神乎其神，喝起来也是无比甘甜。

在日本真言宗创始人弘法大师和弟子们的努力下，这团被木材点燃的火焰，已经在这里燃烧了一千二百年了。公元806年，空海结束了佛法学习，从中国返回日本，就在濑户海中一座小岛的山顶上，开始了一百天的苦行。这座小岛，离广岛海岸不远。而他当时点燃的火焰，被其弟子奉为“永不熄灭之火”（Kiezu-no-hi），至今未曾熄灭。传说，这火烧热的水不仅能使人百病全消，还能使人净化。在17—19世纪的日本，江户时代的僧侣们把山上烧的水带到山下庙宇。在那里，他们用这水来制作抄写佛经的墨水。除了弘法之外，众多的宗教和政治领袖，选择这个岛来建造神殿。灵火堂坐落在数十座神道教神社和佛教圣殿之中。岛上最大的就是严岛神社，这个小岛也因此得名，不过人们通常称它为“宫岛”。

神殿引我来此。但我不是来参拜的，我的目标是拜访一棵树的故乡。这棵树如今生长在华盛顿特区，它的传奇旅程，就是从严岛神社开始的。宗教建筑赋予这里的植物强烈的文化意义，因为神殿的缘故，周遭的森林都是神圣的。神道教笃信，人性、灵界和“自然”之间的界线，是一种幻象，而宫岛这样特别的地方，可以帮助我们超越幻象。神社周围的神木森林，是人类与非人类、生者与死者、灵魂与物质世界的连接之处。整个岛屿都是神圣的，宫岛就是一座能连接万物的神社。正如树根整合了生态群落一样，神木森林中的树木，也融合了神道教宇宙的各个维度，包括生态。

我为一棵日本五针松而来。1625 年，还是树苗的它，被人挖出来并带往日本内地。此后，它被嫁接到更为耐寒的南欧黑松（black pine）根部，逐渐被雕琢成盆景。如果没有人类的斫养，这棵树可以长到二十米高，差不多能与那棵为我遮阴的科罗拉多西黄松一样大。但是定期修剪，会遏制树木的高度。此刻，如果我站在它的陶盆边上，它的树冠仅能荫蔽我的膝盖。修剪枝条不仅会让树木形态微缩，还能让它树干挺直，针叶均衡地生长其上，形成一个美观的穹顶。与许多盆景树木一样，那些缠绕在树枝上的棕缚，将强推着它去取悦人们的眼睛。

西黄松的根系和真菌网络一起协作，可以吸收到那些树木够不到的土壤深层水分。可所有盆景树木，包括嫁接的日本五针松，都缺乏这种集水机制，这使得人们不得不每天密切关注它们，为它们浅浅浇水，濡湿根部，有时每天还得浇上两次。宽浅的盆器，空间狭小，管理者每年或隔年要去除一次老根，留下新根。虽然共生真菌也能在盆景的土壤中开疆拓土，但在大多数情况下，人类的劳力取代了真菌的工作。

此后的三百五十年，这棵五针松一直被山木家族（Yamakis）照顾着，世代相传。1945 年，广岛原子弹爆炸。山木家离原子弹爆炸点仅有三公里，虽然原子弹的冲击波震碎了窗户，玻璃划伤了当时在家的所有家庭成员，但山木家族花园的墙壁屹立不倒，救下了这棵树。此后，这棵日本五针松留在广岛，直到1976年，它踏上了与“艾诺拉·盖”号轰炸机*相反的旅程。山木家族和日本政府把它作为礼物，庆贺美国建国二百年。

如今，山木家族的盆景树木生活在美国国会大厦的东北郊，美国国家植物园（U.S. National Arboretum）里的国家盆栽和盆景博物馆（National Bonsai & Penjing Museum）中。对于盆景造型来说，这棵树还是偏大。它的陶瓷盆器差不多有一臂长、一掌深。树干的高度和我的前臂相当，粗细却和一个瘦子的躯干差不多，上面密布着扭曲的裂缝。树皮上的愈伤和增生组织，透露了岁月，剥落的树皮和豁开的裂缝吸引了我的凝视。簇簇针叶组成了半圆树冠，树冠底部平坦，左右匀称，长在几根波涛般的枝条上。这些生机盎然的枝条，虽不像田园中的山丘连绵起伏，但依旧柔软细腻。我的目光安静下来，关注这棵匠心雕刻的树木。

在它的身边，还有一些18世纪和19世纪的老树。但它们之中，没有一棵和这棵五针松一样古老，也没有一棵来自那么威严神圣的土地。根据山木家族和美国国家植物园所保存的记录，华盛顿的这棵日本五针松，诞生于17世纪初的弥山山坡，就在宫岛弘法大师的火焰不远处。

我逃离了灵火堂的烟火，继续寻找日本五针松的诞生地。我置身于森林，真实感却渐渐消退。一切都如此熟悉。风吹过日本橡树和槭

* 在广岛投下原子弹的轰炸机。

树的声音，与美洲并没什么两样。橡树的声音粗糙而低沉，槭树则细腻而清亮。然而，叶子的轮廓，树皮上的沟壑，果实的颜色……这些视觉上的细节却让我感到陌生。这并非是神社烟雾的余威，熏得人心神不定，出现幻觉。植物演化的历程，从久远历史中走来，让两地的植物表现出截然不同的样貌。东亚的植物似乎与北美东部的植物非常遥远，但它其实是阿巴拉契亚山坡上植物的近亲。两者之间的亲缘关系，甚至比北美洲东部的植物与美国西北部、佛罗里达州或西南干旱地区的植物亲缘更近。我行走于宫岛的漆树、槭树、楟树、刺柏、松树、杉树、橡木、柿树、冬青、紫珠和杜鹃之间，这些植物都常见于阿巴拉契亚。柳杉、蛇藤和金松之类的亚洲特有植物种点缀着这个“北美群落”。雪松轻软绵长的叹息混合着橡树、槭树等更为熟悉的声音。除了这些亚洲特有植物种外，我遇到的每一株植物都有着亲切的面孔。但如果我凑近了看，它们容貌的细节依然使我困惑不解——松针张开的角度很奇怪，橡实的壳斗*太过易碎，浆果的聚合形状也同样陌生。DNA、化石和内在结构解剖，表明了这些日本物种是阿巴拉契亚森林中植物的兄弟姐妹。我似乎来到了熟人的家庭聚会，一切陌生而又熟悉。

现代地理学，几乎无法解释为何亚洲东部和美国东北部的植物有如此紧密的亲缘关系。但温带森林需要温和湿润的气候，这种气候曾一度在地球上极度广泛，尤其是弗洛里森特的森林生长时期和之后的一段时期。当时整个北半球几乎都被现代东亚和阿巴拉契亚森林植被的祖先所覆盖。随后北美洲中部气候变冷，干旱加剧，森林支离破碎。冰河时代加剧了这种变化，把温带物种逼向更狭小的避难所，一路往南。

* 苞片聚集愈合而形成的碗状器官，通常包着果实。

气候变化，让这个温带家族分隔两地。

我涉足的这片森林，不仅仅是山木盆景的发源地，它也将我带回到松树发芽之前，那更久远的过去。和弗洛里森特的红杉化石一样，这里活生生的树木让我体会到了三千多万年前的森林的亲缘关系。

不过，我在宫岛的神木林里没有找到任何一棵日本五针松。红松和黑松挤满了山脊，但没有一株树木甚至树苗，有着五片针叶聚成的叶簇。日本植物学家和西方来访的科学家证实了我的发现。据我们所知，现在岛上仅存的日本五针松都被种在花盆里或是公共场所中。如此，也许是山木家族关于松树的口述历史曾被人加工美化，早期植物收藏家期望把宫岛的声望附加给这些盆景树木；又或许这个岛上的植被发生了变化，不再是四百年前五针松被挖掘、嫁接和盆栽那个时候的样子了。

但是，名不副实的命名方式不会降低盆景的价值。盆景园艺行业，可没有规定禁止使用著名地标来命名品种，即便它是在别处诞生的。更何况，如今的旅游手册和海报上，“宫岛”两字比比皆是。到处都有宫岛的植物、鸟居和神社的陈述。光是广岛一个街区上的商店中，我就看到了宫岛神社小模型、宫岛枫叶蛋糕、印着神社照片的小装饰品，以及售卖牡蛎的小车上发光的鸟居装饰，还有印着优雅寺庙图案的木版画。毫无疑问，这种“挪用”在过去也不少见。因此，宫岛可能只是这棵树木的绰号，而非记录了起源。

然而，山木家族口耳相传的说法可能也有一定真实性。一个几百年来每天都能勤劳而细心地照顾树木的家族，或许同样会关注树木的来历。如果真是这样，那么过去四个世纪以来，日本五针松的分布情况已经悄然改变。科学文献，也同样证实了这个说法。小冰河期贯穿了 17 世纪初，那时五针松的种子刚从松果中成熟掉出。一些记录了河流冻结时间、樱花花期，还有树木的年轮和花粉信息的编年资料告诉我们，当时的日本极为寒冷。而同时期欧洲的文献，也证实了当时全球都处于小冰河期。几个世纪前的东亚，也就是这棵日本五针松的祖先成熟之际，气候比现在还要寒冷上几分。那时候，松树的花粉更为常见，而橡树和其他阔叶树的数量，仍处于低谷。所以，尽管如今的宫岛，对于日本五针松的生长而言，可能有点太温暖，也太靠南，但四百年前，这个岛屿的气候与现在并不相同。所以，当 17 世纪的盆景采集者们爬上这座岛的时候，他们所看到的森林，类似于现代日本海拔更高、更冷的山上的森林。依据传唱了数百年的荣耀之歌，这些登山者们在弥山上找到了日本五针松。

如今，宫岛上的树木被周围的祷告声环绕。神殿前面的绳子，系着许多橘子大小的木球，挂在神殿门口的滑轮上。当参拜者拉动绳子的时候，木球随着绳子上升，然后越过滑轮落在另一个木球上，发出“嗒嗒”的声音，好像是在向神殿的神明发出祷告。参拜者双手摇动着签筒，占卜未来，细长的木条碰撞着，发出沸腾的摩擦声。精雕细刻的神殿院墙，回响着人们向神明恳求和感谢时的双击掌声。悬垂的原木，挂在结实的绳子上，人们推着它摆向金属大钟，在“当当”的钟声中，木屑纷飞。硬币落入木质功德箱，发出击鼓一样的声音。所有这些声音都在呼唤着居住在森林和神殿中的神明。人类在这些神圣的空间里，通过木头的声音和神明联通。振动的纤维素是我们向神明祈祷的媒介。此处的神明不是生活在遥远的天堂，而是住在大树、森林和木质神社之中。木头的敲击声，把神明从树木心材中召唤出来。那棵五针松就是从这片森林移植到了广岛。在那里，它走过了手推车和马车“哒哒”疾驰的历史，经历了人们因化石燃料而咳嗽不止的岁月，体味了引擎嗡嗡作响的光阴，见证了柏油路上轮胎飞沫的时代。然后，幸存者们所说的“砰”的一声“巨响”，在 1945 年撼动了松树。

现在，在华盛顿，直升机在天空上忙碌，远处高速公路上的喧闹声，渗透进收藏盆景的展览馆里的每一个角落。当未经修剪的日本柳杉和槭树在微风中发出轻柔的声音，宫岛的森林恍然重现于此。某些博物馆参观者的言行，也像极了宫岛上的参拜者。他们会在树前停下脚步，低头细读标签，然后直起身来，感受这棵日本五针松。有时他们会喃喃自语，思考树的产地，枝叶是否平衡，或是树干树枝的基础形态。片刻后，他们转身，在行走中继续他们的冥想。然而，大多数游客比神社参拜者的声音更大。我仿佛置身于游乐场中，树木参观者们四处移动观看，说说笑笑，随意浏览。通常，他们看一棵树的时间不过几秒，这是对于基础形态的审美品鉴，这是一次与树木短暂的感官接触。人和树木的邂逅，有时候会催生出惊讶、喜悦和困惑。他们因树木的年龄发出难以置信的惊叫，他们极力推荐同伴观赏树木的形状或颜色，他们也会询问这些有趣的树木是如何制作的。

对于博物馆的参观者们来说，盆景树木似乎能开启人们的对话，这是其他树木做不到的。管理者展示盆景树木的方式，就是邀请人们观看。盆器、标签和参观制度的种种语境，都使得人们之间更容易产生联系。但是除此之外，盆景的形态也鼓励着人们建立连接。整棵树被制作成人类头部或躯干大小，我们能够一眼看到它的全貌，而这可能是我们生命中第一次有这样的经验。像是弗洛里森特的粉裤女孩一样，游客们敞开心扉，融入了其他物种的生命中。当孩子们聚集在日本五针松面前，发现一株生长了数百年的植物大小与自己的身量相当时，他们会惊呼赞叹。而这时，人类与树木之间牢固的身心联系，就此建立。

空气，裹挟着数百年的寺庙、森林和城市的声音，融入了日本五针松的针叶、根系和树干之中。这棵树犹如神明一般，它吸入了这些空气中的颤动，将其保留在身体里。每年，生长的年轮都捕捉了大气中的分子特征，把这段过去封存在分层的皮肤中，成了树木的记忆。木材的生成，来自于树木和空气之间的关系，然后被生物膜间的电流所催化。空气与植物相互造就。植物是碳分子暂时的结晶，而空气是四亿年来森林呼吸的产物。树木和空气都没有单独的故事，它们的一切都紧紧缠绕着。

对于空气、树木和森林来说，它们的形式和故事都来自于关系。自我只是短暂的集合体，由持久的连接与对话组成。人类在这些关系中，用铲子、剪刀和陶瓷花盆，把树木变成盆景。盆景似乎是一种实践方式的具体表现，隐喻着人类可以跳出生命网络，好像我们使用自己制造出的刀片，就能把自己的目的强加给树木。通过修剪根系、修剪树枝、嫁接、刻划树皮，以及换盆整土，盆景树木看似我们的俘虏，我们的想法决定了它们的未来。于是，我们从那棵经历过原子弹的日本五针松上得到一个结论：树木变成了人类的奴隶，然后又被人类摧毁了。

游客对日本五针松的反应，却推翻了这个结论。盆景无法脱离生命网络而存在。相反，像橄榄树丛一样，盆景树木把其他地方难以分辨的事实，直接带到了我们面前：人类和树的生命总是从关系中产生的。对许多树木来说，它们网络的重要组成部分，一般是细菌、真菌、昆虫、鸟类等非人类物种。而橄榄树和盆景的网络中，人类占据了中心地位。是它们让我们切身体验到，持久的联系究竟有多么重要。

如果这些关系破裂了，生命就会减弱，甚至消亡。在地中海东岸，人和树木关系的断裂，导致了油料树木的衰落和死亡，也造成了依存于橄榄的经济文化的衰退。一棵盆景，一旦失去了与人的接触，很快就会死去。几个世纪以来，树木的生长和人类的劳动，都会随之烟消云散。比起橄榄对于人类食物和收入的影响，盆景的损失算不得什么。可即便如此，这些还是会深深地打击到植根于此的文化。

几个世纪以来，中国和日本的园艺家们已经意识到关系的重要性。11 世纪的日本园艺手册《作庭记》可能是最古老的庭院造景记录，它敦促人们打开自己，认识人类情感，还有山水与风的性情。作者可能是当时的摄政王之子橘俊纲（Tachibana no Toshitsuna），他提醒园艺师们要意识到"野性"的存在，"野性"并非是一个孤立的无人世界，而是人类、其他物种、水和岩石的内在本质。事实上，这种"内在本质"认为万物有灵：石头有欲望，树木犹如佛陀一样庄严，以及看似独立的景观元素（比如石头和植物的排列）之间的关系，会决定着居住其中的神明的情绪。他认为，无论是亲身体会，抑或是对"过往园艺大师"作品的揣摩，都是有必要的。这是谦逊地打开自我，融合他人知识的方式。庭院，并非试图逃离自然并掌控自然，相反，它需要人们持续地关注生命网络，并理解人类对于这些网络的记忆。《作庭记》提到，仔细地聆听，将会让人们体味到庭院中的众多关系所拥有的美感。

后世的日本园艺著作，依旧关注非人类物体的内在本质，强调倾听人类世世代代积累的知识。15 世纪，信玄* 在景观设计的著作和草图中曾坚持道：“如无前辈之口传，则不为庭院。”除了学到的庭院造景知识，园艺师必须在园内“全神贯注”地观察岩石的方位、鸟类的移动和枝条的形态。主题是敬畏、尊重和关注，而非控制。

当代盆景实践也是从这样的理念中诞生的。美国国家植物园园长杰克·苏斯迪克（Jack Sustic）站在日本五针松边上，这棵树如今由他照料。当谈及聆听前辈和观察树木的时候，杰克·苏斯迪克所说的，与橘俊纲、增円以及信玄的观点，几无区别。苏斯迪克说，多年从事树木盆景工作将会让人把注意力转移到自我之外。“我不太关注于自身，更在乎的是树木和前人的工作。这影响了我今后的生活，使我更加宽容理解。”苏斯迪克的盆景事业，开始于一段增円称之为“全神贯注”、艾瑞斯·梅铎称之为“无我”审美的经历。在韩国服役期间，他从公共汽车的车窗看到一些盆景，一时忘却了时间和地点。“这就是优秀艺术的力量。”苏斯迪克说。

此后，陈列馆助理馆长奥林·派克德（Aarin Packard）与我交谈时，他还一边抖动着手指，拨弄整理着盆景树木、土壤和细枝。他告诉我，初学者总觉得他们能一眼看到树木的未来，并决定把树干和树枝修成什么样子。但随着学习的深入，他们将会渐渐明白，盆景的形状取决于不可预知的生命邂逅。“现今，美国盆景专家可以看出十五年的长势。即便是约翰·纳卡（John Naka）和其他几位大师，顶多能看五十年，不可能更久了。”

* 也有人认为这些手稿的作者是 11 世纪的僧人增円。

树木未来的故事，不存在于任何的个体自我之中，比如一棵树的种子或一个人的思维。它的起源和实质，都存在于生命关系之中。园艺使得盆景反映了树木的本质。树木是生命的集合，是一种拥有各种对话关系的存在。

原子化的世界，原来只是一个幻象，在海拔六百米的广岛山顶上，我突然意识到了这点。个体的面具破碎了，无法形容的能量迸发而出。寺庙中石佛的面目，被它溶化。

1964 年，原子弹幸存者们用松木把弘法大师的“永不熄灭之火”引入和平公园，他们在公园的纪念碑和城市墓地之间点燃了火焰。钟槌敲起，仿佛是来自宫岛森林神社的回响。

山木家族给了日本五针松艺术化的生命。它超脱原子化的世界，实现了生命的融合。

致谢

首先，我要感谢凯蒂·莱曼（Katie Lehman），是她在我撰写手稿时，给予我灵感、建议和鼓励，感谢她能陪在我身旁漫步林间，共享草木灵秀。

撰写本书期间，我有幸与许多杰出人士共事，不胜欢欣。维京（Viking）出版社编辑保罗·斯洛伐克（Paul Slovak），帮助我一同构思了本项目，他阅读本书后，也提出了许多深刻精辟的意见。在他的指导下，本书的形式和内容都有所提升。艾丽斯·马特尔（Alice Martell）对本书脉络与架构的分析使我受益匪浅。她的出色工作，引导着本书的脉络从无到有，再趋于成熟。她的不懈支持，让本书得以问世。撰写《看不见的森林》（*Forest Unseen*）期间，我与凯文·道顿（Kevin Doughten）的交谈，让我萌生了写作本书的想法。在最初的构思阶段，就在我们的对话之间，我脑海中对于生物网络的观点愈发清晰。感谢维京出版社优秀的编辑、设计、制作以及营销同仁们，尤其是感谢黑利·斯旺森（Haley Swanson）对文稿的编辑和打磨，希拉里·罗伯茨（Hilary Roberts）对文字的精心校对，还有安德烈亚·舒尔茨（Andrea Schulz）、特里西亚·康利（Tricia Conly）、法比那·范·阿沙德（Fabiana Van Arsdell）、凯特·格里格斯（Kate Griggs）和卡桑德拉·卡鲁佐（Cassandra Garruzzo）对本书的编辑、制作和设计。

感谢维京出版社、约翰·西蒙·古根海姆纪念基金会（John Simon Guggenheim Memorial Foundation）、美国自然博物馆（American Museum of Natural History）、圣凯瑟琳岛研究项目（St. Catherines Island Research Program）、爱德华·J. 诺贝尔基金会以及西沃恩南方大学提供经费。感谢西沃恩南方大学的约翰·加塔（John Gatta）、麻省理工学院的托马斯·利文森（Thomas Levenson）、威廉与玛丽学院的巴巴拉·金（Barbara King）和康奈尔大学的迈克·韦伯斯特（Mike Webster）在项目早期给予了我许许多多建议与支持。在瑞文戴尔作家部落（Rivendell Writers's Colony）写作，让我思如泉涌，感谢卡门·图森特·汤普森（Carmen Toussaint Thompson）对我的所有帮助。感谢萨拉·万斯（Sarah Vance）在这个项目初始给予的支持以及实际协助。

感谢所有与我分享对我的工作的看法和提出建议的人们，感谢所有在我旅途中热情好客的人们：西沃恩南方大学的巴克·巴特勒（Buck Butler）、乔恩·埃文斯（Jon Evans）、马克·霍普伍德（Mark Hopwood）、凯蒂·莱曼、利·兰泰（Leigh Lentile）、德博拉·麦格拉思（Deborah McGrath）、斯蒂芬·米勒（Stephen Miller）、萨拉·尼米兹（Sara Nimis）、塔姆·帕克（Tam Parker）、格雷格·庞德（Greg Pond）、布兰·波特（Bran Potter）、卡利·雷诺兹（Cari

Reynolds）、杰拉尔德·史密斯（Gerald Smith）、肯·史密斯（Ken Smith）和克里斯托弗·范德维恩（Christopher Van de Ven）；芝加哥的保罗·贝克尔（Paul Becker）、卡尔·贝克尔与他的儿子（Carl Becker & Son）；杜克大学的丹·约翰逊（Dan Johnson）；马里兰大学的佩德罗·巴尔博萨（Pedro Barbosa）；丹佛大都会州立大学的阿德里安娜·克里斯蒂（Adrienne Christy）；彼得·马修斯（Peter Matthews）；乔纳森·迈伯格（Jonathan Meiburg）；保罗·米勒（Paul Miller）；康奈尔大学的格雷格·巴德尼（Greg Budney）；乔治·华盛顿大学的兰达·卡亚利（Randa Kayyali）；田纳西州环保局的托德·克拉布特里（Todd Crabtree）；普吉特湾大学的比尔·库比森（Bill Kupinse）和彼得·温贝格尔（Peter Wimberger）；世界自然基金会的马莎·史蒂文森（Martha Stevenson）；自然之声（Music of Nature）的兰·埃利奥特（Lang Elliott）；威廉提琴坊的达斯廷·威廉斯（Dustin Williams）；约瑟夫·博德利（Joseph Bordley）；玛丽安娜·丁铎尔（Mariane Tyndall）；桑福德·麦吉（Sanford McGee）；安娜·哈丁（Anna Harding）；劳里·佩里·沃恩（Laurie Perry Vaughen）；帕迪·伍德沃思（Paddy Woodworth）；自然保护协会的马特·法尔（Matt Farr）；北亚利桑那大学的理查德·霍夫施泰德（Richard Hofstetter）；密歇根州立大学的德博拉·G. 麦卡洛（Deborah G. McCullough）；耶鲁大学的杰夫·布兰若（Jeff Brenzel）、德里克·布里格斯（Derek Briggs）、戴维·巴迪斯（David Budries）、苏珊·巴茨（Susan Butts）、彼得·克兰（Peter Crane）、迈克尔·多诺霍（Michael Donoghue）、阿什利·杜维尔（Ashley DuVal）、贾斯

廷·艾肯（Justin Eichenlaub）、乔恩·格里姆（Jon Grimm）、克里斯·赫布登（Chris Hebdon）、胡舒生（Shusheng Hu）、瓦莱丽·莫伊（Valerie Moye）、里克·普兰（Rick Prum）、赛德·兰德尔（Sayd Randle）、斯科特·斯特罗贝尔（Scott Strobel）和玛丽·伊夫林·塔克（Mary Evelyn Tucker）。我和学生们在西沃恩南方大学的生物与文学课堂上的对话，丰富了我的思考和写作。和吉姆·彼得斯（Jim Peters）、汤姆·沃德（Tom Ward）两位的友谊和谈话，对我颇有帮助，他们的行为范式和忠告都深化并扩展了我的思维。

厄瓜多尔：感谢基多圣弗朗西斯科大学和蒂普蒂尼生物多样性研究中心的埃斯特班·苏亚雷斯（Esteban Suárez）、安德烈斯·雷耶斯（Andrés Reyes）、康斯薇洛·德·罗莫（Consuelo de Romo）、迭戈·基罗加（Diego Quiroga）、帕布鲁·内格雷特（Pablo Negret）、何塞·马塔尼拉（José Matanilla）、玛丽亚·何塞·伦登（María José Rendón）、迈耶·罗德里格斯（Mayer Rodríguez）、拉米罗·圣·米格尔（Ramiro San Miguel）和凯利·斯温（Kelly Swing）；感谢厄瓜多尔环保部；感谢国际教育研究院（International Education of Students, IES）的爱德华多·奥尔蒂斯（Eduardo Ortiz）、勒内·比诺（René Bueno）、格拉迪斯·安格提（Gladys Argoti）、李·霍特尔（Lee L'hotel）、梅利莎·托里斯（Melissa Torres）、劳伦·奥斯特罗夫斯基（Lauren Ostrowski）和约翰·卢卡斯（John Lucas），以及所有参与到IES基多-蒂普蒂尼研讨会的师生们，尤其感念吉文·哈珀（Given Harper）与我的友谊，感谢他在生态学方面的真知灼见。感谢耶鲁大学的克里斯·赫布登给予我的许多实质性帮助，通过谈话和草就文稿，他丰富的学识帮助我更加了解厄瓜多尔声音的内涵。我能够拓宽思路，能够理解不同文化在现代化进程中的不同表现方式，还得归功于克里斯对我的启发。与此同时，他还从不同的政治和实际层面，为我剖析了人们在向外人表达自己的文化时所做出的选择。生活在亚马孙地区一带的原住民社群中的居民们，感谢你们的热情和慷慨。令人遗憾的是，这些人员或是社群有时会受到政治迫害，所以，请原谅我只能在此表达谢意，而不能列出他们的姓名。

安大略州：感谢北方鸣禽保护协会的杰夫·韦尔斯（Jeff Wells）；感谢湖首大学地质系的菲尔·弗雷立克（Phil Fralick）。

圣凯瑟琳岛：感谢西沃恩南方大学岛屿生态项目的学生，以及圣凯瑟琳岛海龟保育计划的工作人员和研修生们：罗伊斯·海斯（Royce Hayes）、克里斯塔·海斯（Christa Hayes）、詹尼弗·希尔伯恩（Jenifer Hilburn）、蒂姆·基恩-卢卡斯（Tim Keith-Lucas）、莉萨·基恩-卢卡斯（Lisa Keith-Lucas）、乔恩·埃文斯（Jon Evans）、柯克·齐格勒（Kirk Zigler）、肯·史密斯（Ken Smith）、布兰·波特（Bran Potter）、盖尔·毕晓普（Gale Bishop）、迈克·霍尔德森（Mike Halderson）、艾琳·谢弗（Eileen Schaefer）、阿登·琼斯（Arden Jones）。

苏格兰：感谢海岬考古研究所的劳拉·贝利（Laura Bailey）、爱德华·贝利（Edward Bailey）和朱莉·富兰克林（Julie Franklin）；感谢苏格兰文物局（Historic Scotland）的罗德·麦卡洛（Rod McCullagh）；感谢福斯能源（Forth Energy）的约翰·加德纳（John Gardner）；感谢唐纳德·多尔顿（Donald Dalton）；琼·哈斯凯尔（Jean

Haskell）和乔治·哈斯凯尔（George Haskell）；感谢国家矿业博物馆的吉姆·康沃尔（Jim Cornwall）。

科罗拉多州，弗洛里森特：感谢弗洛里森特化石保护区的杰夫·沃林（Jeff Wolin）、赫伯特·迈耶（Hebert Meyer）、阿利·鲍姆加特纳（Aly Baumgartner）；感谢托比·韦尔斯（Toby Wells）。

科罗拉多州，丹佛：感谢水教育项目基金会（Project WET）的劳里那·莱尔（Laurina Lyle）；感谢萨金特工作室（Sargent Studios）的里克·萨金特（Rick Sargent）；感谢丹佛水利（Denver Water）的马特·邦德（Matt Bond）；感谢绿道基金会的乔隆·克拉克（Jolon Clark）；感谢樱桃溪管理合作伙伴（Cherry Creek Stewardship Partners）的凯西·达文（Casey Davenhill）；感谢丹佛市、区政府的辛西娅·卡瓦斯基（Cynthia Karvaski）、威廉·肯尼迪（William “Pat” Kennedy）、乔恩·诺维克（Jon Novick）和特德·罗伊（Ted Roy）；感谢北达科他州立大学的德万·麦格拉纳汉（Devan McGranahan）。

纽约：感谢黑利·罗比森（Hailey Robison）、沃纳·沃特金（Warner Watkins）、斯坦利·贝西娅（Stanley Bethea）和奥费利娅·德尔·普林西比（Ofelia Del Principe）。

以色列和西岸：感谢耶路撒冷希伯来大学的佐哈尔·克伦（Zohar Kerem）、杰夫·卡黑（Jeff Camhi）；感谢耶路撒冷荆冕修道院的修女和义工们；感谢绿色橄榄旅游协会（Green Olive Tours）的弗雷德·斯罗姆卡（Fred Schlomka）、穆罕默德·巴拉卡特（Mohammad Barakat）、亚门·伊拉贝德（Yamen Elabed）、布鲁斯·布里尔（Bruce

Brill）和雅哈弗·佐哈尔（Yahav Zohar）；感谢以色列橄榄委员会（Israel Olive Board）的阿迪·纳里（Adi Naali）、易卜拉欣·朱布兰（Ibrahim Jubran）和罗哈·甘恩（Rowhia Ganem）；感谢利昂·韦伯斯特（Leon Webster）；纳塔·克伦（Neta Keren）；阿亚拉·纳·迈尔（Ayala Noy Meir）；莫纳·亚沙（Monaem Jahshan）；感谢巴勒斯坦公平交易协会（Palestine Fair Trade Association）的穆罕默德·阿尔·如兹（Mohammed Al Ruzzi）、哈·巴舍（Haj Bashir）和梅杰德·莫里（Majed Maree）；感谢迦南公平交易组织（Canaan Fair Trade）的纳泽·阿布哈法（Nasser Abufarha）、马纳尔·阿布杜拉（Manal Abdullah）和穆罕默德·甘纳姆（Mohannad Ghannam）；感谢迈克尔生产公司（Michal Productions）的马克辛·莱维特（Maxine Levite）；感谢亚当·艾丁格（Adam Eidinge）。应西岸农民和相关人士要求，我不在此处实名感谢他们。先前以色列安全部门要求我提供他们的姓名，我虽未提供，可依然心有戚戚。感谢他们曾在我停留橄榄园期间，与我一同劳作，热情欢迎我。与他们的对话也让我获益颇丰。

华盛顿特区和日本宫岛：感谢美国国家植物园国家盆栽和盆景博物馆的杰克·苏斯迪克（Jack Sustic）、艾琳·帕克伍德（Aarin Packard）和埃弗里·艾纳保（Avery Anapol）；感谢美国国家盆景基金会的费利克斯·劳克林（Felix Laughlin）；感谢不列颠哥伦比亚大学园林与植物研究中心（UBC Botanical Garden and Centre for Plant Research）的布伦特·海因（Brent Hine）；感谢东京农业大学的上原巖（Iwao Uehara）；感谢爱丁堡皇家植物园的汤姆·克里斯琴（Tom Christian）；感谢广岛大学的坪田博美（Hiromi Tsubota）；感谢《盆栽视点》（*Bonsai Focus*）的法兰德·布洛克（Farrand Bloch）；感谢鸥鹭盆景的钱彼得（Peter Chan）；感谢基尔沃思针叶苗圃（Kilworth Conifers）的德里克·斯派塞（Derek Spicer）；感谢伯里亚学院的丽贝卡·贝特斯（Rebecca Bates）和罗布·福斯特（Rob Foster）；感谢乔丹·凯西（Jordan Casey）；三木直子（Miki Naoko）；布鲁斯·泰勒（Bruce Taylor）。

参考文献

前言

Basbanes, N. A. *On Paper: The Everything of Its Two-Thousand-Year History*. New York: Knopf, 2013.

Bierman, C. J. *Handbook of Pulping and Papermaking*, 2nd ed. San Diego: Academic Press, 1996.

Ek, M., G. Gellerstedt, and G. Henricksson, eds. *Pulp and Paper Chemistry and Technology*. Vols. 1–4. Berlin: de Gruyter, 2009.

Food and Agriculture Organization of the United Nations. "Forest Products Statistics." 2015.www.fao.org/forestry/statistics/80938/en/.

Goldstein, R. N. *Plato at the Googleplex: Why Philosophy Won't Go Away*. New York: Pantheon, 2014.

Knight, J. "The Second Life of Trees: Family Forestry in Upland Japan." In *The Social Life of Trees*, edited by Laura Rival, 197–218. Oxford: Berg,1998.

Lynn, C. D. "Hearth and Campfire Influences on Arterial Blood Pressure: Defraying the Costs of the Social Brain Through Fireside Relaxation." *Evolutionary Psychology* 12, no. 5 (2013):983–1003.

National Printing Bureau (Japan). "Characteristics of Banknotes." 2015. www.npb.go.jp/en/intro/tokutyou/index.html.

Toale, B. *The Art of Papermaking*. Worcester, MA: Davis, 1983.

Vandenbrink, J. P., J. Z. Kiss, R. Herranz, and F. J. Medina. "Light and Gravity Signals Synergize in Modulating Plant Development." *Frontiers in Plant Science* 5 (2014), doi:10.3389/fpls.2014.00563.

Wiessner, P. W. "Embers of Society: Firelight Talk Among the Ju/'hoansi Bushmen." *Proceedings of the National Academy of Sciences* 111, no. 39 (2014): 14027–35.

Woo, S., E. A. Lumpkin, and A. Patapoutian. “Merkel Cells and Neurons Keep in Touch.” *Trends in Cell Biology* 25, no. 2 (2015): 74–81.

Wordsworth, W. “A Poet! He Hath Put His Heart to School.” 1842. Available at Poetry Foundation, www.poetryfoundation.org/poems-and-poets/poems/detail/45541. Source of “stagnant pool.”

———. “The Tables Turned.” 1798. Available at Poetry Foundation, www.poetry foundation.org/poems-and-poets/poems/detail/45557. Source of “the beauteous....” and “Science and Art.”

吉贝

Araujo, A. “Petroamazonas Perforó el Primer Pozo para Extraer Crudo del ITT.” *El Comercio*, March 29, 2016. www.elcomercio.com/actualidad/petroamazonas-perforacion-crudo-yasuniitt.html.

Bass, M. S., M. Finer, C. N. Jenkins, H. Kreft, D. F. Cisneros-Heredia, S. F. McCracken, N. C. A. Pitman, et al. “Global Conservation Significance of Ecuador’s Yasuní National Park.” *PLoS ONE* 5, no. 1 (2010), doi:10.1371/journal.pone.0008767.

Cerón, C., and C. Montalvo. *Etnobotánica de los Huaorani de Quehueiri-Ono Napo- Ecuador*. Quito: Herbario Alfredo Paredes, Escuela de Biología, Universidad Central del Ecuador, 1998.

Davidson, D. W., S. C. Cook, R. R. Snelling, and T. H. Chua. “Explaining the Abundance of Ants in Lowland Tropical Rainforest Canopies.” *Science* 300, no. 5621 (2003): 969–72.

Dillard, A. *Pilgrim at Tinker Creek*. New York: Harper’s Magazine Press, 1974. Source of “lifted and struck.”

Finer, M., B. Babbitt, S. Novoa, F. Ferrarese, S. Eugenio Pappalardo, M. De Marchi, M. Saucedo, and A. Kumar. “Future of Oil and Gas Development in the Western Amazon.” *Environmental Research Letters* 10, no. 2 (2015), doi:10.1088/1748- 9326/10/2/024003.

Goffredi, S. K., G. E. Jang, and M. F. Haroon. “Transcriptomics in the Tropics: Total RNA-Based Profiling of Costa Rican Bromeliad-Associated Communities.” *Computational and Structural Biotechnology Journal* 13 (2015): 18–23.

Gray, C. L., R. E. Bilsborrow, J. L. Bremner, and F. Lu. “Indigenous Land Use in the Ecuadorian Amazon: A Cross-cultural and Multilevel Analysis.” *Human Ecology* 36, no. 1 (2008): 97–109.

Hebdon, C., and F. Mezzenzanza. “Sumak Kawsay as ‘Already-Developed’: A Pastaza Runa Critique of Development.” Article draft presented at the Development Studies Association-Conference, University of Oxford, September 12–14, 2016, Oxford.

Jenkins, C. N., S. L. Pimm, and L. N. Joppa. “Global Patterns of Terrestrial Vertebrate Diversity and Conservation.” *Proceedings of the National Academy of Sciences* 110, no. 28

(2013):E2602–10.
Kohn, E. *How Forests Think: Toward an Anthropology Beyond the Human*. Oakland: University of California Press, 2013.
Kursar, T. A., K. G. Dexter, J. Lokvam, R. Toby Pennington, J. E. Richardson, M. G. Weber, E. T. Murakami, C. Drake, R. McGregor, and P. D. Coley. "The Evolution of Antiherbivore Defenses and Their Contribution to Species Coexistence in the Tropical Tree Genus *Inga*." *Proceedings of the National Academy of Sciences* 106, no. 43 (2009):18073–78.
Lowman, M. D., and H. B. Rinker, eds. *Forest Canopies*. 2nd ed. Burlington, MA: Elsevier, 2004.
McCracken, S. F. and M. R. J. Forstner. "Oil Road Effects on the Anuran Community of a High Canopy Tank Bromeliad (*Aechmea zebrina*) in the Upper Amazon Basin, Ecuador." *PLoS ONE* 9, no. 1 (2014),doi:10.1371/journal.pone.0085470.
Mena, V. P., J. R. Stallings, J. B. Regalado, and R. L. Cueva. "The Sustainability of Cur- rent Hunting Practices by the Huaorani." In *Hunting for Sustainability in Tropical Forests*, edited by J. Robinson and E. Bennett, 57–78. New York: Columbia University Press, 2000.
Miroff, N. "Commodity Boom Extracting Increasingly Heavy Toll on Amazon Forests." *Guardian Weekly*, January 9, 2015, pages 12–13.
Nebel, G., L. P. Kvist, J. K. Vanclay, H. Christensen, L. Freitas, and J. Ruíz. "Structure and Floristic Composition of Flood Plain Forests in the Peruvian Amazon: I. Overstorey." *Forest Ecology and Management* 150, no. 1 (2001):27–57.
Rival,L."Towards an Understanding of the Huaorani Ways of Knowing and Naming Plants." In *Mobility and Migration in Indigenous Amazonia: Contemporary Ethnoecological Perspectives*, edited by Miguel N. Alexiades, 47–68. New York: Berghahn, 2009.
Rival, L. W. *Trekking Through History: The Huaorani of Amazonian Ecuador*. New York: Columbia University Press,2002.
Sabagh, L. T., R. J. P. Dias, C. W. C. Branco, and C. F. D. Rocha. "New Records of Phoresy and Hyperphoresy Among Treefrogs, Ostracods, and Ciliates in Bromeliad of Atlantic Forest." *Biodiversity and Conservation* 20, no. 8 (2011): 1837–41.
Schultz, T. R., and S. G. Brady. "Major Evolutionary Transitions in Ant Agriculture." *Proceedings of the National Academy of Sciences* 105, no. 14 (2008): 5435–40.
Suárez, E., M. Morales, R. Cueva, V. Utreras Bucheli, G. Zapata-Ríos, E. Toral, J. Torres, W. Prado, and J. Vargas Olalla. "Oil Industry, Wild Meat Trade and Roads: Indirect Effects of Oil Extraction Activities in a Protected Area in North-Eastern Ecuador." *Animal Conservation* 12, no. 4 (2009): 364–73.
Suárez, E., G. Zapata-Ríos, V. Utreras, S. Strindberg, and J. Vargas. "Controlling Access to Oil Roads Protects Forest Cover, but Not Wildlife Communities: A Case Study from the Rainforest of Yasuní Biosphere Reserve (Ecuador)." *Animal Conservation* 16, no. 3 (2013):265–74.

Thoreau, H. D. *Walden*. 1854. Available at Digital Thoreau, digitalthoreau.org/fluid-text-toc.

Vidal, J. "Ecuador Rejects Petition to Stop Drilling in National Park." *Guardian Weekly*, May 16, 2014, page 13.

Viteri Gualinga, C. "Visión Indígena del Desarrollo en la Amazonía." *Polis: Revista del Universidad Bolivariano* 3 (2002), doi:10.4000/polis.7678.

Wade, L. "How the Amazon Became a Crucible of Life." *Science*, October 28, 2015. www.sciencemag.org/news/2015/10/feature-how-amazon-became-crucible-life.

Watts, J. "Ecuador Approves Yasuni National Park Oil Drilling in Amazon Rainforest." *Guardian*, August 13,2013.

香脂冷杉

An, Y. S., B. Kriengwatana, A. E. Newman, E. A. MacDougall-Shackleton, and S. A. MacDougall-Shackleton. "Social Rank, Neophobia and Observational Learning in Black-capped Chickadees." *Behaviour* 148, no. 1 (2011):55–69.

Aplin, L. M., D. R. Farine, J. Morand-Ferron, A. Cockburn, A. Thornton, and B. C. Sheldon. "Experimentally Induced Innovations Lead to Persistent Culture via Conformity in Wild Birds." *Nature* 518, no. 7540 (2015): 538–41.

Appel, H. M., and R. B. Cocroft. "Plants Respond to Leaf Vibrations Caused by Insect Herbivore Chewing." *Oecologia* 175, no. 4 (2014): 1257–66.

Averill, C., B. L. Turner, and A. C. Finzi. "Mycorrhiza-Mediated Competition Between Plants and Decomposers Drives Soil Carbon Storage." *Nature* 505, no. 7484 (2014): 543–45.

Awramik, S. M., and E. S. Barghoorn. "The Gunflint Microbiota." *Precambrian Research* 5, no. 2 (1977): 121–42.

Babikova, Z., L. Gilbert, T. J. A. Bruce, M. Birkett, J. C. Caulfield, C. Woodcock, J. A. Pickett, and D. Johnson. "Underground Signals Carried Through Common Mycelial Networks Warn Neighbouring Plants of Aphid Attack." *Ecology Letters* 16, no. 7 (2013): 835–43.

Beauregard, P. B., Y. Chai, H. Vlamakis, R. Losick, and R. Kolter. "*Bacillus subtilis* Biofilm Induction by Plant Polysaccharides." *Proceedings of the National Academy of Sciences* 110, no. 17 (2013): E1621–30.

Bond-Lamberty, B., S. D. Peckham, D. E. Ahl, and S. T. Gower. "Fire as the Dominant Driver of Central Canadian Boreal Forest Carbon Balance." *Nature* 450, no. 7166 (2007): 89–92.

Bradshaw, C. J. A., and I. G. Warkentin. "Global Estimates of Boreal Forest Carbon Stocks and Flux." *Global and Planetary Change* 128 (2015): 24–30.

Cossins, D. "Plant Talk." *Scientist* 28, no. 1 (2014): 37–43.

Darwin, C. R. *The Power of Movement in Plants*. London: John Murray, 1880.

Food and Agriculture Organization of the United Nations. *Yearbook of Forest Products*. FAO Forestry Series No. 47, Rome,2014.

Foote, J. R., D. J. Mennill, L. M. Ratcliffe, and S. M. Smith. "Black-capped Chickadee (*Poecile atricapillus*)." In *The Birds of North America Online*, edited by A. Poole. Ithaca, NY: Cornell Lab of Ornithology, 2010. bna.birds.cornell.edu.bnaproxy.birds.cornell.edu/bna/species/039.

Frederickson, J. K. "Ecological Communities by Design." *Science* 348, no. 6242 (2015): 1425–27.

Ganley, R. J., S. J. Brunsfeld, and G. Newcombe. "A Community of Unknown, Endophytic Fungi in Western White Pine." *Proceedings of the National Academy of Sciences* 101, no. 27 (2004): 10107–12.

Hammerschmidt, K., C. J. Rose, B. Kerr, and P. B. Rainey. "Life Cycles, Fitness Decoupling and the Evolution of Multicellularity." *Nature* 515, no. 7525(2014):75–79.

Hansen, M. C., P. V. Potapov, R. Moore, M. Hancher, S. A. Turubanova, A. Tyukavina, D. Thau, et al. "High-Resolution Global Maps of 21st-Century Forest Cover Change." *Science* 342, no. 6160 (2013): 850–53.

Hata, K., and K. Futai. "Variation in Fungal Endophyte Populations in Needles of the Genus *Pinus*." *Canadian Journal of Botany* 74, no. 1 (1996): 103–14.

Hom, E. F. Y., and A. W. Murray. "Niche Engineering Demonstrates a Latent Capacity for Fungal-Algal Mutualism." *Science* 345, no. 6192 (2014):94–98.

Hordijk, W. "Autocatalytic Sets: From the Origin of Life to the Economy." *BioScience* 63, no. 11 (2013): 877–81.

Karhu, K., M. D. Auffret, J. A. J. Dungait, D. W. Hopkins, J. I. Prosser, B. K. Singh, J.-A. Subke, et al. "Temperature Sensitivity of Soil Respiration Rates Enhanced by Microbial Community Response." *Nature* 513, no. 7516 (2014): 81–84.

Karzbrun, E., A. M. Tayar, V. Noireaux, and R. H. Bar-Ziv. "Programmable On-Chip DNA Compartments as Artificial Cells." *Science* 345, no. 6198 (2014): 829–32.

Keller, M. A., A. V. Turchyn, and M. Ralser. "Non-enzymatic Glycolysis and Pentose Phosphate Pathway-like Reactions in a Plausible Archean Ocean." *Molecular Systems Biology* 10, no. 4 (2014), doi:10.1002/msb.20145228.

Knoll, A. H., E. S. Barghoorn, and S. M. Awramik. "New Microorganisms from the Aphebian Gunflint Iron Formation, Ontario." *Journal of Paleontology* 52, no. 5 (1978): 976–92.

Libby, E., and W. C. Ratcliff. "Ratcheting the Evolution of Multicellularity." *Science* 346, no. 6208 (2014): 426–27.

Liu, C., T. Liu, F. Yuan, and Y. Gu. "Isolating Endophytic Fungi from Evergreen Plants and Determining Their Antifungal Activities." *African Journal of Microbiology Research* 4, no. 21 (2010): 2243–48.

Lyons, T. W., C. T. Reinhard, and N. J. Planavsky. "The Rise of Oxygen in Earth's Early Ocean and Atmosphere." *Nature* 506, no. 7488 (2014): 307–15.

Molinier, J., G. Ries, C. Zipfel, and B. Hohn. "Transgeneration Memory of Stress in Plants." *Na-*

ture 442, no. 7106 (2006): 1046–49.

Mousavi, S. A. R., A. Chauvin, F. Pascaud, S. Kellenberger, and E. E. Farmer. "Glutamate Receptor-like Genes Mediate Leaf-to-Leaf Wound Signalling." *Nature* 500, no. 7463 (2013):422–26.

Nelson-Sathi, S., F. L. Sousa, M. Roettger, N. Lozada-Chávez, T. Thiergart, A. Janssen, D. Bryant, et al. "Origins of Major Archaeal Clades Correspond to Gene Acquisitions from Bacteria." *Nature* 517, no. 7532 (2014): 77–80.

Ortiz-Castro, R., C. Díaz-Pérez, M. Martínez-Trujillo, E. Rosa, J. Campos-García, and J. López-Bucio. "Transkingdom Signaling Based on Bacterial Cyclodipeptides with Auxin Activity in Plants." *Proceedings of the National Academy of Sciences* 108, no. 17 (2011): 7253–58.

Pagès, A., K. Grice, M. Vacher, D. T. Welsh, P. R. Teasdale, W. W. Bennett, and P. Greenwood. "Characterizing Microbial Communities and Processes in a Modern Stromatolite (Shark Bay) Using Lipid Biomarkers and Two-Dimensional Distributions of Porewater Solutes." *Environmental Microbiology* 16, no. 8 (2014): 2458–74.

Parniske, M. "Arbuscular Mycorrhiza: The Mother of Plant Root Endosymbioses." *Nature Reviews Microbiology* 6 (2008): 763–75.

Roth, T. C., and V. V. Pravosudov. "Hippocampal Volumes and Neuron Numbers Increase Along a Gradient of Environmental Harshness: A Large-Scale Comparison." *Proceedings of the Royal Society B: Biological Sciences* 276, no. 1656 (2009): 401–5.

Schopf, J. W. "Solution to Darwin's Dilemma: Discovery of the Missing Precambrian Record of Life." *Proceedings of the National Academy of Sciences* 97, no. 13 (2000): 6947–53.

Song, Y. Y., R. S. Zeng, J. F. Xu, J. Li, X. Shen, and W. G. Yihdego. "Interplant Communication of Tomato Plants Through Underground Common Mycorrhizal Networks." *PLoS ONE* 5, no. 10 (2010): e13324.

Stal, L. J. "Cyanobacterial Mats and Stromatolites." In *Ecology of Cyanobacteria II*, edited by B. A. Whitton, 61–120. Dordrecht, Netherlands: Springer, 2012.

Tedersoo, L., T. W. May, and M. E. Smith. "Ectomycorrhizal Lifestyle in Fungi: Global Diversity, Distribution, and Evolution of Phylogenetic Lineages." *Mycorrhiza* 20, no. 4 (2010):217–63.

Templeton, C. N., and E. Greene. "Nuthatches Eavesdrop on Variations in Heterospecific Chickadee Mobbing Alarm Calls." *Proceedings of the National Academy of Sciences* 104, no. 13 (2007): 5479–82.

Trewavas, A. *Plant Behaviour and Intelligence*. Oxford: Oxford University Press, 2014.

———. "What Is Plant Behaviour?" *Plant, Cell & Environment* 32, no. 6 (2009): 606–16.

Vaidya, N., M. L. Manapat, I. A. Chen, R. Xulvi-Brunet, E. J. Hayden, and N. Lehman. "Spontaneous Network Formation Among Cooperative RNA Replicators." *Nature* 491, no. 7422

(2012): 72–77.

Wacey, D., N. McLoughlin, M. R. Kilburn, M. Saunders, J. B. Cliff, C. Kong, M. E. Barley, and M. D. Brasier. "Nanoscale Analysis of Pyritized Microfossils Reveals Differential Heterotrophic Consumption in the ~1.9-Ga Gunflint Chert." *Proceedings of the National Academy of Sciences* 110, no. 20 (2013): 8020–24.

Woolf, V. *A Room of One's Own*. London: Hogarth Press, 1929.

菜棕

Amin, S. A., L. R. Hmelo, H. M. van Tol, B. P. Durham, L. T. Carlson, K. R. Heal, R. L. Morales, et al. "Interaction and Signaling Between a Cosmopolitan Phytoplankton and Associated Bacteria." *Nature* 522, no. 7554 (2015): 98–101.

Anelay, J. 2014. Written Answers: Mediterranean Sea. October 15, 2014. *Hansard Parliamentary Debates*, Lords, vol. 756, part 39, col. WA41. Source of "We do not support planned search and rescue..."

Böhm, E., J. Lippold, M. Gutjahr, M. Frank, P. Blaser, B. Antz, J. Fohlmeister, N. Frank, M. B. Andersen, and M. Deininger. "Strong and Deep Atlantic Meridional Overturning Circulation During the Last Glacial Cycle." *Nature* 517, no. 7532 (2015): 73–76.

Boyce, D. G., M. R. Lewis, and B. Worm. "Global Phytoplankton Decline over the Past Century." *Nature* 466, no. 7306 (2010): 591–96.

Buckley, F. "Thoreau and the Irish." *New England Quarterly* 13, no. 3 (September 1, 1940): 389–400.

Chen, X., and K.-K. Tung. "Varying Planetary Heat Sink Led to Global-Warming Slowdown and Acceleration." *Science* 345, no. 6199 (2014): 897–903.

Cózar, A., F. Echevarría, J. I. González-Gordillo, X. Irigoien, B. Úbeda, S. Hernández- León, Á. T. Palma, et al. "Plastic Debris in the Open Ocean." *Proceedings of the National Academy of Sciences* 111, no. 28 (2014): 10239–44.

Desantis, L. R. G., S. Bhotika, K. Williams, and F. E. Putz. "Sea-Level Rise and Drought Interactions Accelerate Forest Decline on the Gulf Coast of Florida, USA." *Global Change Biology* 13, no. 11 (2007): 2349–60.

Gemenne, F. "Why the Numbers Don't Add Up: A Review of Estimates and Predictions of People Displaced by Environmental Changes." *Global Environmental Change* 21 (2011):S41–49.

Gráda, C. O. "A Note on Nineteenth-Century Irish Emigration Statistics." *Population Studies* 29, no. 1 (1975): 143–49.

Hay, C. C., E. Morrow, R. E. Kopp, and J. X. Mitrovica. "Probabilistic Reanalysis of Twentieth-Century Sea-Level Rise." *Nature* 517, no. 7535 (2015): 481–84.

Holbrook, N. M., and T. R. Sinclair. "Water Balance in the Arborescent Palm, *Sabal palmetto*. I. Stem Structure, Tissue Water Release Properties and Leaf Epidermal Conductance." *Plant,*

Cell & Environment 15, no. 4 (1992):393–99.

———. "Water Balance in the Arborescent Palm, *Sabal palmetto*. II. Transpiration and Stem Water Storage." *Plant, Cell & Environment* 15, no. 4 (1992): 401–9.

Jambeck, J. R., R. Geyer, C. Wilcox, T. R. Siegler, M. Perryman, A. Andrady, R. Narayan, and K. L. Law. "Plastic Waste Inputs from Land into the Ocean." *Science*347, no. 6223 (2015):768–71.

Joughin, I., B. E. Smith, and B. Medley. "Marine Ice Sheet Collapse Potentially Under Way for the Thwaites Glacier Basin, West Antarctica." *Science* 344, no. 6185 (2014): 735–38.

Lee, D. S. "Floridian Herpetofauna Associated with Cabbage Palms." *Herpetologica* 25 (1969): 70–71.

Limardo, A. J., and A. Z. Worden. "Microbiology: Exclusive Networks in the Sea." *Nature* 522, no. 7554 (2015): 36–37.

Mansfield, K. L., J. Wyneken, W. P. Porter, and J. Luo. "First Satellite Tracks of Neonate Sea Turtles Redefine the 'Lost Years' Oceanic Niche." *Proceedings of the Royal Society B: Biological Sciences* 281, no. 1781 (2014), doi:10.1098/rspb.2013.3039.

Maranger, R., and D. F. Bird. "Viral Abundance in Aquatic Systems: A Comparison Between Marine and Fresh Waters." *Marine Ecology Progress Series* 121 (1995): 217–26.

McPherson, K., and K. Williams. "Establishment Growth of Cabbage Palm, *Sabal palmetto* (Arecaceae)." *American Journal of Botany* 83, no. 12 (1996): 1566–70.

———. "The Role of Carbohydrate Reserves in the Growth, Resilience, and Persistenceof Cabbage Palm Seedlings (*Sabal palmetto*)." *Oecologia* 117, no. 4 (1998): 460–68. Meyer, B. K., G. A. Bishop, and R. K. Vance. "An Evaluation of Shoreline Dynamics at St. Catherine's Island, Georgia (1859–2009) Utilizing the Digital Shoreline Analysis System (USGS)." *Geological Society of America Abstracts with Programs* 43, no. 2 (2011): 68.

Morris, J. J., R. E. Lenski, and E. R. Zinser. "The Black Queen Hypothesis: Evolution of Dependencies Through Adaptive Gene Loss." *MBio* 3, no. 2 (2012), doi:10.1128/mBio.00036-12.

National Park Service. "Cape Cod National Seashore: Shipwrecks." N.d. www.nps.gov/caco/learn/historyculture/shipwrecks.htm (accessed May 7, 2015).

Nicholls, R. J., N. Marinova, J. A. Lowe, S. Brown, P. Vellinga, D. De Gusmao, J. Hinkel, and R. S. J. Tol. "Sea-Level Rise and Its Possible Impacts Given a 'Beyond 4 C World' in the Twenty-first Century." *Philosophical Transactions of the Royal Society A: Mathematical, Physical and Engineering Sciences* 369, no. 1934 (2011): 161–81.

Nuwer, R. "Plastic on Ice." *Scientific American* 311, no. 3 (2014): 25.

Osborn, A. M., and S. Stojkovic. "Marine Microbes in the Plastic Age." *Microbiology Australia* 35, no. 4 (2014): 207–10.

Paolo, F. S., H. A. Fricker, and L. Padman. "Volume Loss from Antarctic Ice Is Accelerating." *Science* 348 (2015): 327–31.

Perry, L., and K. Williams. "Effects of Salinity and Flooding on Seedlings of Cabbage Palm (*Sabal palmetto*)." *Oecologia* 105, no. 4 (1996): 428–34.

Reisser, J., B. Slat, K. Noble, K. du Plessis, M. Epp, M. Proietti, J. de Sonneville, T. Becker, and C. Pattiaratchi. "The Vertical Distribution of Buoyant Plastics at Sea: An Observational Study in the North Atlantic Gyre." *Biogeosciences* 12, no. 4 (2015):1249–56.

Rohling, E. J., G. L. Foster, K. M. Grant, G. Marino, A. P. Roberts, M. E. Tamisiea, and F. Williams. "Sea-Level and Deep-Sea-Temperature Variability over the Past 5.3 Million Years." *Nature* 508, no. 7497 (2014): 477–82.

Swan, B. K., B. Tupper, A. Sczyrba, F. M. Lauro, M. Martinez-Garcia, J. M. González, H. Luo, et al. "Prevalent Genome Streamlining and Latitudinal Divergence of Planktonic Bacteria in the Surface Ocean." *Proceedings of the National Academy of Sciences* 110, no. 28 (2013): 11463–68.

Thomas, D. H., C. F. T. Andrus, G. A. Bishop, E. Blair, D. B. Blanton, D. E. Crowe, C. B.DePratter, et al. "Native American Landscapes of St. Catherines Island, Georgia."*Anthropological Papers of the American Museum of Natural History*, no. 88 (2008).

Thoreau, H. D. *Cape Cod*. Boston: Ticknor and Fields, 1865. Source of "waste and wrecks...," "why waste...,"and quotes from beach list.

Tomlinson P. B. "The Uniqueness of Palms." *Botanical Journal of the Linnean Society* 151 (2006): 5–14.

Tomlinson, P. B., J. W. Horn, and J. B. Fisher. *The Anatomy of Palms*. Oxford: Oxford University Press, 2011.

U.S. Department of Defense. *FY 2014 Climate Change Adaptation Roadmap*. Alexandria, VA: Office of the Deputy Undersecretary of Defense for Installations and Environment, 2014.

Woodruff, J. D., J. L. Irish, and S. J. Camargo. "Coastal Flooding by Tropical Cyclones and Sea-Level Rise." *Nature* 504, no. 7478 (2013): 44–52.

Wright, S. L., D. Rowe, R. C. Thompson, and T. S. Galloway. "Microplastic Ingestion Decreases Energy Reserves in Marine Worms." *Current Biology* 23, no. 23 (2013): R1031–33.

Zettler, E. R., T. J. Mincer, and L. A. Amaral-Zettler. "Life in the 'Plastisphere': Microbial Communities on Plastic Marine Debris." *Environmental Science & Technology* 47, no. 13 (2013): 7137–46.

Zona, S. "A Monograph of *Sabal* (Arecaceae: Coryphoideae)." *Aliso* 12, no. 4 (1990): 583–666.

美国红树

Allender, M. C., D. B. Raudabaugh, F. H. Gleason, and A. N. Miller. "The Natural History, Ecology, and Epidemiology of *Ophidiomyces ophiodiicola* and Its Potential Impact on Free-Ranging Snake Populations." *Fungal Ecology* 17 (2015): 187–96.

Chambers, J. Q., N. Higuchi, J. P. Schimel, L. V. Ferreira, and J. M. Melack. "Decomposition and

Carbon Cycling of Dead Trees in Tropical Forests of the Central Amazon." *Oecologia* 122, no. 3 (2000): 380–88.

Gerdeman, B. S., and G. Rufino. "Heterozerconidae: A Comparison Between a Temperate and a Tropical Species." In *Trends in Acarology, Proceedings of the 12th International Congress*, edited by M. W. Sabelis and J. Bruin, 93–96. Dordrecht, Netherlands: Springer, 2011.

Hérault, B., J. Beauchêne, F. Muller, F. Wagner, C. Baraloto, L. Blanc, and J. Martin. "Modeling Decay Rates of Dead Wood in a Neotropical Forest." *Oecologia* 164, no. 1 (2010): 243–51.

Hulcr, J., N. R. Rountree, S. E. Diamond, L. L. Stelinski, N. Fierer, and R. R. Dunn. "Mycangia of Ambrosia Beetles Host Communities of Bacteria." *Microbial Ecology* 64, no. 3 (2012): 784–93.

Pan, Y., R. A. Birdsey, J. Fang, R. Houghton, P. E. Kauppi, W. A. Kurz, O. L. Phillips, et al. "A Large and Persistent Carbon Sink in the World's Forests." *Science* 333, no. 6045 (2011):988–93.

Rodrigues, R. R., R. P. Pineda, J. N. Barney, E. T. Nilsen, J. E. Barrett, and M. A. Williams. "Plant Invasions Associated with Change in Root-Zone Microbial Community Structure and Diversity." *PLoS ONE* 10, no. 10 (2015): e0141424.

Vandenbrink, J. P., J. Z. Kiss, R. Herranz, and F. J. Medina. "Light and Gravity Signals Synergize in Modulating Plant Development." *Frontiers in Plant Science* 5 (2014), doi:10.3389/fpls.2014.00563.

欧榛

BBC Radio 4. Interviews of Dorothy Thompson, CEO Drax Group, and Harry Huyton, Head of Climate Change Policy and Campaigns, RSPB. *Today*, July 24, 2014.

Birks, H. J. B. "Holocene Isochrone Maps and Patterns of Tree-Spreading in the British Isles." *Journal of Biogeography* 16, no. 6 (1989): 503–40.

Bishop, R. R., M. J. Church, and P. A. Rowley-Conwy. "Firewood, Food and Human Niche Construction: The Potential Role of Mesolithic Hunter-Gatherers in Actively Structuring Scotland's Woodlands." *Quaternary Science Reviews* 108 (2015): 51–75.

Carlyle, T. *Historical Sketches of Notable Persons and Events in the Reigns of James I and Charles I.* London: Chapman and Hall,1898.

Carrell, S. "Longannet Power Station to Close Next Year." *Guardian,* March 23, 2015.

Climate Change (Scotland) Act 2009. www.legislation.gov.uk/asp/2009/12/contents (accessed June 1, 2015).

Dinnis, R., and C. Stringer. *Britain: One Million Years of the Human Story*. London: Natural History Museum Publications, 2014.

Edwards, K. J., and I. Ralston. "Postglacial Hunter-Gatherers and Vegetational History in Scotland." *Proceedings of the Society of Antiquaries of Scotland* 114 (1984): 15–34.

Evans, J. M., R. J. Fletcher Jr., J. R. R. Alavalapati, A. L. Smith, D. Geller, P. Lal, D. Vasudev, M. Acevedo, J. Calabria, and T. Upadhyay. *Forestry Bioenergy in the Southeast United States: Implications for Wildlife Habitat and Biodiversity*. Merrifield, VA: National Wildlife Federation, 2013.

Finsinger, W., W. Tinner, W. O. Van der Knaap, and B. Ammann. "The Expansion of Hazel (*Corylus avellana* L.) in the Southern Alps: A Key for Understanding Its Early Holocene History in Europe?" *Quaternary Science Reviews* 25, no. 5 (2006): 612–31.

Fodor, E. "Linking Biodiversity to Mutualistic Networks: Woody Species and Ectomycorrhizal Fungi." *Annals of Forest Research* 56 (2012): 53–78.

Furniture Industry Research Association. "Biomass Subsidies and Their Impact on the British Furniture Industry." Stevenage, UK, 2011.

Glasgow Herald. "Scots Pit Props: Developing a Rural Industry," January 8, 1938, page 3.

Mather, A. S. "Forest Transition Theory and the Reforesting of Scotland." *Scottish Geographical Magazine* 120, no. 1–2 (2004): 83–98.

Meyfroidt, P., T. K. Rudel, and E. F. Lambin. "Forest Transitions, Trade, and the Global Displacement of Land Use." *Proceedings of the National Academy of Sciences* 107, no. 49 (2010):20917–22.

Palmé, A. E., and G. C. Vendramin. "Chloroplast DNA Variation, Postglacial Recolonization and Hybridization in Hazel, *Corylus avellana*." *Molecular Ecology* 11 (2002): 1769–79.

Regnell, M. "Plant Subsistence and Environment at the Mesolithic Site Tågerup, Southern Sweden: New Insights on the 'Nut Age.'" *Vegetation History and Archaeobotany* 21 (2012): 1–16.

Robertson, A., J. Lochrie, and S. Timpany. "Built to Last: Mesolithic and Neolithic Settlement at Two Sites Beside the Forth Estuary, Scotland." *Proceedings of the Society of Antiquaries of Scotland* 143 (2013): 1–64.

Schoch, W., I. Heller, F. H. Schweingruber, and F. Kienast. "Wood Anatomy of Central European Species." 2004.www.woodanatomy.ch.Scott, W. *The Abbot*. Edinburgh: Longman, 1820.

Scottish Government. "High Level Summary of Statistics Trend Last Update: Renewable Energy. December 18, 2014. www.gov.scot/Topics/Statistics/Browse/Business/TrenRenEnergy.

Scottish Mining. "Accidents and Disasters." www.scottishmining.co.uk/5.html.Soden,L.2012. *Landscape Management Plan*. Rosyth, UK: Forth Crossing Bridge Constructors, 2012. www.transport.gov.scot/system/files/documents/tsc-basic-pages/10%20REP-00028-01%20 Landscape%20Management%20Plan%20%28EM%20update%20for%20website%29.pdf.

Stephenson, A. L., and D. J. C. MacKay. *Life Cycle Impacts of Biomass Electricity in2020: Scenarios for Assessing the Greenhouse Gas Impacts and Energy Input Requirements of Using North American Woody Biomass for Electricity Generation in the UK*. London: United Kingdom Department of Energy and Climate Change, 2014.

Stevenson, R. L. *Kidnapped*. New York and London: Harper, 1886. "The Supply of Pitwood." *Na-*

ture 94 (1914): 393–95.

Tallantire, P. A. “The Early-Holocene Spread of Hazel (*Corylus avellana* L.) in Europe North and West of the Alps: An Ecological Hypothesis.” *Holocene* 12 (2002): 81–96.

Ter-Mikaelian, M. T., S. J. Colombo, and J. Chen. “The Burning Question: Does Forest Bioenergy Reduce Carbon Emissions? A Review of Common Misconceptions About Forest Carbon Accounting.” *Journal of Forestry* 113, no. 1 (2015): 57–68.

United Kingdom. *Electricity, England and Wales: Renewables Obligation Order 2009*. Statutory Instrument 2009/785, March 24, 2009.

———. Office of Gas and Electricity Markets. “Renewables Obligation (RO) Annual Report 2013–14.” February 16, 2015. www.ofgem.gov.uk//publications-and-updates/renewables-obligation-ro-annual-report-2013-14.

U.S. Energy Information Administration. *International Energy Statistics*. Washington, DC: U.S. Department of Energy, 2015. www.eia.gov/beta/international/.

U.S. Environmental Protection Agency. *Framework for Assessing Biogenic CO_2 Emissions from Stationary Sources*. Washington, DC: Office of Air and Radiation, Office of Atmospheric Programs, Climate Change Division, 2014.

West Fife Council. 1994. “Kingdom of Fife Mining Industry Memorial Book.” www .fifepits.co.uk/starter/m-book.htm/.

Warrick, J. 2015. “How Europe’s Climate Policies Led to More U.S. Trees Being Cut Down.” *Washington Post*, June 2, 2105. wpo.st/bARK0.

北美红杉与西黄松

Allen, C. D., A. K. Macalady, H. Chenchouni, D. Bachelet, N. McDowell, M. Vennetier, T. Kitzberger, et al. “A Global Overview of Drought and Heat-Induced Tree Mortality Reveals Emerging Climate Change Risks for Forests.” *Forest Ecology and Management* 259, no. 4 (2010): 660–84.

Baker, J. A. *The Peregrine.* London: Collins, 1967.

Bannan, M. W. “The Length, Tangential Diameter, and Length/Width Ratio of Conifer Tracheids.” *Canadian Journal of Botany* 43, no. 8 (1965): 967–84.

Bijl, P. K., A. J. P. Houben, S. Schouten, S. M. Bohaty, A. Sluijs, G.-J. Reichart, J. S. Sin- ninghe Damsté, and H. Brinkhuis. “Transient Middle Eocene Atmospheric CO_2 and Temperature Variations.” *Science* 330, no. 6005 (2010), doi:10.1126/science.1193654.

Borsa, A. A., D. C. Agnew, and D. R. Cayan. “Ongoing Drought-Induced Uplift in the Western United States.” *Science* 345, no. 6204 (2014), doi:10.1126/ science.1260279.

Callaham, R. Z. “*Pinus ponderosa*: Geographic Races and Subspecies Based on Morphological Variation.” Research Paper PSW-RP-265, U.S. Department of Agriculture, Forest Service, Pacific Southwest Research Station, Albany, CA, 2013.

Carswell, C. "Don't Blame the Beetles." *Science* 346, no. 6206 (2014), doi:10.1126/science.346.6206.154.

Chapman, S. S., G. E. Griffith, J. M. Omernik, A. B. Price, J. Freeouf, and D. L. Schrupp. *Ecoregions of Colorado*. Reston, VA: U.S. Geological Survey, 2006.

DeConto, R. M., and D. Pollard. "Rapid Cenozoic Glaciation of Antarctica Induced by Declining Atmospheric CO_2." *Nature* 421, no. 6920 (2003): 245–49.

Domec, J. C., J. M. Warren, F. C. Meinzer, J. R. Brooks, and R. Coulombe. "Native Root Xylem Embolism and Stomatal Closure in Stands of Douglas-Fir and Ponderosa Pine: Mitigation by Hydraulic Redistribution." *Oecologia* 141, no. 1 (2004): 7–16.Editorial Board. "Congress Should Give the Government More Money for Wildfires."*New York Times*, September 28, 2015. www.nytimes.com/2015/09/28/opinion/congress-should-give-the-government-more-money-for-wildfires.html.

Evanoff, E., K. M. Gregory-Wodzicki, and K. R. Johnson, eds. *Fossil Flora and Stratigraphy of the Florissant Formation, Colorado*. Denver: Denver Museum of Nature and Science, 2011.

Feynman, R. *The Character of Physical Law*. Cambridge: MIT Press, 1967. Source of "nature has a simplicity" and "the deepest beauty."

Frost, R. "The Sound of Trees." *The Poetry of Robert Frost: The Collected Poems, Complete and Unabridged*. New York: Holt, 2002. Source of "all measure..."

Ganey, J. L., and S. C. Vojta. "Tree Mortality in Drought-Stressed Mixed-Conifer and Ponderosa Pine Forests, Arizona, USA." *Forest Ecology and Management* 261, no. 1 (2011):162–68.

Hume, D. *Four Dissertations. IV. Of the Standard of Taste.* 1757. Available at www.davidhume.org/texts/fd.html. Source of "Beauty is no quality in things..." and "Strong sense, united to delicate sentiment ..."

Kawabata, Y. *Snow Country*. Translated by E. G. Seidensticker. New York: A. A. Knopf, 1956.Keegan, K. M., M. R.Albert, J. R.McConnell, and I. Baker. "Climate Change and Forest Fires Synergistically Drive Widespread Melt Events of the Greenland Ice Sheet." *Proceedings of the National Academy of Sciences* 111, no. 22(2014), doi: 10. 1073/pnas.1405397111.

Keller, L., and M. G. Surette. "Communication in Bacteria: An Ecological and Evolutionary Perspective." *Nature Reviews Microbiology* 4, no. 4 (2006): 249–58.

Kikuta, S. B., M. A. Lo Gullo, A. Nardini, H. Richter, and S. Salleo. "Ultrasound Acoustic Emissions from Dehydrating Leaves of Deciduous and Evergreen Trees." *Plant, Cell & Environment* 20, no. 11 (1997): 1381–90.

Laschimke, R., M. Burger, and H. Vallen. "Acoustic Emission Analysis and Experiments with Physical Model Systems Reveal a Peculiar Nature of the Xylem Tension." *Journal of Plant Physiology* 163, no. 10 (2006): 996–1007.

Maherali, H., and E. H. DeLucia. "Xylem Conductivity and Vulnerability to Cavitation of Ponderosa Pine Growing in Contrasting Climates." *Tree Physiology* 20, no. 13 (2000):859–67.

Maxbauer, D. P., D. L. Royer, and B. A. LePage. "High Arctic Forests During the Middle Eocene Supported by Moderate Levels of Atmospheric CO_2." *Geology* 42, no. 12 (2014):1027–30.

Meko, D. M., C. A. Woodhouse, C. A. Baisan, T. Knight, J. J. Lukas, M. K. Hughes, and M. W. Salzer. "Medieval Drought in the Upper Colorado River Basin." *Geophysical Research Letters* 34, no. 10 (2007), doi:10.1029/2007GL029988.

Meyer, H. W. *The Fossils of Florissant*. Washington, DC: Smithsonian Books, 2003.

Monson, R. K., and M. C. Grant. "Experimental Studies of Ponderosa Pine. III. Differences in Photosynthesis, Stomatal Conductance, and Water-Use Efficiency Between Two Genetic Lines." *American Journal of Botany* 76, no. 7 (1989): 1041–47.

Moritz, M. A., E. Batllori, R. A. Bradstock, A. M. Gill, J. Handmer, P. F. Hessburg,J. Leonard, et al. "Learning to Coexist with Wildfire." *Nature* 515, no. 7525 (2014), doi:10.1038/nature13946.

Muir, J. *The Mountains of California*. New York: Century Company, 1894. Source of "finest music... hum."

Murdoch, I. *The Sovereignty of Good.* London: Routledge, 1970. Source of "unselfing" and "patently ..."

Oliver, W. W., and R. A. Ryker. "Ponderosa Pine." In *Silvics of North America*, edited by R. M. Burns and B. H. Honkala. Agriculture Handbook 654. U.S. Department of Agriculture, Forest Service, Washington, DC, 1990. www.na.fs.fed.us/spfo/pubs/silvics_manual/Volume_1/pinus/ponderosa.htm.

Pais, A., M. Jacob, D. I. Olive, and M. F. Atiyah. *Paul Dirac: The Manand His Work*. Cambridge, UK: Cambridge University Press, 1998. Source of "getting beauty..." Pierce, J. L., G. A. Meyer, and A. J. T. Jull. "Fire-Induced Erosion and Millennial-Scale Climate Change in Northern Ponderosa Pine Forests." *Nature* 432, no.7013 (2004), doi:10.1038/nature03058.

Pross, J., L. Contreras, P. K. Bijl, D. R. Greenwood, S. M. Bohaty, S. Schouten, J. A. Bendle, et al. "Persistent Near-Tropical Warmth on the Antarctic Continent During the Early Eocene Epoch." *Nature* 488, no. 7409 (2012), doi:10.1038/nature11300.

Ryan, M. G., B. J. Bond, B. E. Law, R. M. Hubbard, D. Woodruff, E. Cienciala, and J. Kucera. "Transpiration and Whole-Tree Conductance in Ponderosa Pine Trees of Different Heights." *Oecologia* 124, no. 4 (2000):553–60.

Shen, F., Y. Wang, Y. Cheng, and L. Zhang. "Three Types of Cavitation Caused by Air Seeding." *Tree Physiology* 32, no. 11 (2012): 1413–19.

Svensen, H., S. Planke, A. Malthe-Sørenssen, B. Jamtveit, R. Myklebust, T. R. Eidem,and S. S. Rey. "Release of Methane from a Volcanic Basin as a Mechanism for Initial Eocene Global Warming." *Nature* 429, no. 6991 (2004),doi:10.1038/nature02566.

Underwood, E. "Models Predict Longer, Deeper U.S. Droughts." *Science* 347, no. 6223 (2015), doi:10.1126/science.347.6223.707. Source of "quaint."

van Riper III, C., J. R. Hatten, J. T. Giermakowski, D. Mattson, J. A. Holmes, M. J. Johnson, E. M. Nowak, et al. "Projecting Climate Effects on Birds and Reptiles of the Southwestern United States." U.S. Geological Survey Open-File Report 2014-1050, 2014,doi:10.3133/ofr20141050.

Warren, J. M., J. R. Brooks, F. C. Meinzer, and J. L. Eberhart. "Hydraulic Redistribution of Water from *Pinus ponderosa* Trees to Seedlings: Evidence for an Ecto- mycorrhizal Pathway." *New Phytologist* 178, no. 2 (2008):382–94.

Weed, A. S., M. P. Ayres, and J. A. Hicke. "Consequences of Climate Change for Biotic Disturbances in North American Forests." *Ecological Monographs* 83, no. 4 (2013): 441–70.

Westerling, A. L., H. G. Hidalgo, D. R. Cayan, and T. W. Swetnam. "Warming and Earlier Spring Increase Western US Forest Wildfire Activity." *Science* 313, no. 5789 (2006): 940–43.

Zachos, J., M. Pagani, L. Sloan, E. Thomas, and K. Billups. "Trends, Rhythms, and Aberrations in Global Climate 65 Ma to Present." *Science* 292, no. 5517 (2001):686–93.

Zhang, Y. G., M.Pagani, Z. Liu, S. M. Bohaty, and R. De Conto. (2013). "A 40-Million-Year History of Atmospheric CO_2." *Philosophical Transactions of the Royal Society A: Mathematical, Physical and Engineering Sciences* 371, no. 2001 (2013),doi:10.1098/rsta.2013.0096.

弗里氏杨

Barbaccia, T. G. "A Benchmark for Snow and Ice Management in the Mile High City." Equipment World's Better Roads, August 25, 2010. www.equipmentworld.com/a-benchmark-for-snow-and-ice-management-in-the-mile-high-city/.

Belk, J. 2003. "Big Sky, Open Arms." *New York Times*, June 22, 2003. www.nytimes.com/2003/06/22/travel/big-sky-open-arms.html. Source of "Four black folks..." Blasius, B. J., and R. W. Merritt. "Field and Laboratory Investigations on the Effects of Road Salt (NaCl) on Stream Macroinvertebrate Communities." *Environmental Pollution* 120, no. 2 (2002): 219–31.

Clancy, K. B. H., R. G. Nelson, J. N. Rutherford, and K. Hinde. "Survey of Academic Field Experiences (SAFE): Trainees Report Harassment and Assault." *PLoS ONE* 9,no.7(July16,2014),doi:10.1371/journal.pone.0102172.Source of "hostile field environments."

Coates, T. *Between the World and Me*. New York: Spiegel & Grau, 2015. Source of "Catholic, Corsican..."

Conathan, L., ed. "Arapaho text corpus." Endangered Language Archive, 2006. elar.soas.ac.uk/deposit/0083.

Davidson, J. "Former Legislator Joe Shoemaker Led Cleanup of the S. Platte River." *Denver Post*, August 16, 2012. www.denverpost.com/ci_21323273/former-legislator-joe-shoemaker-led-cleanup-s-platte.

Dillard, A. "Innocence in the Galapagos." *Harper's*, May 1975. Source of "pristine..." and "the greeting..."

Finney, C. *Black Faces, White Spaces: Reimagining the Relationship of African Americans to the Great Outdoors*. Chapel Hill: University of North Carolina Press, 2014. Source of "geographies of fear."

Greenway Foundation. *The River South Greenway Master Plan*. Greenwood Village, CO: Greenway Foundation, 2010. www.thegreenwayfoundation.org/uploads/3/9/1/5/39157543/riso.pdf.

———. *The Greenway Foundation Annual Report*. Denver, CO: Greenway Foundation, April 2012. www.thegreenwayfoundation.org/uploads/3/9/1/5/39157543/2012_greenway_current.pdf.

Gwaltney, B. Interviewed in "James Mills on African Americans and National Parks." To the Best of Our Knowledge, August 29, 2010. www.ttbook.org/book/james-mills-african-americans-and-national-parks. Source of "There are a lot of trees..." Jefferson, T. "Notes on the State of Virginia." 1787. Available at Yale University Avalon.

Project. avalon.law.yale.edu/18th_century/jeffvir.asp. Source of "mobs of great cities..." and "husbandmen."

Kranjcec, J., J. M. Mahoney, and S. B. Rood. "The Responses of Three Riparian Cottonwood Species to Water Table Decline." *Forest Ecology and Management* 110, no. 1 (1998): 77–87.

Lanham, J. D. "9 Rules for the Black Birdwatcher." *Orion* 32, no. 6 (November 1, 2013): 7. Source of "Don't bird..."

Leopold, A. "The Last Stand of the Wilderness." *American Forests and Forest Life* 31, no. 382 (October 1925):599–604. Source of "segregated... wilderness."

———. *A Sand County Almanac, and Sketches Here and There*. Oxford: Oxford University Press, 1949. Source of "soils, waters..." and "man-made changes."

Limerick, P. N. *A Ditch in Time: The City, the West, and Water*. Golden, CO: Fulcrum, 2012. Source of "perpetually brilliant" and "tonic, healthy."

Louv. R. *Last Child in the Woods*. Chapel Hill, NC: Algonquin, 2005. Source of "nature deficit."

Marotti, A. "Denver's Camping Ban: Survey Says Police Don't Help Homeless Enough." *Denver Post*, June 26, 2013. www.denverpost.com/politics/ci_23539228/denvers-camping-ban-survey-says-police-dont-help.

Meinhardt, K. A., and C. A. Gehring. "Disrupting Mycorrhizal Mutualisms: A Potential Mechanism by Which Exotic Tamarisk Outcompetes Native Cotton- woods." *Ecological Applications* 22, no. 2 (2012):532–49.

Merchant, C. "Shades of Darkness: Race and Environmental History." *Environmental History* 8, no. 3 (2003): 380–94.

Mills, J. E. *The Adventure Gap*. Seattle, WA: Mountaineers Books, 2014. Source of "cultural barri-

er..."
Muir, J. *A Thousand-Mile Walk to the Gulf*. Boston: Houghton, 1916. Source of "would easily pick..."
———. *My First Summer in the Sierra*. Boston: Houghton, 1917. Source of "dark- eyed..." and "strangely dirty ..."
———. *Steep Trails*. Boston: Houghton, 1918. Source of "bathed in the bright river,""last of the town fog," "brave and manly... and crime," "intercourse with stupid town... ," and "doomed ..." *Negro Motorist Green Book*. New York: Green, 1949.
Online Etymology Dictionary. "Ecology." www.etymonline.com/index.php?term=ecology.
Pinchot, G. *The Training of a Forester*. Philadelphia: Lippincott, 1914. Source of "pines and hemlocks... general and unfailing."
Revised Municipal Code of the City and County of Denver, Colorado. Chapter 38: Offenses, Miscellaneous Provisions, Article IV: Offenses Against Public Order and Safety, July 21, 2015. municode.com/library/co/denver/codes/code_of_ ordinances?nodeId-TITIIREMUCO_CH38OFMIPR_ARTIVOFAGPUORSA.
Roden, J. S., and R. W. Pearcy. "Effect of Leaf Flutter on the Light Environment of Poplars." *Oecologia* 93 (1993): 201–7.
Royal Society for the Protection of Birds. "Giving Nature a Home." www.rspb.org.uk(accessed July 28, 2016).
Scott, M. L., G. T. Auble, and J. M. Friedman. "Flood Dependency of Cottonwood Establishment Along the Missouri River, Montana, USA." *Ecological Applications* 7, no. 2 (1997): 677–90.
Shakespeare, W. *As You Like It*. 1623. Available at http://www.gutenberg.org/ebooks/1121.Strayed, C. *Wild*. New York: A. A. Knopf, 2012. Source of "myself a different story..." The Nature Conservancy. "What's the Return on Nature?"www.nature.org/photos-and-video/photography/psas/natures-value-psa-pdf.pdf
U.S. Code, Title 16: Conservation, Chapter 23: National Wilderness Preservation System.
Vandersande, M. W., E. P. Glenn, and J. L. Walworth. "Tolerance of Five Riparian Plants from the Lower Colorado River to Salinity Drought and Inundation." *Journal of Arid Environments* 49, no. 1 (2001):147–59.
Williams, T. T. *When Women Were Birds: Fifty-four Variations on Voice*. New York: Sarah Crichton Books, 2014. Source of "growing beyond... ," "things that happen... ," and "our own lips speaking."
Wohlforth, C. "Conservation and Eugenics." *Orion* 29, no. 4 (July 1, 2010): 22–28.

豆梨

Anderson, L. M., B. E. Mulligan, and L. S. Goodman. "Effects of Vegetation on Human Response to Sound." *Journal of Arboriculture* 10 (1984): 45–49.

Aronson, M. F. J., F. A. La Sorte, C. H. Nilon, M. Katti, M. A. Goddard, C. A. Lepczyk, P. S. Warren, et al. "A Global Analysis of the Impacts of Urbanization on Bird and Plant Diversity Reveals Key Anthropogenic Drivers." *Proceedings of the Royal Society of London B: Biological Sciences* 281, no. 1780 (2014), doi: 10. 1098/rspb.2013.3330.

Bettencourt, L. M. A. "The Origins of Scaling in Cities." *Science* 340, no. 6139 (2013): 1438–41.

Borden, J. *I Totally Meant to Do That*. New York: Broadway Paperbacks,2011.

Buckley, C. "Behind City's Painful Din, Culprits High and Low." *New York Times*, July 12, 2013. www.nytimes.com/2013/07/12/nyregion/behind-citys-painful-din-culprits-high-and-low.html.

Calfapietra, C., S. Fares, F. Manes, A. Morani, G. Sgrigna, and F. Loreto. "Role of Bio-genic Volatile Organic Compounds (BVOC) Emitted by Urban Trees on OzoneConcentration in Cities: A Review." *Environmental Pollution* 183 (2013): 71–80.Campbell, L. K. "Constructing New York City's Urban Forest." In *Urban Forests, Trees,and Greenspace: A Political Ecology Perspective*, edited by L. A. Sandberg, A. Bardekjian, and S. Butt, 242–60. New York: Routledge,2014.

Campbell, L. K., M. Monaco, N. Falxa-Raymond, J. Lu, A. Newman, R. A. Rae, and E. S. Svendsen. *Million TreesNYC: The Integration of Research and Practice*. New York: New York City Department of Parks and Recreation, 2014.

Cortright, J. *New York City's Green Dividend.* Chicago: CEOs for Cities, 2010. Crisinel, A.-S., S. Cosser, S. King, R. Jones, J. Petrie, and C. Spence. "ABittersweet Symphony: Systematically Modulating the Taste of Food by Changing the Sonic Properties of the Soundtrack Playing in the Background." *Food Quality and Preference* 24, no. 1 (2012):201–4.

Culley, T. M., and N. A. Hardiman. "The Beginning of a New Invasive Plant: A History of the Ornamental Callery Pear in the United States." *BioScience* 57, no. 11 (2007): 956–64. Source of"marvel."

de Langre, E. "Effect of Wind on Plants." *Annual Review of Fluid Mechanics* 40 (2008): 141–68.

Dodman, D. "Blaming Cities for Climate Change? An Analysis of Urban Greenhouse Gas Emissions Inventories." *Environment and Urbanization* 21, no. 1 (2009): 185–201.

Engels, S., N.-L. Schneider, N. Lefeldt, C. M. Hein, M. Zapka, A. Michalik, D. Elbers, A. Kittel, P. J. Hore, and H. Mouritsen. "Anthropogenic Electromagnetic Noise Disrupts Magnetic Compass Orientation in a Migratory Bird." *Nature* 509, no. 7500 (2014): 353–56.

Environmental Defense Fund. "A Big Win for Healthy Air in New York City." *Solutions*, Winter 2014, page 13.

Farrant-Gonzalez, T. "A Bigger City Is Not Always Better." *Scientific American* 313 (2015): 100.

Gick, B., and D. Derrick. "Aero-tactile Integration in Speech Perception." *Nature* 462, no. 7272 (November 26, 2009),doi:10.1038/nature08572.

Girling, R. D., I. Lusebrink, E. Farthing, T. A. Newman, and G. M. Poppy. "Diesel Exhaust Rapidly Degrades Floral Odours Used by Honeybees." *Scientific Reports* 3 (2013),doi:10.1038/srep02779.

Hampton, K. N., L. S. Goulet, and G. Albanesius. "Change in the Social Life of Urban Public Spaces: The Rise of Mobile Phones and Women, and the Decline of Aloneness over 30 Years." *Urban Studies* 52, no. 8 (2015): 1489–1504.

Li, H., Y. Cong, J. Lin, and Y. Chang. "Enhanced Tolerance and Accumulation of Heavy Metal Ions by Engineered *Escherichia coli* Expressing *Pyrus calleryana* Phytochelatin Synthase." *Journal of Basic Microbiology* 55, no. 3 (2015):398–405.

Lu, J. W. T., E. S. Svendsen, L. K. Campbell, J. Greenfeld, J. Braden, K. King, and N. Falxa-Raymond. "Biological, Social, and Urban Design Factors Affecting Young Street Tree Mortality in New York City." *Cities and the Environment* 3, no. 1 (2010):1–15.

Maddox, V., J. Byrd, and B. Serviss. "Identification and Control of Invasive Privets (*Ligustrum* spp.) in the Middle Southern United States." *Invasive Plant Science and Management* 3 (2010): 482–88.

Mao, Q., and D. R. Huff. "The Evolutionary Origin of *Poa annua* L." *Crop Science* 52 (2012): 1910–22.

Nemerov, H. "Learning the Trees." In *The Collected Poems of Howard Nemerov*. Chicago: The University of Chicago Press, 1977. Source of "comprehensive silence."Newman, A. "In Leafy Profusion, Trees Spring Up in a Changing New York." *New York Times*, December 1, 2014. www.nytimes.com/2014/12/02/nyregion/in-leafy-blitz-trees-spring-up-in-a-changing-new-york.html.

New York City Comptroller. "Claim Stat: Protecting Citizens and Saving Taxpayer Dollars: FY 2014–2015 Update." comptroller.nyc.gov/reports/claimstat/#treeclaims.

New York City Department of Environmental Protection. "Heating Oil." www.nyc.gov/html/dep/html/air/buildings_heating_oil.shtml (accessed May 16, 2016).

———. "New York City's Wastewater." www.nyc.gov/html/dep/html/wastewater/index.shtml (accessed July 22, 2015).

New York State Penal Law. Part 3, Title N, Article 240: Offenses Against Public Order. ypdcrime.com/penal.law/article240.htm.

Niklas, K. J. "Effects of Vibration on Mechanical Properties and Biomass Allocation Pattern of *Capsellabursa-pastoris* (Cruciferae)."*Annals of Botany* 82, no.2 (1998): 147–56.

North, A. C. "The Effect of Background Music on the Taste of Wine." *British Journal of Psychology* 103, no. 3 (2012):293–301.

Nowak, D. J., R. E. Hoehn III, D. E. Crane, J. C. Stevens, and J. T. Walton. "Assessing Urban Forest Effects and Values: New York City's Urban Forest." Resource Bulletin NRS-9, U.S. Department of Agriculture, Forest Service, Northern Research Station, Newtown Square,

PA, 2007.
Nowak, D. J., S. Hirabayashi, A. Bodine, and E. Greenfield. "Tree and Forest Effects on Air Quality and Human Health in the United States." *Environmental Pollution* 193 (2014): 119–29.
O'Connor, A. "After 200 Years, a Beaver Is Back in New York City." *New York Times*, February 23, 2007. www.nytimes.com/2007/02/23/nyregion/23beaver.html.
Peper, P. J., E. G. McPherson, J. R. Simpson, S. L. Gardner, K. E. Vargas, and Q. Xiao. *New York City, New York Municipal Forest Resource Analysis*. Davis, CA: Center for Urban Forest Research, USDA Forest Service, Pacific Southwest Research Station, 2007.
Rosenthal, J. K., R. Ceauderueff, and M. Carter. *Urban Heat Island Mitigation Can Improve New York City's Environment: Research on the Impacts of Mitigation Strategies on the Urban Environment*. New York: Sustainable South Bronx, 2008.
Roy, J. 2015. "What Happens When a Woman Walks Like a Man?" *New York*, January8,2015.
Rueb, E. S. "Come On In, Paddlers, the Water's Just Fine. Don't Mind the Sewage." *New York Times*, August 29, 2013. www.nytimes.com/2013/08/30/nyregion/in-water-they-wouldnt-dare-drink-paddlers-find-a-home.html.
Sanderson, E. W. *Mannahatta: A Natural History of New York City*. New York: Abrams, 2009.
Sarudy, B. W. *Gardens and Gardening in the Chesapeake, 1700–1805*. Baltimore, MD: Johns Hopkins University Press, 1998.
Schläpfer, M., L. M. A. Bettencourt, S. Grauwin, M. Raschke, R. Claxton, Z. Smoreda, G. B. West, and C. Ratti. "The Scaling of Human Interactions with City Size."*Journal of the Royal Society Interface* 11, no. 98 (2014), doi:10.1098/rsif.2013.0789.Spence, C., and O. Deroy. "On Why Music Changes What (We Think) We Taste." *i-Perception* 4, no. 2 (2013): 137–40.
Tavares, R. M., A. Mendelsohn, Y. Grossman, C. H. Williams, M. Shapiro, Y. Trope, and D. Schiller. "A Map for Social Navigation in the Human Brain." *Neuron* 87, no. 1 (2015): 231–43.
Taylor, W. *Agreement for South China Explorations*. Washington, DC: Bureau of Plant Industries, U.S. Department of Agriculture, July 25, 1916.
West Side Rag. "Weekend History: Astonishing Photo Series of Broadway in 1920." November 30, 2014. www.westsiderag.com/2014/11/30/uws-history-astonishing-photo-series-of-broadway-in-the-1920s.
Wildlife Conservation Society. "Welikia Project." welikia.org (accessed July 24, 2015). Woods, A. T., E. Poliakoff, D. M. Lloyd, J. Kuenzel, R. Hodson, H. Gonda, J. Batchelor, G. B. Dijksterhuis, and A. Thomas. "Effect of Background Noise on Food Perception." *Food Quality and Preference* 22, no. 1 (2011): 42–47.
Zhao, L., X. Lee, R. B. Smith, and K. Oleson. "Strong Contributions of Local Background Climate to Urban Heat Islands." *Nature* 511, no. 7508 (2014): 216–19.

Zouhar, K. "*Linaria* spp." In "Fire Effects Information System," produced by U.S. Department of Agriculture, Forest Service, Rocky Mountain Research Station, Fire Sciences Laboratory, 2003. www.fs.fed.us/database/feis/plants/forb/linspp/all.html.

橄榄树

Besnard, G., B. Khadari, M. Navascués, M. Fernández-Mazuecos, A. El Bakkali, N. Arrigo, D. Baali-Cherif, et al. "The Complex History of the Olive Tree: From Late Quaternary Diversification of Mediterranean Lineages to Primary Domestication in the Northern Levant." *Proceedings of the Royal Society of London B: Biological Sciences* 280, no. 1756 (2013),doi:10.1098/rspb.2012.2833.

Cohen, S. E. *The Politics of Planting*. Chicago: University of Chicago Press, 1993. deMenocal, P. B. "Climate Shocks." *Scientific American*, September 2014, pages 48–53. Diez C. M., I. Trujillo, N. Martinez-Urdiroz, D. Barranco, L. Rallo, P. Marfil, and B. S.

Gaut. "Olive Domestication and Diversification in the Mediterranean Basin." *New Phytologist* 206, no. 1 (2015), doi:10.1111/nph.13181.

Editors of the Encyclopædia Britannica. "Baal." *Encyclopædia Britannica Online*, last updated February 26, 2016. www.britannica.com/topic/Baal-ancient-deity.

Fernández, J. E., and F. Moreno. "Water Use by the Olive Tree." *Journal of Crop Production* 2, no. 2 (2000): 101–62.

Forward and Y. Schwartz. "Foreign Workers Are the New Kibbutzniks." *Haaretz*, September 27, 2014. www.haaretz.com/news/features/1.617887.

Friedman, T. L. "Mystery of the Missing Column." *New York Times*, October 23, 1984.Griffith, M. P. "The Origins of an Important Cactus Crop, *Opuntia ficusindica* (Cactaceae): New Molecular Evidence." *American Journal of Botany* 91 (2004):1915–21.

Hass, A. "Israeli 'Watergate' Scandal: The Facts About Palestinian Water." *Haaretz*, February 16, 2014. www.haaretz.com/middle-east-news/1.574554.

Hasson, N. "Court Moves to Solve E. Jerusalem Water Crisis to Prevent 'Humanitarian Disaster.'" *Haaretz*, July 4, 2015. www.haaretz.com/israel-news/.premium-1.664337.

Hershkovitz, I., O. Marder, A. Ayalon, M. Bar-Matthews, G. Yasur, E. Boaretto, V. Caracuta, et al. "Levantine Cranium from Manot Cave (Israel) Foreshadows the First European Modern Humans." *Nature* 520, no. 7546 (2015):216–19.

International Olive Oil Council. *World Olive Encyclopaedia*. Barcelona: Plaza & Janés Editores, 1996.

Josephus. *Jewish Antiquities, Volume VIII: Books 18–19*. Translated by L. H. Feldman. Loeb Classical Library 433. Cambridge, MA: Harvard University Press, 1965. Source of "construction of an aqueduct... ," "and tens of thousands of men... ," and "inflicted much harder blows ..."

Kadman, N., O. Yiftachel, D. Reider, and O. Neiman. *Erased from Space and Consciousness: Israel and the Depopulated Palestinian Villages of 1948*. Bloomington: Indiana University Press,2015.

Kaniewski, D., E. Van Campo, T. Boiy, J. F. Terral, B. Khadari, and G. Besnard. "Primary Domestication and Early Uses of the Emblematic Olive Tree: Palaeobotanical, Historical and Molecular Evidence from the Middle East." *Biological Reviews* 87, no. 4 (2012): 885–99.

Keren Kayemeth LeIsrael Jewish National Fund. "Sataf: Ancient Agriculture in Action." www.kkl.org.il/eng/tourism-and-recreation/forests-and-parks/sataf-site.aspx.

Khalidi, W. *All That Remains: The Palestinian Villages Occupied and Depopulated by Israel in 1948*. Washington, DC: Institute for Palestine Studies, 1992.

Langgut, D., I. Finkelstein, T. Litt, F. H. Neumann, and M. Stein. "Vegetation and Climate Changes During the Bronze and Iron Ages (~3600–600 BCE) in the Southern Levant Based on Palynological Records." *Radiocarbon* 57, no. 2 (2015): 217–35.

Langgut, D., F. H. Neumann, M. Stein, A. Wagner, E. J. Kagan, E. Boaretto, and I. Finkelstein. "Dead Sea Pollen Record and History of Human Activity in the Judean Highlands (Israel) from the Intermediate Bronze into the Iron Ages (~2500–500 BCE)." *Palynology* 38, no. 2 (2014): 280–302.

Lawler, A. "In Search of Green Arabia." *Science* 345, no. 6200 (2014): 994–97.

Litt, T., C. Ohlwein, F. H. Neumann, A. Hense, and M. Stein. "Holocene Climate Variability in the Levant from the Dead Sea Pollen Record." *Quaternary Science Reviews* 49 (2012): 95–105.

Lumaret, R., and N. Ouazzani. "Plant Genetics: Ancient Wild Olives in Mediterranean Forests." *Nature* 413, no. 6857 (2001): 700.

Luo, T., R. Young, and P. Reig. "Aqueduct Projected Water Stress Country Rankings." Washington, DC: World Resources Institute, 2015. www.wri.org/sites/default/files/aqueduct-water-stress-country-rankings-technical-note.pdf.

Neumann, F. H., E. J. Kagan, S. A. G. Leroy, and U. Baruch. "Vegetation History and Climate Fluctuations on a Transect Along the Dead Sea West Shore and Their Impact on Past Societies over the Last 3500 Years." *Journal of Arid Environments* 74 (2010): 756–64.

Perea, R., and A. Gutiérrez-Galán. "Introducing Cultivated Trees into the Wild: Wood Pigeons as Dispersers of Domestic Olive Seeds." *Acta Oecologica* 71 (2015): 73–79.

Pope, M. H. "Baal Worship." In *Encyclopaedia Judaica,* 2nd ed., vol. 3, edited by F. Skolnik and M. Berenbaum, pages 9–13. New York: Thomas Gale, 2007. Prosser, M. C. "The Ugaritic Baal Myth, Tablet Four." Cuneiform Digital Library Ini-tiative. cdli.ox.ac.uk/wiki/doku.php?id=the_ugaritic_baal_myth.

Ra'ad, B. *Hidden Histories: Palestine and the Eastern Mediterranean*. London: Pluto,2010.

Snir, A., D. Nadel, and E. Weiss. "Plant-Food Preparation on Two Consecutive Floors at Upper

Paleolithic Ohalo II, Israel." *Journal of Archaeological Science* 53 (2015):61–71.

Stein, M., A. Torfstein, I. Gavrieli, and Y. Yechieli. "Abrupt Aridities and Salt Deposition in the Post-Glacial Dead Sea and Their North Atlantic Connection." *Quaternary Science Reviews* 29, no. 3 (2010): 567–75.

Terral, J., E. Badal, C. Heinz, P. Roiron, S. Thiebault, and I. Figueiral. "A Hydraulic Conductivity Model Points to Post-Neogene Survival of the Mediterranean Olive." *Ecology* 85, no. 11 (2004): 3158–65.

TouristIsrael. "Sataf." www.touristisrael.com/sataf/2503/(accessedNovember 29,2015).

Waldmann, N., A. Torfstein, and M. Stein. "Northward Intrusions of Low- and Mid- latitude Storms Across the Saharo-Arabian Belt During Past Interglacials." *Geology* 38, no. 6 (2010): 567–70.

Weiss, E. "'Beginnings of Fruit Growing in the Old World': Two Generations Later." *Israel Journal of Plant Sciences* 62 (2015): 75–85.

Zhang, C., J. Gomes-Laranjo, C. M. Correia, J. M. Moutinho-Pereira, B. M. Carvalho Goncalves, E. L. V. A. Bacelar, F. P. Peixoto, and V. Galhano. "Response, Tolerance and Adaptation to Abiotic Stress of Olive, Grapevine and Chestnut in the Mediterranean Region: Role of Abscisic Acid, Nitric Oxide and MicroRNAs." In *Plants and Environment*, edited by H. K. N. Vasanthaiah and D. Kambiranda, pages 179–206. Rijeka, Croatia: InTech,2011.

日本五针松

Auders, A. G., and D. P. Spicer. *Royal Horticultural Society Encyclopedia of Conifers: A Comprehensive Guide to Cultivars and Species*. Nicosia, Cyprus: Kingsblue, 2013.

Batten, B. L. "Climate Change in Japanese History and Prehistory: A Comparative Overview." Occasional Paper No. 2009-01, Edwin O. Reischauer Institute of Japanese Studies, Harvard University, 2009.

Chan, P. *Bonsai Masterclass*. Sterling: New York, 1988.

Donoghue, M. J., and S. A. Smith. "Patterns in the Assembly of Temperate Forests Around the Northern Hemisphere." *Philosophical Transactions of the Royal Society B: Biological Sciences* 359, no. 1450 (2004): 1633–44.

Fridley, J. D. "Of Asian Forests and European Fields: Eastern US Plant Invasions in a Global Floristic Context." *PLoS ONE* 3, no. 11 (2008): e3630.

Gorai, S. "Shugendo Lore." *Japanese Journal of Religious Studies* 16 (1989): 117–42. National Bonsai & Penjing Museum. "Hiroshima Survivor." www.bonsai-nbf.org/hiroshima-survivor.

Nelson, J. "Gardens in Japan: A Stroll Through the Cultures and Cosmologies of Landscape Design." *Lotus Leaves, Society for Asian Art* 17, no. 2 (2015): 1–9.

Omura, H. "Trees, Forests and Religion in Japan." *Mountain Research and Development* 24, no. 2

(2004):179–82.

Slawson, D. A. *Secret Teachings in the Art of Japanese Gardens: Design Principles, Aesthetic Values*. New York: Kodansh, 2013. Source of "if you have not received..."

Takei, J., and M. P. Keane. *Sakuteiki, Visions of the Japanese Garden: A Modern Translation of Japan's Gardening Classic*. Rutland, VT: Tuttle, 2008. Source of "wild nature" and "past-master."

Voice of America. "Hiroshima Survivor Recalls Day Atomic Bomb Was Dropped." October 30, 2009. www.voanews.com/content/a-13-2005-08-05-voa38-67539217/285768.html.

Yi, S., Y. Saito, Z. Chen, and D. Y. Yang. "Palynological Study on Vegetation and Climatic Change in the Subaqueous Changjiang (Yangtze River) Delta, China, During the Past About 1600 Years." *Geosciences Journal* 10, no. 1 (2006): 17–22.

图书在版编目(CIP)数据

树木之歌/(美)戴维·乔治·哈斯凯尔著;朱诗逸译.
—北京:商务印书馆,2020(2024.6 重印)
(自然文库)
ISBN 978-7-100-18329-1

Ⅰ.①树… Ⅱ.①戴…②朱… Ⅲ.①森林—普及读物
Ⅳ.①S7-49

中国版本图书馆 CIP 数据核字(2020)第 057977 号

自然文库
树木之歌
〔美〕戴维·乔治·哈斯凯尔 著
朱诗逸 译
林强 孙才真 审校

商务印书馆出版
(北京王府井大街36号 邮政编码100710)
商务印书馆发行
北京新华印刷有限公司印刷
ISBN 978-7-100-18329-1

2020年7月第1版　开本 710×1000 1/16
2024年6月北京第3次印刷　印张 19½
定价:68.00元